园林的诞生
——西方造园理念发展史

[意] 马泰奥·韦尔切洛尼
维尔吉利奥·韦尔切洛尼 著

方薇 王欣 译

中国建筑工业出版社

著作权合同登记图号：01-2011-7578号

图书在版编目（CIP）数据

园林的诞生——西方造园理念发展史 /（意）马泰奥·韦尔切洛尼，
维尔吉利奥·韦尔切洛尼著；方薇，王欣译 . — 北京：中国建筑工业出
版社，2018.12

ISBN 978-7-112-22576-7

Ⅰ.①园… Ⅱ.①马… ②维… ③方… ④王… Ⅲ.①园林艺术 — 建
筑史 — 西方国家 Ⅳ.① TU-098.45

中国版本图书馆CIP数据核字（2018）第190344号

责任编辑：率　琦　白玉美
责任校对：王　烨

园林的诞生 —— 西方造园理念发展史

[意]　马泰奥·韦尔切洛尼　　著
　　　维尔吉利奥·韦尔切洛尼

　　　　方薇　王欣　译

*

中国建筑工业出版社出版、发行（北京海淀三里河路9号）
各地新华书店、建筑书店经销
北京点击世代文化传媒有限公司制版
北京缤索印刷有限公司印刷

*

开本：880×1230毫米　1/16　印张：17¾　字数：428千字
2019年1月第一版　2019年1月第一次印刷
定价：160.00 元
ISBN 978-7-112-22576-7
　　　（32634）

中文版序
自然与人为，情感与规范

本书向我们讲述了关于西方园林构思与产生的历史。尽管其重点是欧洲的实例，但它尽可能避免了古典史学中传统的"欧洲中心论"观点，并且对来自千里之外的表达方式和表述内容给予必要的重视。

因此，我们向中国读者推介这本书，不仅仅是为了轻描淡写地讲述一段历史，更是以此为契机，在欧、亚、非三大洲之间提供一个交流、讨论的平台。

此外，本书的引言和各个章节中所传递出来的信息，即"冲破藩篱"这一事实，正是现代园林告诉我们的，要把景观看作一个共享园林，同时这意味着将自然作为首要的因素，而在中国数千年源远流长而又错综复杂的历史中，自然与人为，这两者就处于一种辩证而又精准的平衡关系中。这种平衡源远流长，可以追溯至秦汉时代（公元前221年），并在唐朝（公元618～907年）达到顶峰。时至今日，中国园林已拥有两千年的历史，与其相比，较为"年轻"的西方园林理所当然地会用充满趣味与好奇的眼光对其进行观察、审视，并以学习的姿态不时引用一些中国式的特征，就像19世纪的"中国风"，充满了各式东方亭阁和宝塔，加以奇异而优美的诠释，以此推动建筑整体的兼容并蓄，也为浪漫式园林注入狂热的活力。

由此，中式园林反映出其在漫长的文化演变过程中形成的一种特有风格：富有无穷无尽的变化，中国人对于自然美的偏好，以及他们和自然之间从认识到热爱的密切关系。

中式园林的灵感来源正是我们身处的自然、复杂的景观以及世界上那些不对称的事物，同时中式园林拒绝接受"西方围墙"中庄重而严肃的态度，但这恰是自文艺复兴时期至18世纪的欧洲园林史中有迹可循的建造风格。

中式园林的建造特点主要是寻求自由的形式，在小范围内对岩石和山丘、湖泊与河流进行再创造，使其在恒定的流动中又充满变化。中式园林在抒发情感和遵循规范之间，以诗歌和绘画来比喻的话（许多古代园林的作者并不是随意地成为画家或诗人，他们的艺术敏感性在风景的创造中展露无遗），其包含的价值观念推动的不仅仅是"简单"的感性认识，更表达了对其所造景观的思考与享受。

中式园林得益于自然和人工结合所打造的完美场景，唤起了观赏者对其深切的喜爱，不仅在视觉和嗅觉上，更是在精神上为观赏者带来一份艺术的体验，这也就不难想象设计者如何在思考中融入一首自然诗歌；或是一幅著名的中国画卷是如何在我们眼前缓缓展开，呈现出风景与人物的。

那种处在围墙环境的状况下以及想要展现外界自然的紧张感，正如一面镜子，反射出西方园林想要打开那扇通向景观大门的渴望，并且完成"现代园林"的行动。"冲破藩篱"或是将自然带入园林世界，恰是属于设计愿望的两个方面，既是为了在景观中展现园林，同时也是为了建造出富有景观性的大型公共园林。

马泰奥·韦尔切洛尼

目 录

引言

跨越围栏

园林的历史是人类文明史的反映。它的起源和城镇的发展密不可分，它是连接自然和人工建筑的桥梁。园林不仅仅是城市规划中非常重要的方面，而且也是建立与自然和谐关系的重要手段。这一和谐关系有着新的表现方式和手法，是城市建设与建造的一个有机组成部分。马瑞佐罗·维塔写道："园林代表了城市和自然的对抗，建筑在其中起到了调和的作用。园林通常是神秘而具有象征意义的地方，不过它并不排斥它的实用功能。其实，园林里不但可以有观赏性植物，从色彩、芳香和形态上为园林增添美感，而且还可以种植果树和蔬菜。"[①]

从巴比伦的空中花园开始，花园就被当作灵魂的栖息地以及人间天堂：神秘的伊甸园就是人间天堂的典范。美索不达米亚的吉尔迦美什（乌鲁克国王，约公元前 2700 年）在他著名的史诗中描绘了他的花园，而圣经则根据这一描述进行改编，打造出了伊甸园。"花园"的词源也有着明显的象征意义：基督教中的 "paradise" 源于波斯语 "pairi-dae'-za"，后来成为希伯来语中的 "parades" 以及希腊语中的 "paradeisos"。在古希腊文明时期，花园（天堂）即 "kepos"——在拉丁语中，就是 "hortus"，即用来种植树木的合围之地，后来又演变为 "hortus conclusus" 一词——该词的词根源于印度日耳曼语系的 "ghordo"，即后来的 "garten"，意为一个有明显界限、受保护的合围区域。

于是，恩佐·科科写道：

每一座花园都是一个合围之地，花园的形式和理念即是如此。它起源于空间（内／外部、开放／封闭）的定义和功能，并结合了多样、多变的时间（恒久／短暂）意象。人为的栅栏——或是在地上明确标出，或是人们心中所想——将不同的时空进行分割与结合：换言之，栅栏产生了他者……为了探索花园的形式，必须进行双重旅游——内在的和外在的——并且要考察花园边界引起的紧张感。合围之地的"理想"构造必须考虑与之相对立的部分。[②]

在西方的花园（合围之地）里，由空间设计和立体结构的内在逻辑关系形成的秩序和自然之间达成了平衡的对立关系。果树和其他植物的栽种产生了极大的美感，同时也具有重大的实用价值。不过，合围的绿色空间——也许由围墙构成，使花园显得神秘而高贵——通常都具有象征意义：这是一个世界中的世界、一座私密的伊甸园、一个用来娱乐、沉思、创造以及心灵净化的场所。比如说，修道院的回廊花园不仅仅是神圣空间中静

图 0-1　罗马，城墙外的圣保罗教堂之回廊，公元 12 世纪。

修的绝佳去处，而且还是一座抽象性的岛屿，是自我满足的灵魂庇护所、一个自我的小世界。无论它位于密林一隅抑或处在闹市之中，它自身是完整的，由高墙合围，只有一扇门通往外界。维克多·雨果所著《悲惨世界》的主人公冉·阿让正是在这样的花园里安静地度过了很多年，他在里面侍弄花草，做起了园丁。雨果把花园设定在巴黎市中心，一个会时刻打破冉·阿让逃逸生活的地方。

在数百年的历史记录中，花园都是为人提供保护而且象征着权力的地方。在考察西方园林发展史时——这正是本书试图探究的话题——我们也要注意花园是何时突破围栏界限的：即花园走出了围墙，和周围的景观合为一体。我们发现，西方园林史和时下密切相关，这样我们就可以把任何形式的风景都当成园林。弗朗哥·扎加里写道：

> "花园"一直都具有显著的象征意义：这是每个文化都想要表达的重要主题。在现代，这一特点已经不仅仅局限于私家花园，这样就能将城市开放空间作为表现领域，为公众服务。这就是为什么我们可以说景观设计就是我们这个时代的园林艺术。③

花园不再局限于围栏、围墙之类的特定范围，而是和周围的风景相融合，一般认为这一理念出现于欧洲浪漫主义时期，甚至在更早时期，让-雅克·卢梭就提过冥想的"圣火"："动态凝视之震撼"④，即对自然进行观察以及思考。随着花园功能和设计的演变，随之而来的是风景画的兴起，而这样的冥想就成为主观思想的反映。风景——尤其在画家尼古拉斯·普桑、克洛德·洛兰和萨尔瓦多·罗萨的作品中——不再只是某个场景的背景，而是本身就值得欣赏。拉斐尔·米拉尼写道：

> 假如我们想观赏和自然融为一体的远景并从中得到愉悦，就必须欣赏整个花园。美丽的远景或者景致、动态的凝视、风景园林师运用的各种视觉技巧，这些在绘画中都可以找到。花园是风景的一个组成部分，这在关于它和18世纪绘画或建筑相关性的众多论述中可以找到例证。⑤

规则式花园是对自然的人为模仿和控制——通过几何图案、对称结构以及长远视角来表现——而如画式花园和英国风景式花园则走得更远，将花园看成是自然本身。这一理念产生了对自然风景的模仿以及花园与自然风景间的呼应，自然场景通过设计手法成为简单的实体。亚瑟·欧·洛夫乔伊在文中强调了在浪漫式花园中和自然风景融合的重要性：

> 浪漫主义是多面性的，其中一个方面认为世界从总体上来说是一个英国式花园，这一描述不能说不准确。17世纪的上帝和当时的园丁们一样，常常运用几何图形；18世纪浪漫主义时期的上帝让宇宙中所有的东西都毫无束缚地尽情生长，并且多姿多态。对不规则性的偏好、对纯理性的厌恶以及对通向远方小路的向往——这些都以愉悦式花园里的新潮形式大量出

图 0-2　尼古拉斯·普桑的作品《春天》（1660～1664年）。巴黎卢浮宫。

图 0-3 克洛德·洛兰的作品《有舞者的风景（以撒和丽贝卡的婚礼）》，1648 年。罗马多利亚潘菲利美术馆。

现于 18 世纪早期，最后渗入到欧洲文化生活的各个方面……⑥

浪漫式花园试图重新创造以及征服自然，在参观者看来，这样的花园是对古旧围栏的跨越，其中的亭子、假山、废墟、桥梁、装饰小品及其他物品起到了推波助澜的作用，同时它们也成为整个景致中的一部分。浪漫式花园一直是 19～20 世纪公园的范例。约瑟夫·里克沃特指出：

大多数人（至少在一定的西方文化阶层里）所喜爱的花园——和风景——都受到了 19 世纪人们的公园品位影响。这些公园反映了 18 世纪如画式风景的自然演变：在很多情况下，公园里都有来自 17 世纪私家园林的植被和树木，这些植被和树木都经过修剪或重新种植，还有来自殖民地和其他帝国的异域及多刺植物，以增加公园的美感，而这些异域及多刺植物是 18 世纪的园丁不大可能接受的。⑦

花园和公园一个常见的特点是用曲折的小径和步行道为大众创造一个复杂、纯图像式的场景。各种不同的植物配置、引人注目的装饰小品、漂亮诱人的石贝装饰在城市的背景下构建出自然环境。

本书由罗伯特·巴比里编辑，将马泰奥·韦尔切洛尼所著的《人间天堂：人类的花园之旅》和维尔吉利奥·韦尔切洛尼所著的《欧洲花园思想史》合二为一，并且加上了大量插图，新写了最后一章。那两部作品均由嘉卡书籍出版社出版。本书试图对西方花园的主题进行探究式的介绍。如今，花园已经走出了旧式的围栏，成为景观密不可分的一部分，并且通过花园设计的多种表达方式和手法建立和景观之间的新型关系和连接。因此，当代花园在其实践过程中——通常需要跨学科，包括花园设计、艺术、工业设计、建筑学、城市规划以及城市空间理念——显示了它的动态发展与活力。公园和花园通常代表了城市总体规划中最大的革新点，它们不断地演变发展，它们的建造过程反映了人类的创造性和环境保护意识的结合。皮耶路易吉·尼克林写道：

在研究新型景观设计时，我们发现一种新型的参照物：过去的景观设计参照绘画和诗歌，现在人们渐渐地用怀旧而关注的心情来观察地球，并且将观察到的不同环境情况直接反映到景观中。这些新型的诠释性设计手法将地球上的另类场景引入到园林中：比如沼泽、渐渐贫瘠的土地、热带雨林、沙漠、以植物杂交和新型植物群落为特征的环境等。意大利式花园和英国式公园是古典式自然表现法则的典型代表，但我们发现，随着这一法则的衰落，新的既连接又离散的法则产生了。在"当代花园设计以及相关的景观设计领域"，产生了和人类学的新范式密切相关的事物：我们也面临着非殖民化的后果和一系列的新模式，即新的爱国主义以及创造"本地"作品的愿望和全球化趋势及跨国界运动相融合。⑧

正是在这样的背景下，法国风景园林师吉尔·克莱芒（1943 年出生）

进一步深化了他的"演进式花园"和"地球花园"理论,并于近年出版了《第三景观宣言》(*Manifeste du Tiers Paysage*)。书中,花园是"人类偏爱的地方,他们身处其中,抵制着世界的变化(我们应该对此加以关注),这是花园发展史所显示的。一切都表明人类好像在努力反对主宰宇宙发展的广义熵原则。"所以,对克莱芒而言,花园不能局限于某种固定的模式。其实,他是把整个地球当成一个大花园:即地球花园,1999 年 9 月至 2000 年 1 月在巴黎城市大展览馆进行的重大展览项目就是用它作为标题。他的理论包含了丰富的信息,将生态需求转变为一种对景观的集体责任感。因为在生物圈之外没有生命的迹象,所以我们面临一个"可怕的启示:我们赖以生存的地球是一个封闭的空间……它是一个花园。作为生命短暂的地球人,只要我们意识到这一点,我们就会明白自己所承担的责任……所以我们成为了园丁。"在地球这个多面性的花园里,我们也会发现什么是克莱芒所描述的"第三景观":

> ……无边无际的空间、没有任何功能,难以命名。这些空间既不黑暗也不光明,它们处于树木渐渐稀疏的边缘地带,沿着道路和河流,在无人耕作、被人遗忘的农田隐蔽处。它们包括面积不大的分散区域,比如某个场地里被人忽视的角落;泥炭沼、沼泽地以及最近荒废的区域。虽然这些景观的形式没有相似之处,但它们的确有一个共同点:它们都包含了多样性,而这一点则是其他地方所没有的。⑨

安娜·兰博蒂尼认为正是在这些残留空间——通常都处于基础设施的边缘——现代花园才得以产生:

> 当今的欧洲城市,"是动态的、变动的,而绝非静止的"(套用意大利哲学家马西莫·卡西亚里的话),难以界定它的形式和边界,新型花园产生于大型基础设施之中或附近(建筑工地、公路、后工业区等),从而成为城市中的再生元素,并且重申其在城市环境改造中的隐喻性策略,打造空间体系,让自然和人工景观相互融合,互相促进。⑩

因此,不仅仅是废弃的铁路高架桥被改造成都市空中花园(巴黎的多美斯尼尔大道艺术高架桥就是一个绝好的例子),而且城市中基础设施的组成部分也自然而然地成为了绿色空间,纽约的高线公园就是如此(详见本书第十四章)。这一废弃高架铁轨的改造方案于 2005 年夏在纽约现代艺术博物馆展出,同时展出的还有名为"海啸:构建当代景观"的大型展览。艾伦·威斯曼所著的《这个世界没有我们》设想了人类突然消失后的场景,他在该书中提到高线公园时写道:"许多纽约人从位于市艺术中心的切尔西博物馆窗外望出去时,会惊讶于这条自然形成的华丽绿色丝带,这个原本毫无生命的带状区域现在绿意盎然、充满生机,所以它被命名为'高线公园',向公众开放。"⑪换言之,这个自发形成的公园就是克莱芒所称的"演进式花园"。

图 0-4 捷得国际建筑师事务所设计,难波公园里的一个购物中心屋顶上层层仄仄的蔬菜园,位于日本大阪难波火车站附近,2003 年。

图 0-5　瑞士提契诺州坎顿的巴沃纳山谷。格罗旦指的是建于掉下来的巨石之下的建筑结构。

花园融入自然景观的理念在国际设计项目中被广泛接受。著名的"国际斯卡帕奖"由 Fondazione Benetton Studie Ricerche（贝尼顿研究基金会）设立，致力于推广景观文化，在 2006 年，该奖项并没有颁给某个花园、公园或者人工作品，而是颁给了整个山谷：巴沃纳山谷，位于瑞士南部提契诺州坎顿的西北部。该奖自 1994 年设立以来，"每年都会颁给具有自然和历史传承的场所"，2006 年的颁奖意义特别重大，因为这表明评价方式发生了变化。一个人类只是进行了部分加工的景观获得了如此重大的奖项，说明花园可以是任何一个具有悠久的历史、诸多的传说、和当地社区关系密切的自然环境。不过这并不是一个有着具体边界的花园，它的界限是自然形成的。在巴沃纳山谷里，山谷顶上的山脉就是它的边界。当地政府不断对其进行巧妙而负责任的管理，让那里的景观既保留了原来的风貌又不断处于革新之中。巴沃纳山谷为当地的社区保留了部分历史标志，政府谨慎地实施了土地使用规划条例和环境管理，并起草了最佳的实施手册保护工作以保护现存建筑。值得注意的是，巴沃纳山谷运用了多种不同的方式建造小径或使用了因山体滑坡而滚落的大岩石，从多方面保护了小型蔬菜园，为自然形成的屏障提供不同寻常的屋顶，而在屏障的凹陷处，奇怪的建筑——当地方言为 splüi，canìn，或者 grondàn——建造起来了，和岩石融为一体。评委会是这样点评的：

巴沃纳山谷很值得关注……（原因在于）当地居民所起的重要作用。他们对自己所处的独特环境具有高度的保护意识以及自豪感——他们并不认为这样的环境是长期贫困造成的以及感到可耻，相反，他们在思想上以及文字描述中都将其视为具有积极意义的宝贵遗产，应该将它传承给子孙后代，他们甚至认为生活在其中是一种特权……目前当地居民和他们的代表一起负责保护山谷现存的物质文化，那里没有高大的建筑，也没有著名艺术家的作品，但它凝结了祖祖辈辈的智慧和劳动，这才是巴沃纳山谷的价值所在。[12]

点评中认可的是"一个地方悠久历史"的强大力量，它强调了广义景观的价值，并且提出在自然和历史传承方面如何进行保护与革新的问题。

本书的主题是考察西方花园诞生的历史，这就引导我们跨越围栏，将景观视为大家共同的花园，正如维尔吉利奥·韦尔切洛尼所写：

"花园"最初的含义是指在一个特定的区域为特定的少数人群而建的合围空间，这一理念在当今的社会、伦理以及道德框架下都是不可接受的。我们构建花园的场所——不再是奢华之地，而是大家所需要的——包括了所有的土地：亟待生态恢复的衰败森林、过度开发并受到严重污染的土地，还有我们的城市用地，这是父辈们传下来并且经过我们改造的土地。今天的重大美学项目就是要让这些土地获得重生。[13]

1-1

1-2

12

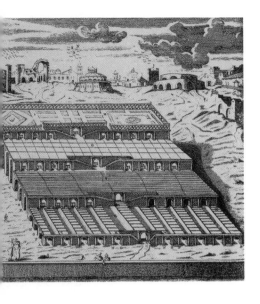

第一章

园林的诞生

岁月流逝，大自然在不断变化，景观也在不断变化。然而，很久以前，人类就开始改造环境。我们今天所看到的植物世界其实是人类不断改造的结果。人工景观的源头可以追溯到史前，那时，人类在狩猎时火烧森林，大量的家畜啃光了草原，沙漠出现了，大自然不再是原来的模样。此后，人类不断地改变环境，包括进行交通运输和植物栽培。这一举动改变了所有的欧洲自然环境，包括森林、田野、农业用地以及花园。

巴黎史学年鉴学派创始人之一吕西安·费弗尔在1940年发表的文章中写道：

设想年迈的希罗多德如今再次在东地中海航行，他一定会很惊讶！黄澄澄的果子挂在绿油油的枝头：有柑橘、柠檬，还有橘子树，据说这是"整个地中海区域的特色"。他一辈子都没见过这样的景致。那当然了！因为它们是阿拉伯人从远东带来的。这些奇特的植物有着异乎寻常的样子，有的长满了刺，有的枝条上开满了花，它们的名字也很古怪：仙人掌、龙舌兰、芦荟——它们被带到世界各地！他从未见过这些植物。那当然了！因为它们来自美洲。而这些长着灰白色叶子的高大树木有个希腊名字：尤克里普特（桉树）——我们的历史之父对它们闻所未闻……那当然了！因为它们来自澳洲。那么这些棕榈树呢？希罗多德以前在沙漠绿洲和埃及见过，但他从未在欧洲的地中海沿岸见过。除了波斯柏，他也从未见过柏树。[①]

不过，在农业世界，外来植物更是五花八门、种类繁多。

中东园艺的起源

公元前3000年苏美尔人在泥板上用象形图示意了一个花园（图1-1），其三角形的围栏中央种着一棵树。花园作为栽培植物的场所——不是为了给人或牲畜提供口粮，而是为了给人带来美感以及芬芳的香味——这一理念是从中东传到欧洲的。东方那些神奇花园的传说很早就在欧洲广为流传。

据说尼布甲尼撒二世的妻子思念她远在美帝亚（波斯）乡间的家园，巴比伦的空中花园就是仿造她的故乡而建。这些花园据称存在于公元前7世纪，而从公元前4世纪开始，有关它们奇特魅力的描述就出现在各类文章中（图1-2）。毋庸置疑，这一传说起源于美索不达米亚历史：例如，在大英博物馆有一块来自古巴比伦的泥板，上面的楔形文字记载了米罗达巴拉但二世（古巴比伦国王，公元前721～710年、公元前703年在

图1-1　苏美尔人的象形文字，表示一座花园。
图1-2　古巴比伦空中花园复原图。出自阿塔纳斯·基尔歇所著的《巴别塔》（1679年）。
图1-3　花园里凉亭下的宴席（花园晚宴）。伊拉克尼尼微古城亚述巴尼拔北宫里的浅浮雕，约公元前645年，收藏于伦敦大英博物馆。

1-4

图 1-4　骨灰树

位）御花园里栽培的植物。该泥板是公元前 8 世纪的，但人们认为它是一块更早以前泥板的复制品。公元前 7 世纪的一座浮雕（图 1-3）展示了亚述巴尼拔（亚述国王，公元前 669～631 年在位）在一座花园里的场景。花园里长着枣椰树、针叶树以及葡萄藤，而提格拉特帕拉沙尔一世（亚述国王，约公元前 1115～1076 年在位）在花园里种了雪松和黄杨木，他吹嘘说这些树"是没有哪位国王曾经拥有的，包括我的父辈。"

　　花园的概念显然是在解决了温饱问题之后的地区出现并发展起来的，并且统治阶级的部分收入可以用来为城市、寺庙以及别墅装点花园。当这一现象出现在欧洲，不同民族——希腊人、意大利人、凯尔特人以及日耳曼人——对待植物世界不再仅仅是农业取用，而且是赋予其宗教意义（图 1-4）：林中空地是圣林，代表着人和自然最原始的关系。古希腊和中东之间的文化交流将花园的理念传到了欧洲，而希腊化时代标志着这一理念的发展进入了一个新时期。

　　3500 年前，在埃及的新王朝时期，一位身居要职的官员生前就让人在底比斯坟墓的壁画上详细地刻画了他的花园，用图解的方式说明了花园如何成为当时人居环境的一部分（图 1-5）。希腊化文明受到了埃及和其他东方文明的影响，使整个欧洲形成了特有的花园理念，它的基本原则是驯化自然以满足人类对美感的追求。

　　这一历史时期不能算是"进步"，因为从某种意义上来说，一些人类文明的巅峰之前早已经达到了。不过现在我们可以重享园主人的愉悦，就像他当年漫步在自己的花园中。这种愉悦是共通的，我们在自家花园中也能感受到。和那些没有花园的人相比，我们感到多么幸运和自豪。这一模式在后来的花园中也都适用，公元前 6 世纪波斯占领埃及后，那些波斯国王的花园就是这一模式。而欧洲人不仅运用了这一模式，而且将花园视为整个人类的成就，值得保存和仿效。当然，这一模式并非规则式的：大自然的几何构造——既不是系统的，也不是美学和概念的——在人类看来，和景观的农业运作以及自然的植被截然不同。对自然的驯化和改造展示了人类对自然有计划性的完美征服，这就是几千年来人和自然在花园里的关系。这的确是每一座欧洲花园的基本原则，从上古时期的花园开始直到 18 世纪的法国规则式花园危机，此时欧洲人才发现——在远东人们早就发现了——人类可以和个体植物建立联系而不是仅仅着眼于植物群体。不过为园主人带来愉悦感的目的始终未变。

　　骨灰树是北欧斯堪的纳维亚和德意志民族的生命之树。有时候它被称为宇宙之树，因为它的枝条布满了天地间的整个空间。它支撑着地上的九个世界，而它的根则向四面八方伸展，一直到很远。其中一条根伸向了天空，那是诸神居住的地方。骨灰树是宇宙真正的支柱，是分割自然世界和超自然世界的轴线。它具有很多的象征意义，并且和无数的神话传说相关，不过它首先应该被视为一个和谐之地，它用高大、茂密的枝条为世人构建了天堂般的花园，所有生命都始于它的根部——混沌之初它便存在——它需要世人的守护。

希腊化文明和亚历山大文明时期：从东方传到西方的花园理念

　　在希腊语和拉丁语里没有"花园"这一词汇：希腊语"kepos"和拉丁语"hortus"指的是栽培用地。早期的印欧语里有不少表示动植物培养用地的词，涵义更为广泛，但没有包括为人们带来视觉和嗅觉愉悦的花园。

　　大约公元前 5 世纪，科林斯式都城首次出现，它用叶形石板作为雕

图 1-5　埃及一高官墓中壁纸上描绘的一座花园。
图 1-6　新古典主义绘画中的科林斯式柱头。

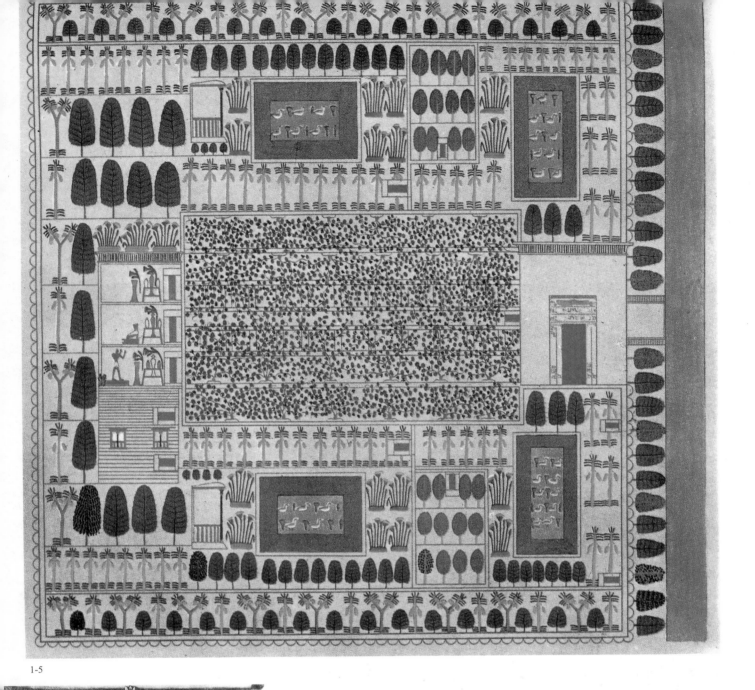

1-5

1-6

塑，这就是欧洲将植物用作建筑装饰的第一个例证（图1-6）。公元前8世纪末完成的《奥德赛》描述了美轮美奂的异域花园，比如富饶的阿尔喀诺俄斯花园以及灌溉系统发达的菜园、果园和葡萄园。古埃及和古代东方花园的理念可能随着亚历山大文明传播到了希腊，然后再传播到罗马和欧洲其他地区。公元前3世纪，70名智慧的希伯来人煞费苦心地把圣经词汇"Gan Eden"（伊甸园）翻译成希腊语，他们用上了最古老的创新词"paradeisos"（空中花园），该词起源于波斯语，希腊历史学家色诺芬在公元前4世纪对它进行了改造，来表示他在波斯战争中看到的大型东方花园和庭园。同样在公元前3世纪，斯多葛学派曾讽刺追逐时尚的人——用来自新都会的文明和品位——在希腊趋之若鹜地建造这种花园。泰奥弗拉斯托斯——亚里士多德在雅典讲堂的后继者——在公元前4世纪末或3世纪初著有长达九卷的《植物史》（Historia plantarum）以及一本《植物杂记》（De causis plantarum），从而赢得了"欧洲植物学之父"的美称。《药材学》（De material medica）是狄俄斯库里得斯在公元1世纪所著，据说他是位军医，他的著作为医药学做出了重大贡献，从公元1世纪直到文艺复兴时期的欧洲植物学界都将它奉为经典。于是，在欧洲，植物学包括对植物的医学运用和花园之间就产生了持续不断的联系，并且结出了累累硕果。

罗马花园及其典型代表

希腊化文明、亚历山大文明和东方文明之间的相互交流和联系对古罗马花园理念的产生至关重要。对花神弗洛拉的崇拜来自萨宾人的文化，这种崇拜很快为希腊化文明所吸收，并且传播到罗马及罗马帝国的其他地区。

图 1-7　庞贝果园之家中墙纸上的错视画法。
图 1-8　花园里的自动机械

希龙（约公元10～70年）古希腊著名学者，以撰写气体力学和自动机械方面的书籍而闻名。他设计了很多不同寻常的机械，预言了蒸汽机的出现，他还发明了很多用于花园的有趣装置来取悦亚历山大居民。好像大自然本身还不足以创造奇迹似的，他制造了很多模仿自然的人工装置。于是，他的故乡——地中海的文化之都——因为花园中机械鸟的啁啾声和人造叶子的沙沙声而变得富有生气。

希龙有一篇文章题为"如何打造各种鸟儿的各种歌声"，另一篇题为"在有水渠的地方如何用铜或其他材料打造不断吼叫的动物：不过如果动物眼前有一满碗水，它会安静地喝完，然后继续吼叫"。希龙著作的第一个意大利语版本于1589年在费拉拉出版。它描述了水利自动机械装置（图中所示的是赫拉克勒斯打败百头巨龙拉东的场景。巨龙守护着赫斯珀里得斯的金苹果，它冲赫拉克勒斯吐着信子并发出嘶嘶声，后者手里拿着一根大棒）。希龙是斯提西比乌斯（活跃于约公元前270年）的追随者。斯提西比乌斯也是亚历山大人，是自动机械学的创始人（据说他的研究和古埃及文明有关），后来另一位机械装置的发明人费隆（活跃于约公元前200年）仿造斯提西比乌斯发明了很多自动装置。诸如此类的发明热一直持续到了中世纪以及欧洲文艺复兴时期，这些发明影响了阿拉伯诸国。在代表着东方典雅和韵味的伊斯兰花园里，自动机械和机械动植物构成了不可或缺的奇观。到了伯利克里执政期，希腊已经形成了完善的古典主义思想来看待艺术史和它的黄金时代，后来罗马人接触到了希腊文明，他们吸收了这一古典主义思想，于是罗马的花园理念沿着希腊文明的历史轨迹继续发展。

1-7

1-8

1-9

图1-9 罗马第一门附近利维亚庄园里花园房中的壁画，公元1世纪后期。收藏于罗马国家博物馆。

同时，对自然的崇拜转变成对自然的使用，这种使用不仅是物质上的，而且是美学上的；人和自然的关系也发生了变化，从圣林中的圣所到城市里的花园，都有这种变化。从一条罗马法规中可以看出此种转变，法规规定了绿荫树的种植区域，以免屋顶上的树遮挡住邻近的房子。法规还规定了浴室的建造（温水浴间）。拉丁语诗人马提雅尔（约公元40～104年）曾提到"流水潺潺、四季常青的小花园"。为了给市民提供休闲场所，公共浴室附近有公共花园——马提雅尔写道："两边种满玫瑰的红色小径"——不过有钱人在他们的乡间别墅里有更大的私人花园。

　　错视画法的壁画刻画了虚构的室内花园，正是这些壁画向我们传递了古罗马人的花园理念。从中我们知道花园是受到人们精心呵护、有围栏的区域，反映了美化了的环境，花园里栽培本土或异域植物，为人们提供愉悦的视觉和嗅觉效果。

　　例如，庞贝城果园之屋里的花房为人提供了双重幻觉（图1-7）。墙壁的下部用错视画法详细描绘了一座花园。这样，参观者就好像处在格子篱笆中间，上方是珍贵的古瓮，还有个带有雕塑喷泉的壁龛，高大的树木在花园后面隐隐呈现。不过，那个充满梦幻感的墙裙只是用来模仿雅致的凉廊栏杆，充当装饰作用，因为在它上方又有一座虚构的花园，比先前的那个更写实，树木都刻画得十分仔细，如同在植物志里一样，长满叶子的树枝从黑魆魆的背景中伸展出来。利维亚庄园里的花园屋——罗马国家博物馆（图1-9）现已将其复原——也有助于我们理解古罗马花园的布局。走进这间屋子的人会觉得好像走进了花园的亭子中：藤条编织的低矮栅栏围成了一座花园，与此平行处，一道装饰墙围住了高大的树木。在栅栏和围墙之间有一块长满小花和药材的草坪，围墙外有一个大花园，开着鲜花，长着果树和其他大树，吸引了众多的鸟儿。

　　加利福尼亚州有壮观但又充满争议的赫库兰尼姆古城纸莎草庄园复制品，其中有花园和大型周柱中庭（图1-10）——都是受杰·保尔·葛地之托，

1-10

作为表达他对当时建筑的批判——建成于 1974 年，在 1997～2006 年间进行了大肆改造。这是将一座古罗马城市花园进行精心的复原，把夹竹桃、常春藤、黄杨木树篱、月桂树、香桃木、玫瑰和爬满绿藤的凉棚进行有机的几何排列。在主中庭附近是一个草药园，里面的植物用于烹饪和治病。还有一个果园，里面种着苹果树、梨树、桃树、无花果树和柑橘树，树下是薄荷、莳萝、芫荽、墨角兰、茉乔栾那、黄春菊、百里香、茴香、大蒜和豌豆。迪士尼动画式的奇特效果是这次复原的指导思想，不过这是建立在非常仔细的考古研究基础之上的。对残存碳化植物的科学分析使庞贝和赫库兰尼姆古城花园的总体构造浮现出来，已故的威廉敏娜·弗·贾旭姆斯基进行了大量的考古研究，她的研究证实了上述构造的可靠性。因此，这一古罗马花园的重建具有历史可信性，这是一个代表着昔日环境的立体陈列馆。重建过去的花园充满了艰难困苦，需要大量的实践和试验，但目前为止，还远远不够。1984 年，英国景观设计师杰弗里·杰里科（1900～1996 年）为得克萨斯州加尔维斯敦的穆迪基金会设计了一个巨大的公园，其中包括各种不同历史时期的花园，不过这还未付诸实施。杰里科打算先建造伊甸园，再建造古埃及和古罗马花园、中世纪花园、伊斯兰花园、莫卧儿王国的花园、文艺复兴时期的花园、17 世纪的规则式花园、18 和 19 世纪的英国花园以及中国和日本花园。[②] 游客们泛舟在蜿蜒穿越公园的河

图 1-10　J·保罗·盖蒂博物馆里的外廊柱园，位于加利福尼亚马里布的盖蒂别墅；别墅中的建筑和花园都是仿造赫库兰尼姆的帕皮里别墅而建。

道上时，他们将体验一次丰富的历史文化旅程。

小普林尼在一封写给好友多米修斯·阿波利纳里斯的信中详细描述了他的两个庄园里的花园——一个在塔斯坎，位于托斯卡纳的亚平宁山脚，另一个在洛兰图姆，位于奥斯提亚附近的海边——这不仅是对一座伟大的古罗马花园的精彩文字描述，而且激励后人对花园的布局进行一次次图形上的重建。从1615年文森佐·斯卡莫齐（1552～1616年）开始直到最近的19世纪，这一千多年来，人们对位于洛兰图姆的庄园进行了不下20次的重建。

在18世纪的古典主义复兴时期，当时的人们更喜欢过去存在的东西。英国建筑师、考古学家罗伯特·卡斯特尔（卒于1729年）在1728年于伦敦发表了《古代庄园图解》，他认为，小普林尼庄园花园的重建不仅仅是学术行为，而且是宣传18世纪新型英国花园的大好机会，这种新型花园改编自历史上的花园。卡斯特尔是伯林顿伯爵三世理查·博伊尔（1694～1753年）的好友及合伙人。伯林顿是18世纪初几十年间倡导帕拉第奥古典主义建筑复兴的主要人物，这一复兴后来发展为英国新古典主义。大诗人亚历山大·蒲柏也在伯林顿的社交圈里。蒲柏修订了法国规则式花园的准则，加入了新的不对称法则，重新提出展现植物自然美的观点。卡斯特尔的版画细致地图解了古代庄园（图1-11、图1-12）的历史文化背景：古罗马花园是沿着和庄园建筑相连的轴线进行几何排列的，这也正是小普林尼所描述的。不过，因为小普林尼没有描写花园边缘地带的情形，后人对此就产生了不同的理解；因此，从本质上说，这并不是在重建古罗马花园，而是在展示当时英国最新潮的花园。人们用上了古罗马人所不知的复杂几何图形，让花园充满诗意，而人们所有努力的最终目标是自然式设计。

图1-11、图1-12 罗伯特·卡斯特尔亚复原的小普利尼庄园，一座位于奥斯蒂亚附近的劳伦图姆，另一座位于平宁山脚托斯卡纳区的托斯卡。

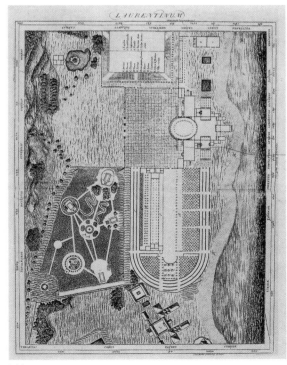

1-11

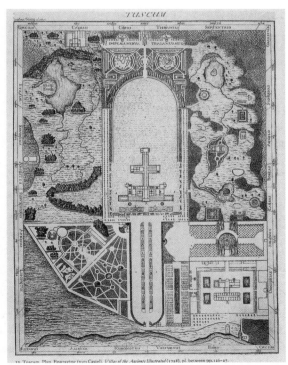

1-12

1-13a

1-13b

图 1-13　花环饰物

　　古希腊和古罗马的花饰制作者专注于花卉培育，他们将花朵编织起来用于各种宗教及世俗的节日。花环饰物指的是用植物编织的花环状饰物，是一种美化人、动物以及场所的便携式花园。石质建筑有时候会用它作为装饰性图案。用于编织花环的不同植物有着不同的象征意义：比如，橡树代表力量，月桂代表名望。刻在罗马奥古斯都和平祭坛（公元 1 世纪）上的垂花饰（花环在两点间呈曲线悬挂）其实是个丰收之角，上面满是水果和花卉。梵蒂冈拉斐尔画室弦月窗上的花环饰物也许是最著名的连续绘画样本，这一绘画传统来源于古罗马。在画室中，拉斐尔想表达的是古典主义的复兴，为以后的几百年开创了新的潮流。小天使们制作花环的绘图是仿造庞贝城一幅壁画而作的。

1-13c

图 2-1　9 世纪早期圣加伦修道院的平面图。
图 2-2　圣加伦修道院平面图中果园细部图。
图 2-3　圣加伦修道院平面图中菜园细部图。

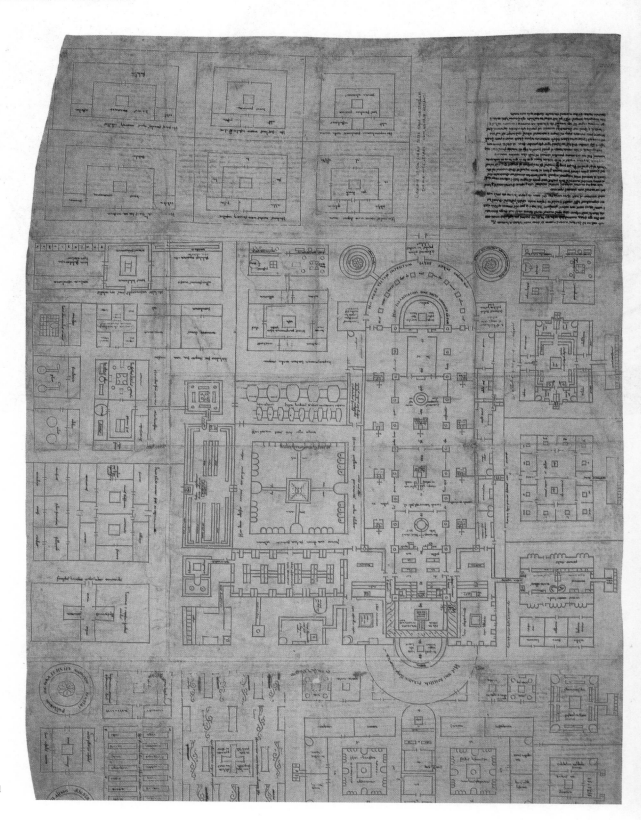

2-1

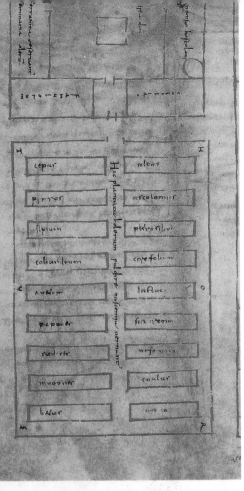

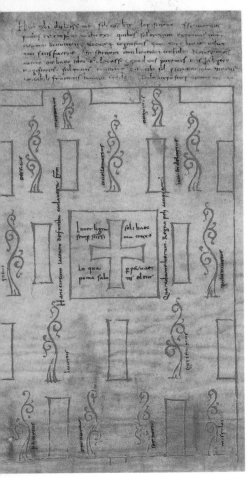

第二章
封闭式园林

中世纪花园

中古时代之后的欧洲花园发展情况鲜为人知。亚历山大文明所带来的丰富知识和高雅的情趣通过拜占庭渗入到了古希腊和古罗马文化，新旧东方文明因此联结在一起，有助于新欧洲的产生。泰奥弗拉斯托斯、老普林尼、狄俄斯库里得斯和科琉梅勒的经典作品受到推崇，并且在寺庙图书馆誊抄收藏，形成了古典文明传统。后来，又和希伯来文明及伊斯兰文明结合起来，产生了新的文明。

公元9世纪初瑞士圣盖伦修道院的平面图（图2-1）详细图解了一个中世纪僧侣社区。该修道院结构异常复杂，由多个相互依存的部分组成，包括三个园子：家用菜园、墓地果园（图2-2）以及栽培草药的药材园。药材园里种着蚕豆、独行菜、葫芦巴、迷迭香、薄荷、留兰香、撒尔维亚干叶、芸香、水田芥、莳萝、茴香，还有玫瑰及其他鲜花。果园分成13小块，还有另外14小块作为僧侣的墓地。菜园（图2-3）里有两行小花床，从左上往下，种着洋葱、韭葱、芹菜、芫荽、莳萝、罂粟、辣根、甜菜、大蒜、青葱、荷兰芹、细叶芹、莴苣、水田芥、欧洲萝卜、卷心菜和茴香。这两张图也有助于我们理解中世纪僧侣园的布局和反映在墓地果园中的景观理念。

建筑师弗朗西斯科·法列洛（1910～1992年）所作的重建分析图显示了一个典型的中世纪花园（图2-4）复杂的构造。[①]入口不远处是花坛（种着玫瑰、紫罗兰、百合、茉莉、风信子和丁香花），后面是带有喷泉和亭子的草坪。其他种着草药的花坛沿着迷宫和沐浴亭排开。还有一个果园、一个菜园、一个花园viridarium（见下文）和一个鱼塘。在这样一个中世纪欧洲花园里，流水为它增添了异域色彩，因为水的用法来自伊斯兰花园。水依次流经中央喷泉（被一个小建筑覆盖）、沐浴亭和鱼塘。根据当时的文学描写——很大程度是模仿古罗马经典作品的——pomarium指的是按梅花形（四个点形成一个方块，中间是第五个点）栽种树木的果园，并且根据树种的不同分开栽种。viridarium指的是常青园——里面种着松树、柏树、冷杉、月桂树和油橄榄树——用来遮阳和吸引鸟儿。菜园或药材园主要用于培育药用、食用和提供香味的药材：薄荷、撒尔维亚干叶、迷迭香、百里香、罗勒和芸香。为人提供冥思场所和进行专门植物栽培的中世纪花园使围墙把周围的农业用地隔绝开来。这样的界限也是有象征意义和神圣的。园子内部也分为各个不同的区域和花坛，这样，整个园子就像一个物产丰富的巨大棋盘，简单明了、井井有条，又充满文化气息。

作为象征意义的花园

中世纪末的欧洲花园表达了一千多年来沉积的价值观（图 2-5）。为法王弗朗西斯一世（1515 ～ 1547 年在位）所作的手抄本里有一幅具有多种象征意义的微型画，向我们展示了还未受到文艺复兴文化革新影响的中世纪晚期花园的特征（图 2-6）。一种解读法是研究城堡（实则一个小城镇）和所占领地之间的关系：远处的另一座城堡表明它们之间有某种联系，不仅是政治、经济方面的而且是文化方面的。河对岸的大片树林和农田象征着维持经济的农业世界，而在画的前景，城墙外边，山花烂漫、蝶舞纷飞。一堵高墙拦在花园和周围地区之间，形成了一道分割线，只有少数被选中的人才有权利进入，使得花园既神圣又私密。象征自然的女神拿着钥匙守在门口，爱神维纳斯赤裸着站在园中的一棵树下，神后朱诺在向人宣讲美德，最后是智慧女神密涅瓦。这座花园，一个中世纪的封闭式花园，花坛布置得井然有序，里面种着奇珍异草，四周是参天大树。围墙四周的长条

2-5

2-4

图 2-4 弗朗西斯科·法里埃洛所作的中世纪花园典型规划复原图。出自《花园建筑学》(Rome: Edizioni dell'Ateneo，1967)。

图 2-5 象征性花园

在中世纪，独角兽象征着绝对的纯洁，因此人们认为只有处女才能接近它。人类最初对地母神的崇拜后来演变成了圣母玛利亚的传说，并成为具有基督教含义的寓言。封闭式花园里的围墙将圣母和独角兽围在其中。花园是插图中一个普通的要素，而插图往往使用现实主义公园或花园中的场景。有关独角兽神奇之角的传说因为中世纪独角鲸（又名海中独角兽）的交易而更加玄乎。北欧渔民捕捞独角鲸并出售。

一幅 15 世纪晚期的法国挂毯现存于纽约大都会艺术博物馆的一个分馆——中世纪修道院博

2-6

物馆和花园。挂毯名为"捕捉独角兽"（少女捕获独角兽），它的细部描绘了带着凶猛猎狗的猎人和独角兽之间的搏斗。这幅寓言作品通过世人熟悉和现实主义的场景让画面真实可信。挂毯中的场景是一片茂密的树林，这是典型的私家狩猎区，只有贵族或他们的仆人可以在此狩猎，平民百姓一律不得入内。古老的林间空地过去是异教徒举行宗教仪式的地方，现在已成为一座封闭式花园，由栅栏围住，用来让玫瑰攀缘并且圈出园中的神圣场所。在古代，玫瑰是维纳斯专用的圣物，但后来演变成了基督教中的意象：圣母玛利亚就被唤成"没有刺的玫瑰"，让人想起古代的传说，即玫瑰在人类堕落前是没有刺的。

图 2-6 微型画，呈现了一座中世纪封闭式花园的场景，出自为法王弗朗西斯科一世而作的药典，1550 年前。

花坛里种着玫瑰和其他鲜花，作为树篱，给人一种感觉：这个花园是一个小宇宙——正如封闭式花园的概念所界定的。很快会有这样的习俗：在城堡和城市居住区里的户外狂欢期间，人们把封闭式花园里的植物展示出来，并用布满鲜花的格子栅栏装点庭院。

宫廷花园

　　中世纪后期的花园也是孕育情感的场所：人们在此创作、欣赏抒情诗和爱情诗。这时期的众多微型画，比如 15 世纪中期《雷诺·德·蒙托邦

25

2-7

罗曼史》中的一幅（图 2-7），描绘了最细腻的情感，主人公在花园里可以
充分展示他的感情。画中人物精美的服饰说明了当时宫廷花园里的社交形
式。花园中央巨大的砖凳形成了草坪上方的花坛，为人们休闲和聊天提供
场所。花园位于一座有围墙的庭院里，又有格子栅栏将它与周围的建筑相
隔，突显了它的特殊意义。园里种着各类草药和花卉，当然，占主导地位
的还是人工制品。尤其是那个代表着生命之源的喷泉，从柱子上的水池中
喷出，十分具有象征意义。这也是中世纪晚期最典型的喷泉做法。那两个
装饰盆栽代表着不落俗套的品位，除了具有装饰功能外，它们还显示了当
时人们的美术水平已有了相当的高度，盆栽也成为了人们的日常用品。和
花园的其他部分相比，两个盆栽得到了更多的精心照料，显得更加优雅。
右边的盆栽有一个圆柱形方格栅栏，里面种着绚丽的花朵，暗示着这些花
是与众不同的，和坐着的人之间有一种密切的美学联系。在两个恋人之间
是一株小树，根据修剪准则修成了重叠的伞状，以显示人造自然的奇迹。

　　在 15 世纪中期《天球论》的手稿里——14 世纪晚期诗歌体教科书，
格列高里·达提（抑或他的兄弟列奥那多）所作，传授天文学和地理学——
我们发现了花园里的一个生活场景（图 2-8）。这幅微型画——由克里斯特
佛罗·德·普莱迪斯（约 1400 ~ 1486 年前）或他的弟子所作——描绘了
城市里的一个综合场景，展示了在城市中心一个世俗私家封闭式花园如何
成为人们摆脱日常生活中烦恼和疲惫的场所。花园里许多类似的生活场景

图 2-7 《雷诺·德·蒙托邦罗曼史》中的插图，
15 世纪。

图 2-8 安托万·罗林所画，城堡中的花园。埃
弗拉·得·康提所著《爱的诱惑》中的插图，约
1495 年。

2-8

2-9

图 2-9　一名贵族女性在指点她的女园丁。克里斯蒂娜·德·皮桑（1363/64～约1431年）所著《贵妇城邦》的荷兰语版本（1475年）中的插图。

表明这样的休闲方式不仅具有实践意义，也是一种远离生活中烦恼和忧虑的体验。对少数特权阶级来说，这种体验并不是稍纵即逝的，而是稳定并且轻而易举的（图2-9、图2-10）。起源于古罗马文明的对人和水关系的重新发现，体现在《天球论》微型画里的大水池——象征着青春泉——青年男女在里面沐浴，象征着这座城市花园对爱神厄洛斯的崇拜。画中前景一对青年男女的暧昧举止表明这座花园是为培养和表达情感而建的。药材园和花卉园四周是参天大树，人们在草地上演奏管弦乐器、小鼓和鲁特琴，音乐为这座花园平添了特别的韵味。文学描述和美术作品中展现的中世纪晚期花园里的生活方式证实了这样的行为模式并不是现实生活的描述，而是表达了人们对某种生活方式的向往。

花园和文学

14世纪中期，乔万尼·薄伽丘在《十日谈》里详细描写了当时的一座意大利花园。15世纪版本里的一幅插图（图2-11）显示了一个爬满葡萄藤的凉棚（"葡萄藤凉棚下的小径很宽，笔直如箭"，图2-12），四周是树木和开满鲜花的草坪（"草坪上绿意盎然、翠姿欲滴，处处盛开着色彩绚烂的小花"）。[②]《十日谈》中第三日的前言让我们走进了当时的一座花园，各个部分一一呈现在我们眼前：

2-10

2-11

花园里盛开着当季的鲜花，青翠的枝条在微风中轻轻摆动，他们悠闲地坐在凉廊里，俯瞰中央庭院……葡萄藤上开满了花，园子里弥漫着葡萄花的芬芳，还有其他植物和药材的芳香，使他们觉得自己身处东方香料的包围中。花园边缘的小路两边长满了白色、红色的玫瑰和茉莉花……四周是一排生机勃勃、苍翠欲滴的橘子树和柠檬树，树上开满了鲜花，有的结着绿色的果子，景色宜人、芳香扑鼻。草坪中央是一座洁白的大理石，刻着精致的浮雕，有喷泉从大理石中喷出……园中的美景、完美的布局、丛生的灌木、潺潺的溪流和清凉的喷泉，让女士们和三位年轻绅士心旷神怡，他们觉得这花园再美不过了，天堂也不过如此。他们兴高采烈地漫步在花

图 2-10　克里斯多佛洛·德·普莱迪斯或其弟子所画《乐趣花园》。出自格列高里·达提和列奥纳多·达提所著《天球论》，15 世纪。收藏于摩德纳的艾斯坦赛大学图书馆。

图 2-11　薄伽丘《十日谈》第四日故事七的插图：西蒙娜、巴斯基诺和有毒的鼠尾草。

图 2-12　和图 2-11 中类似的藤架，出自薄伽丘《十日谈》的另一版，15 世纪。

园中，随手采摘各种树叶，编织各式精美的花环。百鸟环绕在他们周围竞相歌唱，美妙的鸟啼声不绝于耳……③

这段描述也表明对当时的统治阶级而言，花园是日常生活不可或缺的组成部分。

在13世纪的法国，爱情寓言诗《玫瑰传奇》描述了主人公与一朵异常美丽的玫瑰之间的爱情，他对其一见钟情——这有着各种象征含义，它的第一部分由纪尧姆·德·罗利撰写。玫瑰周围是其他象征意象：美丽、富裕、礼仪和青春；主人公在维纳斯的帮助下设法吻到了玫瑰。花园作为隐喻形象，是启蒙式旅程的终点，这是一个常见的文学主题。

在1481年的版本里有一幅木刻图（图2-13），里面几个简单的元素让人想起每座花园共同的场景：一块四周有围墙的地方，防止野兽入侵，具有神圣性。它的入口代表着通向花园的象征意义：幸福、智慧和爱。树篱为玫瑰园提供了植物背景，我们从简单的几下刀刻中还可以看出草地上长着优良的草药。图中的年轻人衣着华丽，梳着优雅的发型，戴着时尚的羽饰帽，他有进入花园的特权，并以此沾沾自喜。诗中的玫瑰，是真实的鲜花：

2-12

除了其他象征意义外，这幅图还表达了人和花之间永恒的关系，代表了过去或将来每一位园丁对他精心培育的花木的强烈情感。花给人带来的美感和人的情感之间的联系是永恒的——超越不同的国家和文明——自然的生命之美展示在植物盛开的鲜花中。

考察不同历史时期《玫瑰传奇》手写本或印刷本中的图示，我们会看出中世纪晚期花园理念的发展轨迹。15世纪的手写本里有一幅微型画（图2-14），从它的前景和背景可以看出，巨大的花园周围是高大的围墙，显得花园好似一座小城市。门槛处总有一个指引人，在这幅画里，是一个女人带着这位年轻人走进大门。花园里大树林立，有的挂着果子；雉堞状高墙的里边，沿着墙根有一长排格子栅栏，上面开满了玫瑰花。喷泉做成有盖的高脚酒杯状，水池与地面齐平，这是花园的主要特色，也证实了当时已会使用复杂的水利机械。水流入石沟，浇灌园中植物，然后从前景的墙根缺口处流出。喷泉四周开满鲜花的草坪是花园生活的中心。年轻人奏乐歌唱——他们精美的服饰代表着人类文明和驯化了的自然之间的密切联系——他们眼神慵懒、轻松随意。一道木栏将花园分成两部分，通过拱门可以进入到另一处景致，里面是规则的正方形花坛，种着药材和花卉。花园也是鸟的天堂：高大的树木吸引了成群的鸟儿，在木栏上甚至还站着一只孔雀。

植物、健康和花园：《健康全书》

在14、15世纪的欧洲，流行一本新型的植物志——《健康全书》。旧式的植物志记载的是植物，并将药用植物分类，而《健康全书》则是有关医药学的严谨的学术论文，不同医药学流派的汇合使得它广为流传（色蓝诺医学院也是如此，它和古希腊、希伯来以及伊斯兰文明相连）。这一复杂的心身医学以人（包括其性情、生活方式）为研究对象：《健康全书》里的场景是人的真实写照，有时也会有花园生活的描写。《健康全书》源于阿拉伯医药学：它的名字其实就来自阿拉伯语 Taqwim alsihha（养生之道），这是11世纪巴格达的伊布恩·布特朗医生写的一篇论文。该论文中的很多微型画展示了许多当时的花园以及药用植物。

收藏于罗马卡萨纳特图书馆的14世纪晚期《健康剧场》中的一幅图（图2-15）描绘了一座草本植物装点的花园，花园的正中央是一大丛玫瑰。一位女子正在摘花，她的同伴戴着花环，手里还在编着另一个。该图虽然

2-13

图2-13 木刻画，出自纪尧姆·德·罗利所著《玫瑰传奇》的1481年印刷版。

2-14

图 2-14 《游乐花园》、《玫瑰传奇》15 世纪晚期版本里的插图。收藏于大英博物馆（Harley MS 4425, f. 12v）。

细致描绘了园中场景和植物，但它不同于旧式植物志里的插图。旧式植物志中会将植物进行特写，来和实际的植物发生对比。而这里的场景是花园实际用途的真实反映，论文在医药学方面的见解出现在其他独立的篇章中，和该图无关：这从画中两位女子的服饰和举止可以看出。

14 世纪的花园，园中植物受到精心照料，药材园的植物也一样（图 2-16）。在维也纳《健康全书》里的一幅插图中（大概在 14 世纪晚期；图 2-17），我们看到一个装有养料的花瓶——里面装的是墨角兰。瓮和盆代表着华贵；当里面种着活的植物时，它们也具有了生命。容器是人工艺术品，代表着人类物质文明以及文化。在花园里，花盆便于搬移植物和土壤，有助于温室里的植物栽培。这幅画的主题是墨角兰，药典上写着："习性：温暖、干燥度为 3。最佳用法：选取小而有香味的品种，剁碎。功能：暖胃、理气。副作用：无。效果：净化血管。适于寒凉体质之人、老人秋冬天服用，寒冷地带居民也可服用。"这幅画用笔简练，两棵高大的树、绿草茂密的

2-16

2-15

图 2-15　14 世纪晚期《健康剧场》中的插图，收藏于罗马卡萨纳特图书馆（Cod. 4182）。

图 2-16　圣佛朗西斯科修道院回廊里的药材园现状，位于佛罗伦萨附近的菲耶索莱。修士们保留了培育药用植物的修道院传统。

2-17

草坪就表示这是一个花园；画中的桌子表明这也是植物研究的场所。画中人衣着雅致，显示了她们高贵的身份，或许，也显示了她们在植物学和医药学方面的造诣。从画中我们还得出一个结论：尽管这是一个药材园，她们使用它不是为了宗教信仰，而是为了世人。

农业和花园

　　随着 15 世纪欧洲印刷术的出现，花园的理念有了新的传播形式。摇篮刊本的出现促进了信息传递，其数量和质量也大大超越手抄本。在这些版本中，用于补充文本的木刻工艺，用简单、逼真的形象传递信息——它们不允许有微型画那样的细节刻画——赋予了形象新的意义。在第一批印刷书里，木刻是文本重要的补充，并不是摆设，而在手抄本里的微型画有

图 2-17　维也纳《健康全书》里的插图，约 14 世纪晚期。收藏于维也纳的奥地利国家图书馆。

时只是用于点缀。1495年佛罗伦萨出版了一篇论文——《田园考》——由来自波伦亚的皮埃特·德·克里申吉在大约1305年写成并作为手抄本分发。文章长达12卷，讲的是如何经营一个理想中的农场。第8卷里讲到"如何布置花园、美景、树木、药材和果实。"论文从理论角度入手，依据的是古罗马传统和中世纪的实践经验。"布置"指的是花园必须进行合理设计，以表达当代人对自然的看法，即人类征服自然来满足自身利益、获得乐趣。木刻画展示了一座根据这一理念设计出来的花园（图2-18），看起来好像是所有必要元素的集合体。花园的一部分由格子栅栏围住，围墙上摆放着花盆，作为装饰。栽种的药材吸引了一只象征着丰产的小兔子。格子构造体现了人性化设计，格子棚上爬满了葡萄藤：中央是一个带水池的喷泉。这幅图也教导读者应该如何在花园里生活：画中的女子——和小兔子一起——聆听乐曲和歌声，内心充满温柔的情感。

2-18

几世纪以来，人们一直用插图来说明如何养护花园。在《田园考》的不同版本中，有很多图片，画着各种我们熟悉的劳作，代表着当时的人们对花园的养护。1486年巴黎的一个版本中（图2-19）有一幅图展现了工人们在花园里修剪树木的场景。和其他花园一样，这个花园由格子栅栏围住，与周围地带隔开，大概是专门用于农业运作。无所不在的栅栏强调了花园的独特之处，园中的植物都经过精挑细选，因此是神圣的。栅栏的作用在于说明里面的植物全是艺术品，当然这是概念意义上而不是物质意义上的：植物顺着格子栅栏攀缘而上，草地上的药材和花卉都是精心栽培、细心养护的。修剪和移植是花园里必不可少的工作，要根据季节变化进行操作。木刻画暗示我们这一工作必须是长期的：这是花园养护及其意义所需要的。任何松懈都会引起这个宝贵的人造自然的衰亡。人类为了获得乐趣创造了这一自然，只有通过全情投入、辛勤劳作才能维持这一自然（图2-20）。花园的其余部分是荒野，永远不可能成为花园，尽管后来的自然主义思潮——试图对自然的所有现象进行全面的美学理解——会认为荒野的存在是合理的。

图 2-18　1495年在佛罗伦萨出版的《田园考》中的木刻画。该论文由皮埃特·德·克里申吉在大约1305年写成并作为手抄本分发。

图 2-19　皮埃特·德·克里申吉所著《田园考》在巴黎发行版本中的木刻画（1486年）。

2-19

图 2-20 西蒙·贝宁（约 1483 ~ 1561 年），《城堡花园里的劳作》，出自《轩尼诗祈祷书》，布鲁日（比利时西北部城市），约 1530 年。布鲁塞尔，皇家图书馆（Ms. II. 158）。

2-20

il serpente che guardaua ipo m doro. Tutte queste cose erano dibronzo do
rate grandissime. Era ancora su quatro canti diquesta acqua aoe alla
fine delle strade come plodisegnio sipuo comprendere questi erano come dir
quatro ricettacoli iquali asimilitudine diquatro uenti & stauano nella for
ma de qui suiede conuna figura dibronzo su lasommita grandissima insu
ciascuna cherapresentaua ilnome diquel uento altro inquesto non dice Ma
inquesto che seguita, e due belle cose:

Il porcho
Idra
Acheloo aoe ilthoro
I centauri
I caualli didiomede
La ceruia
Lo serpente che
guardaua ipo
m doro:–

ESPLICIT·LIBER·QVINTVS·DECIMVS·
INCIPIT·SESTVS·DECIMVS·LIBER:

3-1

3-2

第三章

人文主义梦想和意大利文艺复兴时期的园林

建筑和花园

在 15 世纪中期，人称"费拉来得"（希腊语，意为"美德爱人"）的安东尼奥·阿佛力诺（约 1400 ~ 约 1469 年）设计了一个别致的建筑——一座屋顶上有花园的宫殿——作为古老传说中空中花园的复原。这是最初的一次尝试，将花园与当时新的建筑风格融合而不是按照惯例将它放在建筑边上。

在 1461 ~ 1464 年间，费拉来得撰写了《论建筑》（*Trattato di architettura*），将其献给米兰公爵弗朗西斯科·斯福尔扎。这是第一篇用意大利本国语言写的有关建筑的理论文章，它提出了建造一座名为斯福辛达的理想城市的计划，作为对斯福尔扎公国永久的颂辞。玛奇奥医院（以前叫撒格兰德医院）是米兰的一家医院——费拉来得设计了其中一部分——证实了那些建议和梦想的伟大和意义。出自费拉利特论文的复原图（图 3-1）展示了一座宫殿，它的屋顶和露台上都是结构复杂的花园。

15 世纪后半叶，列奥纳多·达·芬奇曾在米兰斯福尔扎宫廷工作。他研究和实践的领域包括城市规划、航海、建筑、水利、雕塑以及绘画、自然和科学。可惜，他对米兰城堡公爵居住处后面大型庭园的设计已无从考据。这幅图（图 3-2）只是他对庭园里一座亭子的初步速写，现在亭子已无任何遗迹留存。不过当时很多文学作品描写了有关该庭园的用途、园中生活以及精美绝伦的建筑，从中可以看出人们经常在里面进行狩猎和大摆筵席。列奥纳多在米兰古堡所谓的天轴厅的拱顶上创造了一幅伟大的湿壁画——后人的复原存在一些问题；交缠的植物作为庭园向建筑的延伸，和壁画一起形成了亦真亦幻的雅致景象。

因此，在意大利文艺复兴早期，建筑和花园有机地结合在一起，创造了一种新型的宫殿，在它里面有一个栽培和研究植物的区域。这是对中世纪通常位于城堡或神庙内部封闭式花园的全新解读。由于有了明显的轴线，花园成为整个建筑的中心要素。

莱昂·巴蒂斯塔·阿尔伯蒂的《建筑论》（完成于 1452 年、出版于 1485 年）——有关文艺复兴时期重要建筑的论文——指出花园是房子的必要补充部分，具有一定的特征和要求。花园的布局必须和建筑对称协调或是统一；水要素反映了人们对水利的新兴趣；台阶连接不同的平面；要有人工洞室和休憩场所；要种植常绿树，使花园四季常青。将这些设想付诸实践的第一批花园中有一个如今仍然存在，那就是梵蒂冈的贝尔维第宫

图 3-1　屋顶上有花园的宫殿图，出自费拉来得所著的《论建筑》，写于 1461 ~ 1464 年间，献给米兰公爵弗朗西斯科·斯福尔扎。

图 3-2　米兰斯福尔扎家族庄园里一个亭子的草图，列奥纳多·达·芬奇所绘。

3-3

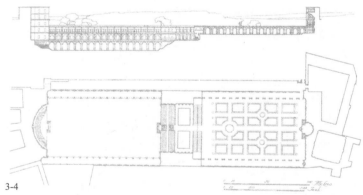

3-4

（图 3-3、图 3-4），由多纳托·布拉蒙特从 1503 年开始建造。传统的宫殿
庭院扩大成为整个花园，结构对称的花园里不再只有植物。一系列植物奇
观整齐地排列在整个建筑群落中，一道道露台的水渠里有水在流动。它是
城市中宫廷花园的范本以及文艺复兴时期意大利花园的典型代表。由雅克
波·达·魏诺拉于 1551 ～ 1553 年间建造的朱利奥庄园的平面图和剖面图
（图 3-5、图 3-6）显示了上述模式的延续。魏诺拉是从手法主义过渡到巴
洛克风格时期的一位建筑师。

图 3-3　弗朗西斯科·帕尼尼（1745 ～ 1812 年）
所作的贝尔维第宫版画，18 世纪晚期。

图 3-4　梵蒂冈贝尔维第宫平面和剖面图，多纳
托·布拉蒙特设计。

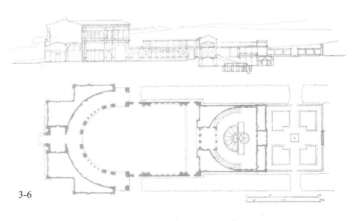

3-6

以历史为主题

图 3-5　卡斯泰拉尼收藏壁画中的朱利奥庄园。收藏于罗马朱利奥庄园的伊特鲁利亚博物馆。
图 3-6　朱利奥庄园的平面图和剖面图，由魏诺拉于 1551 ～ 1553 年间完成建造。

　　1499 年，威尼斯出版商、人文主义者埃尔德斯·曼钮歇斯（埃尔多·曼纽西，约 1449 ～ 1515 年）出版了《寻爱绮梦》：一本绝佳的 15 世纪插图书，据说由多米尼加的弗朗西斯科·克洛纳修士（约 1433 ～ 1527 年）撰写，不过也有人认为是莱昂·巴蒂斯塔·阿尔伯蒂所写。这是一个爱情故事，讲述的是波莉娅的情人波利菲洛梦见一场爱情竞赛。书中有一幅具有中世纪叙事风格的古典建筑图。小说用拉丁语和意大利语混搭写成，读者必须懂得这两种语言才能看懂。172 幅插图中有相当一部分描绘了当时的花园。

比如，有一幅木刻画（图 3-7）描绘了站在小树林和众人前面的波莉娅走向波利菲洛的场景。这次会面是在一个花园里，前景中有一个绿廊，下面是鲜花和灌木，绿廊的围墙和桶形屋顶上长满了绿色的爬藤。这一"虚构的"建筑——占据一定空间的亭子——由大理石柱子支撑住半圆形的屋顶；里面有两张长椅，用于休息和聊天。这些图片宣传了文艺复兴时期的花园理念，或者说——考虑到第一版发行量不多——记录了 15 世纪后半叶威尼斯及其内陆领地包括帕多瓦和曼图亚的古文物研究文化。文艺复兴时期的花园——虽然只是臆测，但有一定道理——不过是古希腊、古罗马文明黄金时期花园的复兴。建筑师、画家、雕塑家和碑铭研究家在威尼斯领地和威尼托地区收集各种遗迹和文献资料，来解释这种新品位的历史意义。这些卓越的木刻画出自一位不知名的艺术家之手，体现了新型花园的意义，并且教导世人如何在花园里生活；其实，文本和插图的交替使用预示了不远的将来人们对文献资料的使用。

图 3-7　波莉娅和波利菲洛相会于一座花园，弗朗西斯科·克洛纳的《寻爱绮梦》（威尼斯，1499 年）木刻画。

3-7

废墟之美

《寻爱绮梦》中的另一幅木刻图（图 3-8）是第一幅展现废墟之美的完整的插图。其中的理念暗示着人和植物的特殊关系，它结合了考古热情与浪漫情怀，在想象的推动下，复兴了人类文明黄金时期的理念。从人文主义者在古代废墟中进行探索开始，每一个新发现、每一个文献以及图片复原都让他们欢呼雀跃。很快，废墟形象在探索者看来，具有激发情感的功能。这样，修养良好、想象力丰富的参观者就能体会过去的辉煌，尽管这一切都存在于想象中。废墟不仅能激发人的丰富情感和浪漫情怀，而且促进了方法论和考古学的发展，它后来成为人类文明的一个必要标志。一个新的短语产生了："废墟之美"。《寻爱绮梦》木刻画，用极具现代的手法，表达了复杂的含义。同时，对自然象征性的刻画反映了人和植物间的新型关系，植物在废墟中不断生长，似乎要把远古文明的碎片全都掩盖。画中的相关植物有：药材、杂草以及异域树种。从那时起，植物就出现在每一个废墟形象中，成为整个场景的必要组成元素，使得古代废墟——尽管只是断墙残垣——充满了浪漫色彩。也许有人说，如果古迹遗址保存完好或者我们只知道维特鲁威的《建筑十书》，那么古迹热就不会发展起来。

图 3-8　植物和废墟的关系，《寻爱绮梦》中的木刻图（威尼斯，1499 年）。

3-8

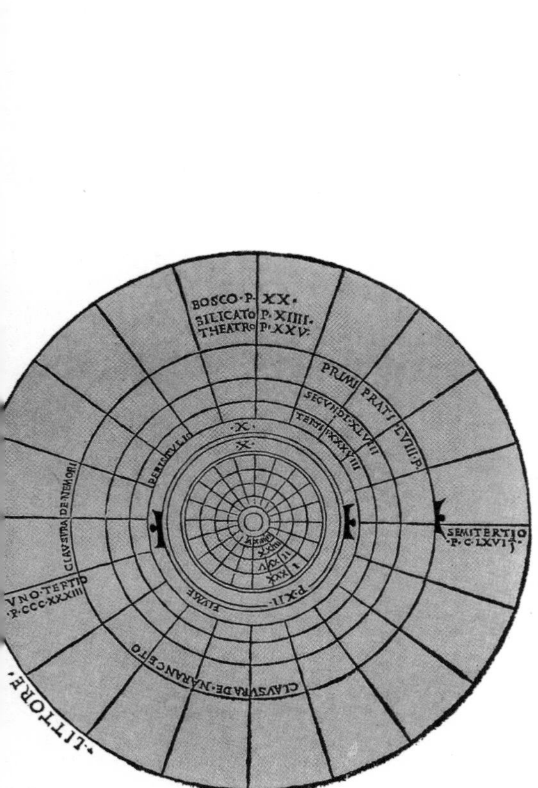

3-9

图 3-9　基西拉岛平面图，出自《寻爱绮梦》（威尼斯，1499 年）。

3-10

图 3-10　《寻爱绮梦》（威尼斯，1499 年）木刻画中的花园要素。

花园城市

《寻爱绮梦》（图 3-9）中描写的基西拉岛是理想的文艺复兴城市，也是首个计划中的花园城市，而不仅仅是巨大的几何图形式公园。在克洛纳的名著中，基西拉岛（被详细描述）为圆形，直径约 1 英里，碧海环绕。锈迹斑斑的奖杯漂浮在水中：象征着远古文明的遗迹。沿着海岸都是草坪，种着一排大小、形状完全相同的柏树，每株相距 7.5 尺：每株柏树周围都种着高度为 3.75 尺的桃金娘作为树篱，每株桃金娘的叶子都高出底部两英尺。20 个半圆形的桃金娘树篱从外围往岛的中心汇集。岛中心由一层层的矮圆柱形台地构成，上面有建筑和景观，使得岛中心比海岸高出很多。最低的台地直径为 1 英里，随着高度的增加，台地渐渐变小，最高处的台地是一个大型圆形露天剧场。逐渐升高的台地构成了一系列规则式花园。台地一共有 20 个，每个台地都用雕刻过的大理石作栏杆。台地上有一片树林，种着药材和树木，排列得让人赏心悦目。台地中央是个大理石拱形门。爬藤类植物有：金银花、茉莉、旋花植物、风铃草。树林为野生动物提供了良好的居住环境，里面种着月桂、橡树、野生柏树、松树、榆树、椴树、白蜡木、冷杉、落叶松、栗树、橄榄树以及修剪过的黄杨木。弧形大理石铺面围着的橘子树和柠檬树构成了另一个层面，还有一个菜园，分成几个区域，都有栏杆围着，上面装点着建筑和雕塑，玫瑰攀爬在栏杆的柱子上。纵深的小径上方有藤架遮盖，上面满是白色的玫瑰；最后是芳香园，里面间隔排列着草坪和香草。

花园的组成元素

《寻爱绮梦》中有一幅木刻图（图 3-10）用象征的手法展示了建造欧洲文艺复兴时期花园的所有基本要素。它的特点是突出了人类活动的重要性，强调新建筑的自然延伸，意在复兴过去的经典。植物都是传统的种类：草坪种着药材和鲜花，绿廊上爬满了开花植物，树林里长着高大的树木。花园四周是竹藤栅栏，编织成不同的图案。这样的插图在 200 年后将会得到仔细考察，因为那时装饰主题史已成为研究话题。带有筒形屋顶的绿廊——代表着永恒的天堂和人间乐园——也由藤条编织而成。水从大理石水槽中流出，通过一个装饰性喷嘴流入六边形的大理石池子。花园中的水无论从物质意义上还是象征意义上都代表着生命之源，而水槽则是。在文艺复兴时期的花园里，喷泉既代表着 fons sapientiae（智慧源泉）又是巧妙的水利设施。这件艺术品——既属于建筑也属于雕塑，用的是昂贵的材料，比如大理石、金属等，它坐落于花园的中心处，代表着花园的心脏——因此具有极丰富的象征意义，但从实用角度来说，它也起到了整个花园结构中心枢纽的作用。

修剪的艺术

《寻爱绮梦》是一部带有插图的爱情小说，同时也可以作为有关文艺复兴时期花园的论文，正如这四幅木刻画（图3-11、图3-12）所显示的：有花园的人可以研究并模仿这些样本进行植物修剪。植物修剪是意大利文艺复兴时期高度发展并广泛传播的艺术形式，并且作为意大利花园的一个特点名扬海外。不过它的历史可以追溯到古希腊、古罗马时代，古代文本里描述了如何将植物修剪成形——人类征服自然的另类表现——对这些文本的解读大大有助于让古代文明获得重生。在古希腊的希腊化文明时期，一个topia——一幅完美花园的图画，用来指导园主人及其园丁——会放在环绕花园的门廊里。公元前1世纪，罗马人非常强调对完美的追求，西塞罗甚至把他技艺高超的园丁称为toparius，该词转喻自一个希腊术语，表示一份把花园改造成艺术品的工作。文艺复兴时期的人文主义重新采用了这个词，赋予它特殊的含义——在古希腊和古罗马也有这样的含义——指的是将植物转变成基本的几何造型或复杂的形体群，提出根据数学原理培育植物的理念。《寻爱绮梦》的作者弗朗西斯科·克洛纳用形容词"修剪的"描述经过艺术裁剪的植物：将植物的自然形状改造成艺术造型并不仅仅是装饰或不必要的操作。修剪需要极大的耐心和高超的技巧，要创造出各种造型以代表人类对自然的征服。对修剪者和充满好奇与赞叹的旁观者而言，修剪代表了人类的心灵手巧，喻示了人类所能达到的成就。这种艺术形式标志着花园中新品位的产生。

贵族花园

《寻爱绮梦》发表后一年，雅科波·德·巴巴里发表了非凡的威尼斯鸟瞰图（图3-13）。这是他三年多来对该城细致调研的结果。在这幅巨图的前景，我们看到朱得卡岛上精美的花园：它们和弗朗西斯科·克洛纳书中木刻图所描绘的很相似，说明木刻图是写实的。

直至13世纪末，朱得卡岛还只是威尼斯泻湖里一块狭长、偏远的土地，住着渔民和手工艺者。后来通过填湖造地，岛的面积有所扩大，新开拓的土地被分配给参与了主要排水工作的贵族。朱得卡岛从未成为威尼斯城的一部分，一方面是因为两地没有桥梁连接。贵族们在新开拓的土地上建成了该地区最重要的花园后，它成为了宴席、休闲和远离城市喧嚣的好去处。朱得卡花园占地比威尼斯城区花园大得多，吸引了显贵和各界要人：著名艺术家诸如皮埃特罗·阿雷蒂诺、米开朗琪罗，王公贵族、出访威尼斯共

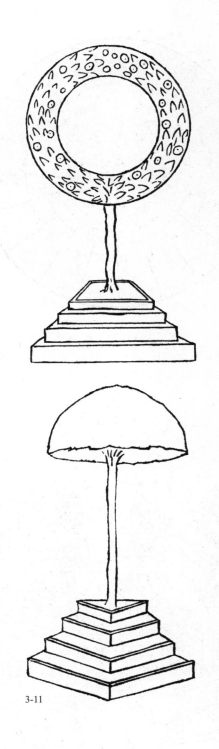

3-11

图3-11、图3-12　根据修剪艺术而作的修剪样板，出自《寻爱绮梦》（威尼斯，1499年）。

和国的国家元首以及外交使节。

岛上的花园——各组成部分间的相互关系——以封闭式花园为范本进行布局。花园以庄园的庭院为入口，也是人们从事植物学实验和栽培异域植物的场所。绿廊是花园里的一大亮点，为爬藤植物尤其是葡萄藤起到支撑作用。对园中生活的文字描写证实了这些花园在文化和建筑风格方面都受到了《寻爱绮梦》中木刻画的影响。

文艺复兴时期的花园

1537 年，意大利建筑师、画家、理论家塞巴斯蒂安诺·瑟利欧（1474 ~ 约 1554 年）在威尼斯发表了《建筑学》第四卷。该书在 40 年间陆续发表了 7 卷。第一版分别在巴黎和威尼斯发表，第 8 卷直到 20 世纪才为人所知。第 4 卷中有一部分是关于花园的，不过写得非常拘谨，而且只提到花坛的使用。莱昂·巴蒂斯塔·阿尔伯蒂在《建筑论》中描述的人文主义花园促进了花园的新发展，具有重大意义，而瑟利欧的作品则证实了在手法主义时代有关花园的建造原则已经成文，毋庸争议。在制定了一系列花园构造和建筑内外部的规则后，作者写道："花园仍然是建筑的部分装饰，下面这四个不同的图像……是花园里的四个空间，尽管可以挪作他用，边上的两座迷宫……也具有装饰的目的。"于是，人类历史上最古老、最复杂的建筑之一——迷宫或曲径——和用于装饰围墙、顶棚和花坛设计的手法主义图案就结合起来了。这一不必要的装饰不仅说明人们对要植入花坛不同区域的植物缺乏兴趣，而且对带有复杂花坛的花园表现出普遍的淡漠。broderie 意指用于花坛设计的精美刺绣图案——不久就有人将其整理成文，出现在有关法国巴洛克式花园的论文中，比如雅克·博伊索·德·拉·巴罗狄埃尔的《论园艺》（巴黎，1638 年）和安德烈·莫勒的《快乐的花园》（巴黎，

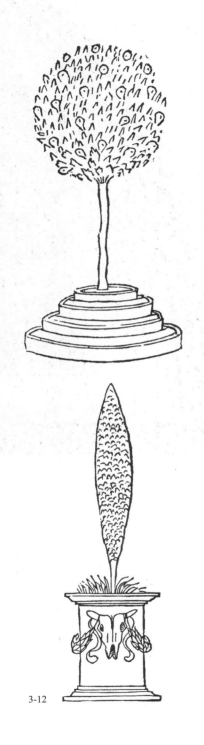

3-12

图 3-13　雅科波·德·巴巴里，威尼斯鸟瞰图，1500 年印刷（详图）。

3-13

1651 年）——它成为花园里不可缺少的部分：建筑正面有一大片低矮植物，排列成某一怪异的图案，以达到装饰效果。

从一系列为第三位托斯卡纳大公——费迪南一世（1587 ~ 1609 年在位）——所作的圆顶壁画中我们可以看出文艺复兴时期托斯卡纳的花园是什么样的。这些壁画由佛兰芒艺术家朱斯托·尤坦思（原名贾斯托斯·冯·尤坦思，卒于 1609 年）于 1599 ~ 1602 年间所作，旨在装点位于蒙特艾尔巴诺山公爵狩猎园中心的迪阿特米诺庄园。尤坦思所画 17 幅鸟瞰图原作中有 3 幅已遗失，剩下的 14 幅成为记录 16 世纪花园宝贵的资料。朱斯托·尤坦思借助地图和建筑图进行了实地考察：绘画对象都是美第奇家族成员在1451 ~ 1599 年间建造的庄园，1599 年也正是艺术家开始绘画之年。庄园在画中有所描述，不过花园却是壁画的主要内容。图 3-14 显示了尤坦思对庄园和普拉托利诺庭园的刻画，该庭园由建筑师贝纳多·布翁达朗提为第二位大公——弗朗西斯科一世（1574 ~ 1587 年在位）而建，始建于 1569年，耗时 15 年。庭园布局采用的是华美的手法主义风格——是富丽堂皇的巴洛克风格的先驱。庭园被认为是一个奇迹，好评如潮。按照布翁达朗提的设计，无论从庄园还是在花园内部看，游览者都不能欣赏到花园的全貌，他们只有走上曲折的林荫路，顺着每一个转弯和曲线行走，才能领略其中的风光。这是一个充满色彩、声音和奇观的花园：游览者进入任何区域，首先听到的是溪流和瀑布的水流声。两个复杂的水渠围绕着绿树成荫的庭园，里面有池塘和瀑布。笔直的多向林荫道横穿过庭园，将游览者带入不同的建筑和雕塑空间，这一切都让他们感到惊奇并且赞叹不已。因为游览者无法从任何地点看到庭园的全貌，所以尤坦思的鸟瞰图就成了帮助他们充分理解其中奥秘的必要工具。

另一幅尤坦思所作的圆顶壁画（图 3-15）显示了拉普利塔亚庄园的景象。庄园原本是位于佛罗伦萨郊区的一座城堡，由贝纳多·布翁达朗提于大约1575 ~ 1590 年间为费迪南多·美第奇改造而成。艺术家的注意力还是集中在花园上，花园的全貌完整有序；而处于透视焦点的庄园，虽然也进行了细致描绘，却不是绘画的主要对象。这位手法主义建筑师没有像在普拉托利诺那样设立一系列的奇观，而是用一种更加现代的视角，展现了文艺复兴早期意大利花园的理性光芒。如图所示，布翁达朗提在拉普利塔亚用上了他所有水利机械、装置和戏剧、烟火表演的知识。在花园里，植物学和水利学结合在一起，为美第奇家族及其宾客的日常生活和庆典平添许多乐趣。庄园后面是起伏的山丘和一长排柏树，庄园前面的草坪通向一个大鱼塘——水要素。庄园两侧种着成排的树，还有盆栽植物，一直通向露台。池塘两边对称排列着几个花坛，里面种着药材和花卉，花坛四角种着盆栽树木。花园中最规则、最富象征意义的部分在绘画的最下部。两个左右对称的长方形空间里有两个同心圆，由布满爬藤植物的筒形顶绿廊构成，好像迷宫一样。两个绿廊之间是树林，大圆形绿廊的四周角落也是树林。两个同心圆中央的空地连接矩形走道，用来举行节日聚会、化装舞会和音乐

3-14

图 3-14　朱斯托·尤坦思，展现普拉托利诺庄园和公园的半圆形壁画。普拉托利诺庄园和公园于16 世纪末为费迪南多公爵一世所建（约 1599 年）。
图 3-15　朱斯托·尤坦思，展现拉普利塔亚花园的半圆形壁画，拉普利塔亚本是座城堡，大约1599 年改建成庄园。

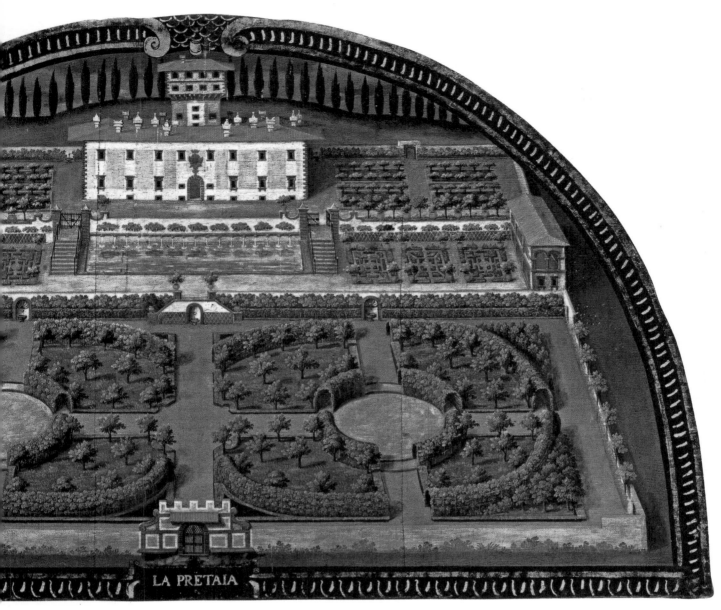

LA PRETAIA

3-15

PRATOLINO

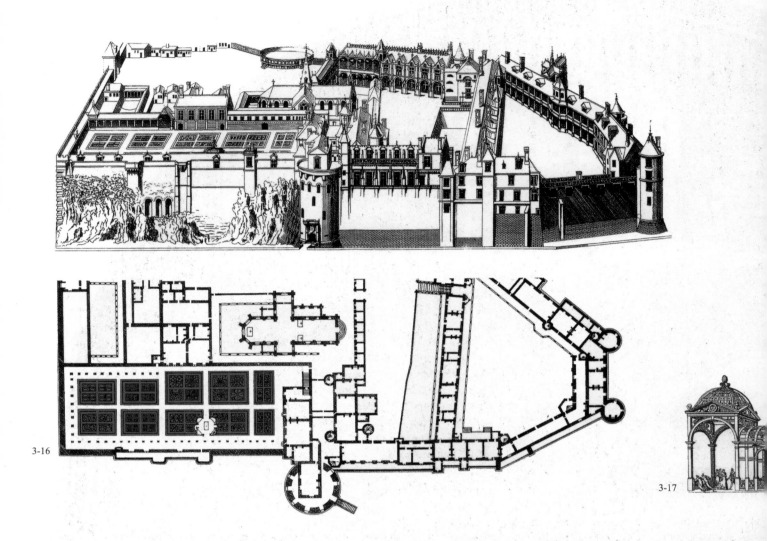

3-16

3-17

会。园子四周是连绵的围墙，只在中间位子有一个凯旋门式的入口，和庄园处于同一条轴线上。该庭园布局简单，表达了对理性的尊崇，但同时也为园中人提供了最不同凡响的娱乐。

欧洲意大利文艺复兴花园的成功

法国建筑师、装潢师、版画家老雅克·安德鲁埃·杜·塞尔索（1510/1512～1584年）在1576～1579年间发表了两卷名为《法国最佳建筑》的著作。该书用阿谀的口吻描述了达官贵人的住所，鼓吹了他们显赫的地位；这是当时第一本此类主题的作品，在后来的几年中，这样的书籍非常流行。老塞尔索是法国文艺复兴时期的代表人物，饱读诗书、温文尔雅，他的作品是他那个时代的写照。为了准确反映现实——很多透视图是贪图方便而作的，经常有失偏颇，老塞尔索反对那种做法——他在实地调查的基础上画出了栩栩如生的详细图案。杜·塞尔索精致的版画有助于分析插图中的建筑，为他同时代人以及后人提供了16世纪后半叶法国城堡和园林翔实的

图3-16 老雅克·安德鲁埃·杜·塞尔索，达姆波斯城堡版画系列，出自《法国最佳建筑》，两册版（巴黎，1576～1579年）。

图3-17 老雅克·安德鲁埃·杜·塞尔索，展示蒙泰吉城堡花园里格子藤架画廊的版画（巴黎，1576～1579年）。

图3-18 老雅克·安德鲁埃·杜·塞尔索，蒙泰吉城堡及其花园，出自《法国最佳建筑》（巴黎，1576～1579年）。

资料。其中一幅版画（图 3-16）展示了始建于中世纪并于后来不断扩建的城堡（达姆波斯城堡），在城堡里有一座封闭式花园。城堡建成后不久，它的花园就改造成文艺复兴时期的风格，在法国受到了普遍赞美。从平面图上可以清楚地看出花园中央是一个大喷泉，在透视图中可以部分地看出。花园由 10 个大广场组成，广场又分为 40 个花坛，花坛由树篱隔开，呈不对称状排列。在规则的花坛里栽培不同种类、不同造型的植物，这是文艺复兴时期典型的做法，那时候，花园并不仅仅用于装饰；不过，在这以后不久，对称就成了一种风尚。在这幅图中我们看到了清晰、易懂的植物布局，它不仅表现了对植物学的热爱，更体现了对美的追求。换言之，这座花园以其完整性象征着广袤的世界和无穷的知识。

　　雅克·安德鲁埃·杜·塞尔索著作中的另一种城堡花园类型（图 3-17、图 3-18）和之前那种完全不同。达姆波斯城堡表达了在恒定的自然环境中改造封闭式花园风格的意愿，而蒙泰吉城堡则向我们展示了一种新式的外向型花园。如图所示，古老的城堡主塔位于中心位置，巨大的花园沿着城墙呈扇形展开，里面种满了植物。

　　杜·塞尔索展示了这座毁于 19 世纪初的复杂建筑在 16 世纪后半叶时的模样。城堡位于小镇中央；根据作者所写，花园外面是一大片茂密的橡树林。花园由两个同心圆构成：第一个延伸到护城河，外面是一堵连绵的围墙，上面有手法主义风格的波浪纹装饰，这种建筑形式比较奇特，因为这不符合城墙的防御功能。曲线形花园被分成多个方格，方格里是造型一

3-18

3-19

图3-19 汉斯·弗莱德曼·德·弗里，展示一座荷兰花园的版画，出自16世纪的一本书。

3-20

3-21

模一样的花坛，里面种着花卉、药材、果树和观赏树木。在图的中心位置，格子栅栏和筒形顶绿廊将重要的花坛与其他花坛隔开。绿廊右边有两个迷宫，一个是曲线形的，一个是正方形的，让人联想到人类古老的象征符号。花园的外圆分成不同的区块，种着特殊的植物，由一排排整齐的树分隔。这个种满植物的花园只有一个通往橡树林的口子，那就是位于左边的大门。一道浓密的树篱围绕着外圆：树篱外是无垠的旷野。

　　汉斯·弗莱德曼·德·弗里（1527～1606年）是一位荷兰建筑师和画家，他将意大利文艺复兴花园的理念引入北欧，作为权威的广泛传播的新型文化。作为一位卓有建树的画家，他尤其擅长透视画，并将他对佛来芒、荷兰手法主义建筑和装饰风格的理解记录在一系列书籍和印刷品里。这些著作对整个北欧影响甚大，甚至英国也受到了很大影响。1583年，他在安特卫普发表了第一版《花园图案全集》……提出将维特鲁威柱运用到园林中的奇特想法。这20幅版画——在1587年第二版中增加到28幅——展现了多陶立克式、爱奥尼克式以及科林斯式花园。尽管，在某些方面，它们可能具有想象的痕迹，但版画中含有对16世纪后半叶荷兰花园详尽、真实的刻画。这里的一幅翻版（图3-19）呈现了荷兰市区一座大花园的景象，它的侧面是一排平行的建筑，它的远处边界处可能有个水渠，花园里有很多建筑小品，包括栅栏、入口、绿廊、林荫道、小寺庙以及几何图案花坛。建筑和植物的关系体现在不同的亭子：前景中有一个石头亭子，长满了植物的屋顶上面有个塑像；在同心圆绿廊中央还有个类似的亭子；花园另一头的角落里有两个相同的建筑，那里的格状栅栏上布满了植物。花园的场景也象征着当时生活的一个层面：高朋满座、觥筹交错，说明在 16 世纪，统一的花园文化模式在整个欧洲已经建立起来。

情爱园林

在文艺复兴时期的欧洲，花园是爱神厄洛斯的代名词。有一幅德国花园图（图 3-20）展现了贵族阶级的园中生活。在中世纪晚期、文艺复兴早期，节日庆典有很多人参加，不过到了文艺复兴的全盛时期，流行少数群体参加。图中有三对情侣：地位显赫、美髯飘飘的年长绅士和年轻女子在花园里调情。花园在森林边上，从里面可以俯瞰森林。人物的服饰不只是华丽时尚，而且高贵奢华，因为他们的衣服上都有精美的花纹和丰富的图案。服饰不仅反映人物的身份，而且显示了在花园环境中表达情感的特定方式。花园的角落由简单的立柱栏杆围成，栏杆下是草皮覆盖的长椅。树篱上、地上以及画左边的大花瓶里，鲜花盛开。情感的孕育包括对情欲的满足，也并不排斥对生理需求的满足。画中有筵席的场景：前景中有一个大长颈瓶，里面可能装着美酒；石桌上铺着桌布，摆着精美的餐具和器皿（高脚酒杯、水杯、盘子、刀叉等）。从剩下的残羹冷炙看，只是些传统的食物，比如面包和水果，不过在桌子中央的盘子里还有糕点。因此，花园本身并不是终点——具有自身特色的独立区域，让人远离尘嚣来欣赏人工自然——而是必要、有益、令人愉悦的场所，人可以在里面进行一些活动。花园是房屋的必要补充部分，是房子向户外的延伸，以往每座花园都具有的象征意义在这样的花园里不复存在。

一幅匿名的 17 世纪中期法国版画（图 3-21）用寓言的方式展现了 5 月的景象，场景既传统又充满新意。情爱园林不再像同时代的德国花园那样只作私用。我们看到，中世纪晚期和文艺复兴早期插图中大批人群参加节日庆典的乐趣在几世纪后又出现了。在这幅画中，情欲不是唯一的主题：恋人间的谈情说爱、朋友间的闲聊、吟诗作对以及音乐欣赏都出现在同一场景。另外，该场景发生在一个真实的花园里：右边有房屋，屋前的平地上有很多花坛。在右边的前景，有一群人坐在鲜花盛开的草坪上——有的在弹琴，有的在唱歌，还有的在倾听。在正中央，年轻姑娘和妇女在用捡来的花编织花环。园中的宾客也都衣着华丽、举止优雅。花园从屋前平台延伸到一个长长的绿廊，它的筒形屋顶上爬满了植物。平台上有栏杆，花园下面是河流，宾客们在里面划船。河流在右边渐宽，露出一个小岛，像西方历史上花园里的所有小岛一样，在这个岛的正中央有座小小的神庙。神庙、格子状绿廊、石头栏杆以及房子屋檐的石头线脚，都清晰地反映了意大利文艺复兴的影响（图 3-22）。人们在园子里漫步，远至小岛。远处，山脚下的村庄依稀可见。小岛左边有片树林，这是画中最后的笔触。所有这一切都体现了现代园林的典型特征。

图 3-20　花园的使用，出自 16 世纪中叶的一幅德国版画。

图 3-21　16 世纪中叶无名氏所作的法国版画。

魔法花园

与魔法有关的插图有着复杂的象征含义，也呈现了许多花园的景象。其实，魔法的隐喻使用的是现实生活中的意象，花园是其中最受欢迎的一个。因为花园是人类运用娴熟的技艺、精心的照料，通过不断地完善，将自然改造成完美乌托邦的场所，花园是人类掌握魔法的标志。古希腊和古罗马的神话就可以用魔法来解读：维吉尔的史诗《埃涅阿斯纪》中有一个片段讲述的是埃涅阿斯从树上摘下"金枝"，并在它的庇护下安然穿过地狱。16世纪所罗门·特里斯莫森所著《灿烂阳光》中有一幅插图（图3-23），描绘了花园里金王冠中长出的生命之树。画中的三个人物是史诗中的主要人物：埃涅阿斯、西尔维乌斯和安喀塞斯，他们衣服的颜色分别是红色、白色和黑色，充满了魔法含义。飞跃树梢的鸟代表着魔法升华，白头乌鸦意味着白色是由黑色孕育而成。前景中有一个花园，远处房子附近有一块圈定的区域，这一切景致都用画框固定在一个虚构剧院的舞台前部：这是一幅画中画。画的外框展现的是另一个园中生活的场景：赤裸的女子在带有喷泉的大理石水池中沐浴，喷泉上有塑像（柱子上端，一个裸体小天使骑着马在吹号）。沐浴女子梳着精美的发式，佩戴着贵重的项链，两位衣着整齐的女子正把润滑软膏呈给她们。侧厅以及包厢里的男性观众，好像躲躲闪闪的，实则和舞台上的事件毫无关系，他们在观察两个场景：第一个场景明显是魔法花园，第二个场景在舞台前部，用三维和更真实的手法展示了花园中的沐浴者。

根据神话记载，缪斯——最初是住在圣泉边的仙女——居住在赫利孔山上的森林里。第二幅有关魔法的插图由尼古拉·达托尼亚·德格利·阿格里于1480年所作（图3-24）。这幅插图描绘了一位年长的圣人，他的两边站着阿波罗的同伴——缪斯女神，象征着纯洁与和谐。天文学和语法学在帮助修辞学——这三位是文科的拟人形象——托住赫利孔山，山脚下老圣人戴着王冠，在演奏三弦琴，缪斯们站在一旁倾听。九位缪斯中——克利俄（主管历史）、欧忒耳珀（主管音乐和抒情诗）、塔利亚（主管喜剧和田园诗）、墨尔波墨涅（主管悲剧）、特耳西科瑞（主管舞蹈和合唱）、埃拉托（主管爱情诗）、乌拉尼亚（主管天文学）、卡利俄珀（主管雄辩和英雄史诗）、波吕许谟尼亚（主管颂歌）——只有六位在画中出现。缪斯山呈半球形，从开满鲜花的草地上升起，看上去像是座受到悉心照料的"美丽之山"，是花园的一部分。那棵具有象征意义的树经过了精心修剪：它也呈半球形，说明这不是荒野，而是人类改造自然的场所。这个故事和神话一致，神圣、有魔力的天然泉水使仙女转变成了缪斯女神。这泉水就是灵泉，由双翼飞马珀加索斯蹄踏岩石而成，在画中呈现为清雅的喷泉。六边形红色石头池围住了喷泉，泉水从柱顶圆球的两个喷嘴中流出。柱子也是一个魔法意象。"美丽之山"、修剪过的树、石头喷泉代表了意大利文艺复兴花园的各组成部分。

图 3-22　意大利文艺复兴花园理念的扩散

17世纪头几十年的某个时期，米兰大教堂的正面正在如火如荼地建造，一位不知名的艺术家雕刻了一系列浮雕来说明《圣经》中的诗节：此浮雕展示的是"万军之耶和华的葡萄园就是以色列之家"（以赛亚书5：7）。这些浮雕创作于反宗教改革时期，是手法主义和将来的巴洛克主义之间的联结，同时它们表达了文艺复兴花园的理念，因为其中有花坛、栏杆和藤架。其他的镶板运用了文艺复兴花园的形象来说明《圣经》中的诗节：一个大花园，前景中有井和栏杆，背景中有篱笆（井象征着永不枯竭的水源）；树桩边的一棵活树（两株无花果树，一株果实累累，另一株不结果实，已被砍掉）；有围墙花园前的一棵大树（大树稳稳地生长在地面上）。这些浮雕显示的花园场景和传统形象相比都是不同寻常的，它们满载了运用于花园中的文艺复兴建筑价值观，像是在为优雅的文艺复兴花园做宣传，文艺复兴花园的理念通过米兰最重要建筑上的浮雕得到了扩散。和自然风景的意象不同，花园意象自古以来就是传播宗教以及世俗传说和比喻的方式，具有深远的意义，说明了培育植物作为改造自然的一个手段，是人类社会史不可缺少的部分。这是千百年来无数艺术作品中的一个例子，包括插图、早期书籍、挂毯以及珠宝。

3-22

3-23

3-24

图 3-23　16 世纪所罗门·特里斯莫森所著《灿烂阳光》中的插图。

图 3-24　尼古拉·达托尼亚·德格利·阿格里，运用了魔法象征符号的插图，1480 年。收藏于梵蒂冈阿波斯托利卡图书馆。

4-1

图 4-1　皮埃特·范·德·海登对老皮埃特·布鲁盖所绘之《春天》的翻版作品。布鲁盖的作品为笔墨画，作于 1570 年。该画描绘了人们的花园劳作。

图 4-2　西蒙·贝宁和杰拉德·霍伦鲍特，《三月》，出自《梅尔·范·登·伯格祈祷书》，荷兰南部的根特 / 布鲁日，约 1510 年。梅尔·范·登·伯格博物馆，位于安特卫普。

第四章

16～17世纪的建材文化、科学探索以及异域主义

花园养护

伟大的荷兰艺术家老皮埃特·布鲁盖尔（约 1525～1569 年）经常在他卓越的画中展现物质文明。1570 年的一幅版画（图 4-1）是对其作品的翻版。该画是对春天隐喻式的描绘，但也真实地反映了一个荷兰花园在春天里必要的劳作。因此，这为我们提供了研究别的国家和历史的宝贵资料。该画包含了所有 16 世纪北欧花园的特征以及如何进行花园养护的建议，具有教学功能和人类学研究意义。在画中前景，男人们正在修葺花坛，女人们在为土地施肥和种植球茎。球茎很快就会将这些几何造型的小块土地转变成开满鲜花的花坛。边上，盆栽树、花卉和灌木已备好，可以移入花坛或园中小径，以形成有序的排列。有一棵树已被修剪成多层蛋糕状。整个花园由石头栏杆和修剪整齐的树篱围住。花园的一边有一个筒形顶绿廊，入口处装点着一男一女两个古典无臂像柱。绿廊后面是羊圈，门前有一小片牧场；棚檐下，农民们在剪羊毛。不远处有一条河流，河中的船只在运输树木，很可能运到这个花园——证明当时人们在园林植物上花费了大量的精力。背景中有一个露天小酒吧，人们在饮酒、斟酒、奏乐，其乐融融。远处的乔木表明在这座城堡附近有另一座花园。通过描绘建造和维护花园所需的劳作，画中的场景反映了长期复杂的花园养护过程。

反映人和花园关系的物质文化随着时代和社会的变迁而变迁（图 4-2）。在英语中，"园丁"一词不仅指花园爱好者，而且还指耗费心血和体力照料花园的人。霍拉斯·沃尔浦尔（1717～1797 年）在 18 世纪后半叶创造了一个新词："园艺家"。图 4-3 是一幅 16 世纪晚期的英国木刻画，它描绘了一位男性园丁和他的仆人。这幅画出自迪迪莫斯·芒顿（托马斯·希尔的笔名，生于约 1528 年）著作 1594 年的版本。这本名为《园丁之谜》的书是在他早期撰写的《让人愉快的小论文：如何装点、播种、布置花园》基础上扩充而成，于 1558 年左右在伦敦出版，是欧洲第一部完全讲述园艺的著作（见图 4-4）。该书宣称为世人揭示"从前不为人所知的有关园艺的最新发明和宝贵秘密"，并向读者保证"会透露许多美化花园的要领。"伊丽莎白时代的英国产生了一种新形象：业余园丁，而且人数众多，这也使得该书非常畅销。文艺复兴时期文化和荷兰上流社会对花卉和园林的热衷推动了这一现象的产生。园林最初只是人们活动和具有象征意义的场所，但在那时，园艺已经在英国形成风尚，并且成为英国新型绅士生活的必要组成部分。在 16 世纪 90 年代，当这股风尚到达顶点时，有 288 种异域植

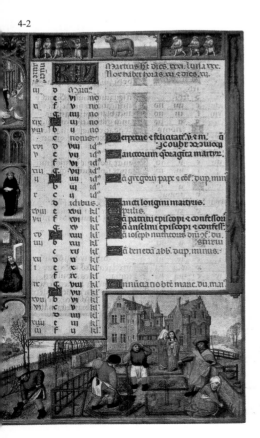

4-2

物进口到不列颠群岛，而意大利在过去的 100 年间只进口了 127 种：不过有一点很有趣，当时意大利有 5 座植物园，而英国在 1621 年才于牛津建成第一座植物园。从那时起，英国人对植物的热情——无论是科学考察、农业运作还是实验操作、医学实践——一直没有减退，并始终和园林的实践经营或随后的研究相结合。

　　另一幅木刻画（图 4-5）强有力地展现了 17 世纪初英国的园林理念。此图出自威廉·劳森于 1618 年在伦敦发表的《新型果园和花园》。与该书同时出售的还有他的另一本书——《乡村家庭主妇的花园》，出版于 1617 年——这是欧洲第一本专门为女性园丁所写的书籍。木刻画明显受到了中世纪僧侣画法的影响：在它描绘的日常生活画面中，房子及其圈定的土地为人们提供了日常所需的一切，和周围环境毫无关系。旧的园林理念将园

4-3

图 4-3、图 4-4　两幅木刻画，出自 1594 年版的《园丁之谜》，迪迪莫斯·芒顿（托马斯·希尔的笔名）所著。图 4-3 突出描绘的是一位男性园丁和他的仆人。

图 4-5　木刻画，展示的是 17 世纪早期英国园林的理念，出自威廉·劳森的《新型果园和花园》（伦敦，1618 年）。

4-4

4-5

4-6

图 4-6 吉尔瓦斯·马卡姆所著《乡村农庄》中的园林栅栏范式（伦敦，1618 年）。

林作为生产单位，在这幅画中，文艺复兴时期的园林理念以及业余园丁的概念已经加入到这一旧的理念中。园中有一个结构复杂、外形美观的喷泉，它是园中浇灌系统的中心，离它不远处，衣着华丽的园丁正在训练马匹。房屋和花园之间有桥梁连接，花园中有 6 个正方形区域，两条河流构成了花园上下两端的边界。劳森为插图解释道："所有的正方形区域中都应栽种树木，花园及其他装饰物须用树林、边界或栅栏围拢。"他提出要根据实际的、物质方面的用途进行园林布局：按照装饰性图案布置的带有花坛的规则式花园、菜园、果园（树木之间的距离为 20 码）、林荫道、林中小径、亭子、蜂箱、用于远眺的人工土丘，这些都不能少。17 世纪的禁欲主义认为，在园林中休闲和冥思是不当的行为，但园主人在果园和菜园的辛勤劳作使上述行为显得正当合理。

园林建造：格子状建筑

1616 年，吉尔瓦斯·马卡姆在伦敦发表了《乡村农庄》，根据夏尔·埃蒂安纳首次发表于 1564 年的著名论文《农业和乡村庄园》而写，这是为英国读者写的第二次修订版。图 4-6 中提出的园林栅栏种类，体现了手法主义复杂的装饰特征。每一种类型的栅栏至少是部分地反映了当时当地的文化。最初，栅栏是围住神圣场所的实用必需品，具有象征含义。围栏的概念一直植根于"花园"一词中，从中世纪词汇封闭式花园中就可以看出这一特征。即便是用栅栏围住一个小花坛或甚至只是一个小小的边角，都意味着使之神圣不可侵犯，因此栅栏的象征价值远大于任何实用意义。有时围墙需要另一种支撑结构或格子状建筑，来支撑开花的爬藤植物，形成一片由植物构成的神圣领域。因此，玫瑰花树篱在千百年来的花园中随处可见，不过就算是最简单的栅栏也起到同样的作用，正如下面两幅图所示。栏杆下部的图案简单平实，但顶部的装饰造型就比较复杂，旨在创造精美的图案。就像建筑中的雉堞，瓜形凹口代表着一块区域、空间或建筑已被圈定，而鸟和船的造型则像胜利纪念品。作者在画中还展示了栅栏的下部如何用来支撑爬藤植物以形成树篱，而不需要辛苦的修剪。

17世纪末一幅佚名版画（图4-7）描绘了一座按照意大利传统标准布局的德国园林。花园里有中央喷泉、栏杆、修剪整齐的黄杨木树篱以及圆形花坛里的一株郁金香。几座开放式框架建筑作为高墙的一部分，围绕着花园。植物栽培为人类提供了劳动的机会，正如用传统材料建造房子一样，需要极高的技巧以及大量的时间。格子状建筑被认为是最适合搭建棚架结构的，甚至那些打算建造世代相传花园的有闲人也采用它。在文艺复兴早期，就有人提出建造亭子和筒形顶绿廊。绿廊多由木质或大理石质格子状结构建成，绿色的爬藤植物很快将其覆盖，成为真正的绿色凉廊。后来风尚产生了变化，人们重新沿用古老的方法——以植物为框架而不用支撑结构。不过，要建造植物框架的建筑需要很长时间，因此，在现实的花园中人们往往将两种做法折中。在18世纪初，用植物墙构建大型建筑元素的方法只用于短期的社会活动，人们竖起着色木墙，上面绑上鲜花和绿叶：这是一种在准备时间不足的情况下快速营建植物墙效果的手段。在德国木刻画中，这几座建筑结构将很快被植物覆盖，一方面强调了花园的边界，另一方面增加了花园的美感。有了这一特征，这样的小花园也成为封闭式花园的一种。

科学、植物学、园艺学和美学

1545年6月29日，威尼斯共和国参议院颁布法令规定必须在威尼斯内陆的帕多瓦建造一座 *giardino dei semplici*——即药材园。这座药材园后来发展为欧洲第一座植物园。几百年来，帕多瓦一直是一所著名高校的所在地，这所高校的植物学研究根基很深：因此，这座用于实验与考察研究

4-7

图4-7　无名氏所作之版画，展示的是17世纪晚期一座带有格架结构的德国园林。

图4-8　帕多瓦一座植物园的平面图，建于1545年。

图4-9　梵蒂冈花园群里的简单之园，位于庇护四世别墅后面，版画，约18世纪。

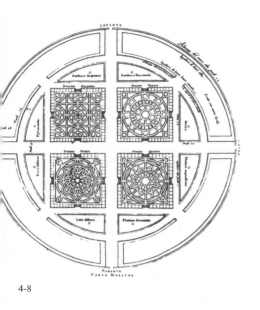

4-8

的新植物园，显示了欧洲人思想认识上的一次飞跃。

　　要求建造植物园的文件声称其目的在于"培育专家所需的药用灌木、药草及其他植物，无论这些植物来自国外，还是康蒂亚（克里特岛），抑或拥有最佳药材和矿物的塞浦路斯，只要专家需要，就尽量满足。"克里特和塞浦路斯是伊斯兰国家和欧洲在植物学方面的交汇地。1591年，帕多瓦植物园拥有1168种植物，种在结构复杂的花坛中（图4-8）。文艺复兴时期，欧洲人对植物的兴趣将研究古典植物学的僧侣和进行较新医药实践的人们都吸引到了药材园（图4-9）。人们对经过历史选择的树种——当时被认为是有用或对将来有益的——都进行了培植养育。在帕多瓦植物园建造前一年，皮埃特罗·安德里·马蒂奥里（1500～1577年）的一本著名畅销药材书《*Di Pedacio Dioscoride Anazarbeo Libri cinque…*》（又名：*I Discorsi di Pier Andrea Mattioli sull'opera di Dioscoride*）在威尼斯出版。此书非常畅销，经久不衰，在后来的几百年间，无出其右者。马蒂奥里的

4-9

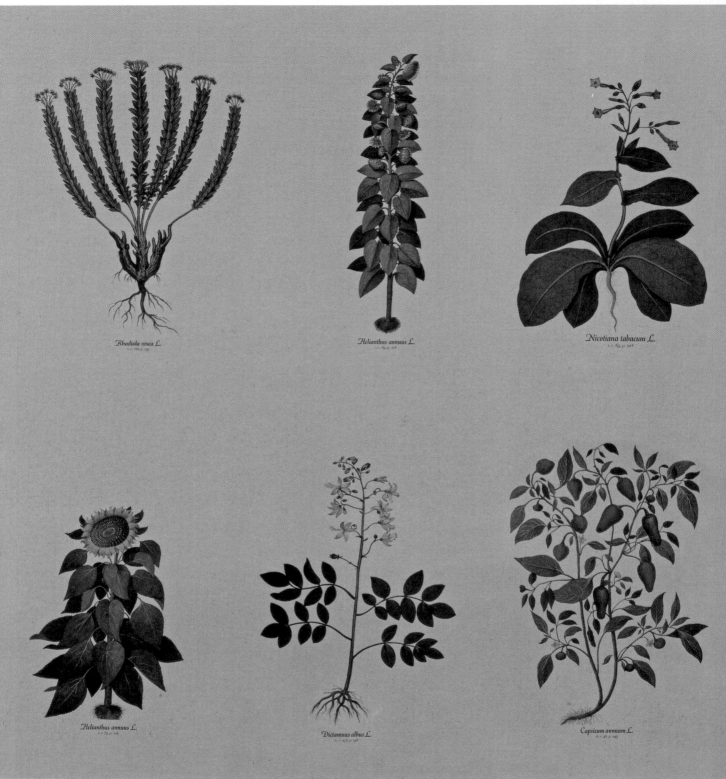

Rhodiola rosea L.

Helianthus annuus L.

Nicotiana tabacum L.

Helianthus annuus L.

Dictamnus albus L.

Capsicum annuum L.

4-10

图 4-10 尤利斯·阿尔德罗万迪植物志中的不同
植物，16 世纪后半叶。收藏于波吉宫的阿尔德
罗万迪博物馆，位于博洛尼亚。

书是对狄俄斯库里得斯所作《药材学》的评论。狄俄斯库里得斯是公园 1 世纪希腊著名内科医生、药理学家和植物学家。由于人们对植物和药材学方面的兴趣，他的《药材学》一再重版；从中古时期直至文艺复兴时期，狄俄斯库里得斯一直被认为是古典植物学界无可争议的权威，从印刷术出现前大量的药材学手稿中可以看出这一点。虽然马蒂奥里的著作连接了古今植物学研究，但新的药材书越来越受到来自国外尤其是美洲的植物的影响。异域植物成为植物园的一大重要特色（图 4-10）。和源于中世纪的旧式药材园不同，文艺复兴时期的植物园是人们实验和观察研究新老植物的场所，也是培养新品种的地方。马蒂奥里的木刻画沿用的是中世纪的传统模式和文艺复兴早期植物学插图的风格。

约翰·杰拉德的《草本志或植物通史》（图 4-11、图 4-12）于 1597 年在伦敦首次出版——比马蒂奥里的著作晚了五十几年——1633 年又出了扩充版。该书是欧洲园林史上的里程碑。刚开始是手抄本，后来印刷成册。书中最先介绍的是 16 世纪植物学的复合特点（图 4-13、图 4-14）。16 世纪

图 4-11、图 4-12　约翰·杰拉德的《草本志或植物通史》扉页及其中一页，1633 年出版于伦敦的扩充版。

4-11

4-12

图4-13 植物标本集

植物标本集：将干的植物标本放在纸片上进行系统分类；用来归类、比较和区分某个特定区域的植物，同时也记录植物随着时间的流逝而产生的变化。图中是褐色植物标本集中的一张，展示的是异域植物——加拿大飞蓬（拉丁名：*Conyza canadensis*，以前被称为：*Erigeron canadensis*），当时被认为是药用植物。图左下角是手写的药用说明。褐色植物标本集是一位药剂师收集的，普遍认为是18世纪的，但应该可以追溯到更早。

4-13

图 4-14 彼得罗·安德里亚·马蒂奥里

　　在 16 世纪和 17 世纪，带有精准植物插图的简要描述性作品开始出现。其中最重要的是彼得罗·安德里亚·马蒂奥里对达爱斯克洛提斯所著之《药材书》的点评，题为《论皮达西奥·达爱斯克洛提斯·阿那扎比奥五书》，1544 年于威尼斯出版，后来再版无数次。图中所示的是 1565 年的拉丁文版本，名为 *Petri Andreae Matthioli Senensis medici, Commentarii in sex libros Pedacii Dioscoridis Anazarbei de medica materia*，出版于威尼斯。

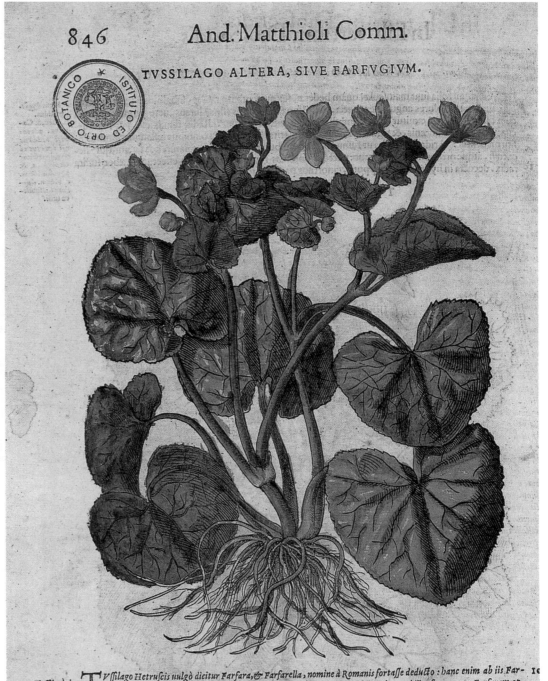

846　　　And. Matthioli Comm.

TVSSILAGO ALTERA, SIVE FARFVGIVM.

Tussilaginis confid.

Plinij lapsus.

TVssilago Hetruscis uulgò dicitur Farfara, & Farfarella, nomine à Romanis fortasse deducto: hanc enim ab iis Far-fariam uocatam fuisse testantur nomina Dioscoridi falsò adscripta. Officinæ hos uel illos secutæ eam Farfaram ap-pellant, necnon etiam Vngulam caballinam. Herba est uulgaris notitiæ. Caule, & flore exit adeò fugacissimis, ut Pli-nius, qui eorum tam subitam iacturam non animaduerterat, deceptus Tussilaginem sine caule, & sine flore nasci memo-riæ prodiderit: cum tamen ea uere primo & caulem, & florem proferat, sed qui enati breui admodum tempore durent: quo non nisi etiam à peritis, uel ab iis, qui tunc sese forte fortuna tulerint obuiam, conspici possint, eoq; magis, quòd iidem caulis, & flos prodeant, priusquàm folia emicent. Quare scitè scripsit Dioscorides, Tussilaginem confestim exui tum flo-re, tum caule, atque inde nonnullos his uacare existimasse. Sed certè uel hæc non legit, uel illa non obseruauit Plinius, quòd Tussilaginem aperto errore & caule, & flore uiduam fecerit. Is Plinij error deprehenditur lib. XXVI. cap. VI. ubi ipse de Tussilagine disserit iis uerbis. Tussim sedat Bechion, quæ & Tussilago dicitur. Duo eius genera. Syluestris ubi nascitur:

正是人们发现许多新的美洲植物并且加以栽培的时期，同时人们从药材园到植物园的认识也有了长足进展。书中向英国人展示了如何把对医药和植物的好奇转变为对植物园的兴趣。

杰拉德（1545～1612年）借鉴了很多马蒂奥里作品里对植物的描述以及插图。《草本志》在英国文化史上意义更为重大。在英国，《草本志》第一版后只过了几十年，人们就开始对植物进行科学和药学研究。该书首先是一个传播知识的工具，可以满足每一位园丁的需求：对植物的美学欣赏取代了科学主义和实用主义。其次，它在园林给人带来的利益和愉悦之间找到了平衡——这是当时很多英国文章努力寻求的——书中提出将小而高产的区域，尤其是果园，加入到园林中。杰拉德的画像出现在书籍的扉画底部（见图4-12），他手里拿着一枝土豆苗，这是欧洲人第一次在插图中看到土豆苗。

1629年，杰拉德的草本志出版后30年，约翰·帕金森发表了《天堂与人间乐园》（图4-15）。在人间乐园中，他主要描述了当时的英国园林，里面绿树成荫、鲜花盛开、果实累累，还有很多异域植物——它们出现在英国不过短短几十年时间，但已经成为园丁们热衷的对象。书中清晰地反映了英国植物学和园林的综合关系。尽管该书的结构和当时其他用于科学研究的植物志一样，但它所有的文章都围绕着如何在英国的气候条件下建造一个长满奇花异草、令人赏心悦目的花园。有关建造菜园和果园的建议出现在两个简短的补充章节中。

如上所述，在英国，植物学研究和园艺实践密不可分，而在欧洲其他国家，这两者之间是有区别的。让我们来看一看邱园——英国皇家植物园，建于1754年，拥有成千上万种植物，是一所举世闻名、独一无二的社会公共机构，虽然在19世纪中期以前，邱园一直是英国皇家地产的一部分。邱园既是遵循传统的药材园也是植物园，而且还是科学实验室、全球合作植物研究所、科学历史文献中心，这一切都因为全英国上下（包括皇室）对植物和花卉的喜爱，大家同心同德想建成一座美丽的园林。在此，我们不得不提及约瑟夫·班克斯爵士，他是1778～1820年间邱园的负责人，正是他开发了邱园的基本功能，赋予其现代的特征。在这一时期，英国园丁和欧洲科学家建立起积极的合作关系，在植物的科学和美学研究方面结出累累硕果（图4-16）。建于1846年的英国皇家园艺社，发起了很多有关植物的活动，并发行了一本著名的植物学杂志，它与英国皇家植物园相辅相成，促进了英国乃至全世界对植物的科学、美学等的兴趣。

异域奇珍

岁月流逝，植物学界对来自异域的奇花异草越来越关注。在帕多瓦和比萨建成欧洲第一批植物园40年后，荷兰于1590年在莱顿建成一所

4-15

4-16

图 4-15 约翰·帕金森《天堂与人间乐园》的扉页（伦敦，1629 年）。

图 4-16 植物园

第一批植物园建于 16 世纪的意大利，用来收集和培育药用植物，后来逐渐转变为收集当地和外来植物以及栽培食用植物。植物园中精准的几何构造在很大程度上来源于意大利式园林。

该水彩画由乔万尼·巴蒂斯塔·法尔达于 1732 年所作，画的是都灵的植物园平面图：园中央有两个池塘，花坛围绕着池塘对称排列。

图 4-17 17 世纪的版画，描绘了荷兰莱登的植物园，建于 1590 年。

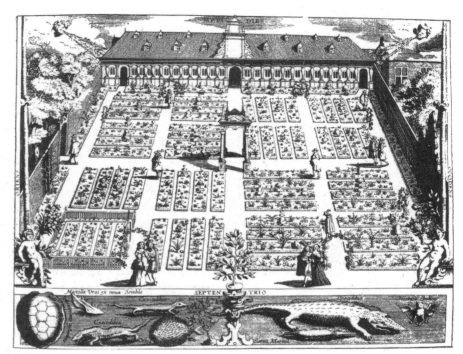

4-17

植物园。1633 年，莱顿植物园拥有 1104 种植物；一个世纪后，增加到 6000 余种。一些重要的欧洲植物学家在莱顿附近的大学任教，其中包括 1593 年被任命为新植物园园长的夏尔·德·雷克吕斯（即卡洛勒斯·克鲁修斯，1526 ~ 1609 年）。菠萝、晚香玉和其他异域植物一起在莱顿植物园得到培育，这是欧洲首次栽培这样的异域植物。和邱园一样，莱顿植物园一方面培养人们对科学研究和植物学研究的兴趣，另一方面培养他们对园林的热爱，尽管最后它没能像邱园那样，将人们的这份热情持续到今天。这里所描绘的植物园（图 4-17）可能会误导人们。正方形区域中整齐地排列着长方形花坛，其中一块正方形区域被低矮的栅栏围住；用于观察植物的别墅前的中央亭子；高大的围墙；漫步在园中小径的优雅观光者：这些是构成植物园的要素，并非过时、落后的。不同植物都井然有序地种在不同的区域，这有利于植物的培育以及对它们生长的观察；换言之，合理的布局促进了植物的培育和生长。这样的构造源自文艺复兴时期有关秩序的理念，这种分类法在植物园中的运用后来对手法主义园林和巴洛克园林的发展影响很大，反之，手法主义和巴洛

图 4-18　荷兰版画家小克里斯皮金·冯·德·帕斯（约 1597～约 1670 年）所著《园林花卉》的扉页，1614 年以拉丁文出版，第二年译为英文。

图 4-19a～图 4-19d　插图中的郁金香（图 4-19a、图 4-19d）。这是法国微图画家及版画家尼古拉斯·罗伯特于 17 世纪晚期所作 38 幅中的两幅。它们出自名为《皇家植物图片集》的庞大合集。图 4-19b 最早出现在欧洲的郁金香插图之一，由瑞士自然学家康拉德·杰斯纳所绘，用于瓦莱琉斯·考德斯的植物学著作《最新德国公共园林》，1561 年出版。图 4-19c 17 世纪初土耳其用于装饰的图案。

4-18

克风格对这种分类法影响也很大。在这些园林中，奇花异草占据了大部分，并且得到了人们的欣赏。实质上，园林理念已渗入植物学领域：第一株被带入欧洲的西红柿是作为园林装饰得到推广的，这就驳斥了植物学文化和实践只注重经济植物的观点。

　　1614 年，荷兰版画家小克里斯皮金·冯·德·帕斯用拉丁文发表了《园林花卉》一书，该书第二年被译成英语。这是一本植物志，以不同词条的形式记载了园林花卉，加上精美的版画插图。这些版画逼真、细致，是当时最好的作品。书中的花卉根据天气和季节的不同分成很多组：春天，41 种；夏天，20 种；秋天，25 种；冬天，12 种（英文版的迅速出现表明英国人对荷兰花卉园艺学有极大的兴趣，也说明小型花园在英国非常流行。当时的英国还处于文艺复兴文化的影响中）。这里复制的原书扉画（图 4-18）展示了 17 世纪早期一座典型荷兰园林的全景。用于栽培花卉的花坛将整个区域分成不同的小块，并且形成漂亮的几何图案。在这座具有象征意义

4-19a

4-19b

4-19c

4-19d

而非真实的园林中，种满了鲜花，其中最多的就是郁金香。和前景中沿着凉廊柱子攀缘而上的玫瑰不同，那几株修剪成形的树并不是主要的景致，而是作为路标之用。园主人斜倚在栏杆上托腮凝思，他的妻子（她的服饰显示了她的身份）正弯腰照料郁金香。花园按照汉斯·弗莱德曼·德·弗里100年前确立的原则，由一系列建筑构造合围而成。一个由女像柱支撑的筒形顶绿廊上爬满了绿色植物，为这座新型的现代园林平添了雅致的古朴风韵，使整座园林充满了异域风情，让人们在园中悠然自得、其乐无穷。

1688年英国光荣革命①和荷兰黄金时代（中产阶级势力大大增强的时期，跨越整个17世纪）的标志都是郁金香。这种球茎花于16世纪末传入欧洲，并很快受到荷兰人的喜爱。荷兰人创建了商业公司，专门倒卖郁金香，每一个荷兰花园园主对贩卖郁金香都乐此不疲。1637年郁金香价格的突然下跌造成了现代社会第一波金融危机以及大量财富的损失。看到这里，我们的印象是当时荷兰人的生活和郁金香密不可分：花园、房屋、代尔夫特的陶瓷厂——生产精致的多口径花瓶用来摆插剪下来的郁金香。郁金香最初生长于中亚，据说由奥地利皇帝费迪南一世派往君士坦丁堡奥斯曼宫廷的大使奥几亚·吉斯莱恩·德·贝斯贝克带入维也纳。欧洲各国或多或少都种植、出售过郁金香，但最终郁金香在荷兰成为最普遍的花卉，并培育出几种特殊品种，价比同等重量的钻石或其他值钱的首饰。一百年后，荷兰出现了另一股花卉热：这次是风信子。这里复制了一些郁金香狂热期的插图（图4-19a～图4-19d）。第一幅知名的欧洲郁金香图（图4-19b）由瑞士自然学家康拉德·杰斯纳（1516～1565年）所作，并用于De hortis Germaniae liber recens（最新德国公共园林）——德国内科医生和植物学家瓦莱琉斯·考德斯（1515～1544年）的植物学著作，由杰斯纳扩充并于1561年出版。还有一幅展示了17世纪初土耳其用于装饰的图案（图4-19c）。另外两幅图（图4-19a、图4-19d）出自一本含有38幅郁金香插图的书，由法国微图画家和版画家尼古拉斯·罗伯特（1614～1684年）所画。它们出自名为Vélins du Roi（皇家植物图片集）的庞大合集——路易十四时期的一个植物图片系列集。路易十四的叔叔奥尔良公爵卡斯冬对园艺充满热爱，他在布鲁瓦拥有一座巨大的城堡花园。路易十四要求他提供一座图书馆以及植物图片集。Vélins du Roi为欧洲花卉图片确立了新的美学与科学标准。

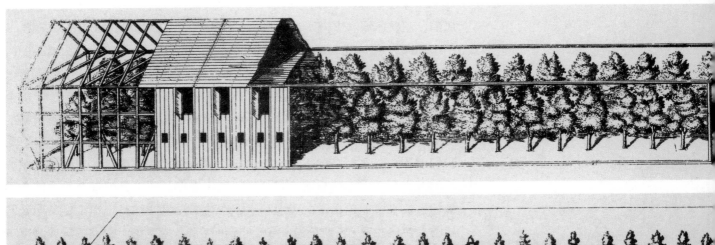

5-2

图 5-1 萨洛蒙·德·考斯为法尔次选帝侯弗里德里希五世设计的海德尔堡花园，出自 *Hortus Palatinus a Friderico rege Boemiae, electore Palatino Heidelbergae exstructus*（法兰克福，1620 年）。

第五章
意大利模式的持续和巴洛克风格的萌芽

传统与复杂性

1620 年，身为胡格诺教派流亡者的法国工程师和建筑师萨洛蒙·德·考斯（1576～1626 年）在宗教氛围宽松的法尔次海德尔堡写了一本书，描述了他为法尔次选帝侯弗里德里希五世设计的园林。书名为 *Hortus Palatinus a Friderico rege Boemiae*，*electore Palatino Heidelbergae exstructus*（法尔次园林），分为两个版本，使用了同样的拉丁文扉画，但书中文字分别是德文和法文。在这之前仅数年，玫瑰十字会宣言印刷出版，表达了要将法尔次打造成宽容与和平之地的愿望。不过弗里德里希五世希望在中欧营建一块天主教和新教相互宽容之地的社会政治抱负最终未能实现。在考斯描述他为弗里德里希设计的园林一书发表前两年，"三十年战争"爆发了；在这场战争结束前，法尔次地区一半多的居民都已死亡。因此，该书成了选帝侯乌托邦式理想的重要记录。当时的园林技巧和艺术有很多源于亚历山大文明时期的园林并经过现代革新，这些都在书中得到细致的描绘，另一方面，该书也反映了作者的文艺复兴文化思想。比如，在这座结合了理性和情感的大型规则式园林中，萨洛蒙·德·考斯运用了亚历山大的希伦发明的一些机械装置（图 5-1）。在另外的著作中，考斯对水利及音乐器械也表现出了明显的兴趣（见图 5-3）。海德尔堡园林由一系列规则的露台构成，处在两座郁郁葱葱的小山山脚之间，三面环山。在选帝侯的城堡之下有一条河流，也是园林的一部分。园中有花坛和花圃，用于植物栽培，尤其是花卉栽培，还有绿廊、精妙的供水系统以及音乐器械。作为最精致的文艺复兴园林，他比意大利古典园林更加复杂，因为它融合了法尔次新的政治思想与道德观。

萨洛蒙·德·考斯书中描绘的柑橘园证实了 *Hortus Palatinus*（《法尔次园林》）的科学和美学意义。"L'Orangerie d'un fabrique de pierre de taille"（砂石结构的柑橘园），这是作者 1620 年对它的称呼。柑橘园是一座文艺复兴后期风格的典雅建筑，用于栽培从遥远的南部地区移植到德国中部的 60 年树龄的柑橘树，"chose que la plupart jugeont impossible"（大多数人认为此事绝无可能）。这座大型的温室用石头取代木头建成，用来种植那 30 株大柑橘树和 400 株在暖季从外面移入园中的中、小型柑橘树。该设计显示了当时人们对异域植物的研究和美学兴趣以及新型的文艺复兴园林理念，这一点具有十分重大的文化意义。柑橘园的设计简单明了但又超凡脱俗：整个建筑呈长方形，一排正方形窗户紧挨着排在一起，显示了这座精

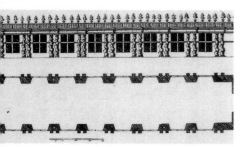

图 5-2　萨洛蒙·德·考斯，柑橘园平面图，出自《法尔次园林》。两幅中的上图为最初的木结构温室。

5-3a

5-3b

5-3c

5-3d

图 5-3 科学、机械以及园林

　　萨洛蒙·德·考斯，胡格诺教派的法国工程师、建筑师，为了躲避宗教迫害，逃亡到詹姆士一世当政的新教英国。后来，詹姆士一世的女儿嫁给了法尔次选帝侯弗里德里希五世，德·考斯跟随她去了海德尔堡。他在那儿设计的园林是全欧洲最有意思的文艺复兴式园林之一。德·考斯痴迷于亚历山大的希伦发明的园林机械装置。16世纪中叶的意大利人只是翻译了描述这些机械的文本，而德·考斯则更进一步，他还发明和建造新的机械。他是17世纪早期卓越的知识分子、艺术家、高超的技术能手，他的名声通过著作遍及整个欧洲。他的著作包括：《透视图、阴影及反射》（伦敦，1612年）；《原动力之缘由》——这4幅插图便是出自此书；《和声结构》——是一本关于音乐的著作，其中的乐谱被后世的英国作曲家彼得·菲利普斯改编使用（上述两部著作皆在法兰克福出版，1615年）；《法尔次园林》——描述的是海德尔堡花园（法兰克福，1620年）；最后一本是《日晷制作说明及实践示范》（巴黎，1624年）。所有的著作都反映了德·考斯对待在研话题的科学态度，即便最终的目的只是为了让花园更加令人愉悦。这里的4幅插图展示了书中描写的一些机械装置。图5-3a是石雕的门农像。这一来自古埃及的神话意象很可能曾激发了古希腊数学家海龙的灵感。中空的金属管内部藏有水能发声器，在太阳的照射下能发出响亮的人声。图5-3b是洞室中一个复杂的喷泉，它带有水利系统，反映了德·考斯渊博的水利工程知识和创新性运用技巧。图5-3c是一个液压装置，文中抄录了当时的音乐作品，主要是意大利的：只要控制好水流，人们就可以在花园欣赏连绵不绝的美妙音乐。图5-3d是一个水压机，带动机械鸟在自然环境中活动。

密建筑的丰富内涵，屋顶上有一排栏杆，上面摆满了盆栽植物，使得屋顶若隐若现。柑橘园可以被看作大块开放性空间中的一个亭子，为以后的设计作了很好的示范。设计中的细节好像表现的是设计师丰富的情感和细腻的风格，这在同时期类似的设计中并不多见。一扇扇大窗户被室内的竖条和围绕柑橘园的建筑线脚所分割。窗户的细部中（图5-3），一边装上了格状嵌板，另一边是敞开的，表明这座建筑并非杂货仓库而是用于栽培树木的温室。窗户间的双柱具有手法主义风格，形状为爬满开花植物的树干。

一幅1641年的透视图向我们展示了属于法兰克福市市长约翰尼斯·司文德的一座园林（图5-4）。巴洛克时期的德国园林是对意大利古典园林和文艺复兴园林的复兴，又具有手法主义的格调。对称的布局、建筑群落与花园的结合、大量建筑与雕塑的装饰，这些典型的意大利园林特点，在当时被中欧上层阶级视作典范。这幅图中的意大利风格十分明晰，意式塑像、装饰和意象从数量上看相当正确，但从本质上说，整个园林很机械，只是平平之作，并不具备意大利经典园林的独特和谐。前景中大大的正门是围

图5-4　法兰克福市市长约翰尼斯·司文德家的花园透视图，1641年。

5-4

HORTVS A MAGNIFICO ET NOBIL.
VIRO DÑO IOHANNE SWINDIO CONSVLE
et Senatore Moeno-Francofortano, conciñatus extructus, ædificatur
Francoforti ad Mœnū videndus.

M. Merian, ad viu delin et sculpsit 1641

墙的一部分，中间均匀地开了几扇大窗户，上面放置盆栽植物，窗户之间的柱子上端是貌似古朴的半身像。该入口的设计既不庄重，也不雅致，更不壮观：这是一次手法主义风格的失败尝试，而又缺乏巴洛克风格的情调。园林的内部格局遵循的是规则式意大利园林法则：两个大花坛里种着药材和花卉，四周是盆栽植物——冬季要移入温室——体现了传统的收集理念，并不是严格意义上的植物学理念。连接两边对称花坛的大块区域中种着成排的树，还有两个巨大的塑像，另一边是两座方尖塔，作为呼应。布满绿色植物的筒形顶绿廊起到了扩大和强调围墙的作用，并非园中景观所需，而是从意大利园林中照抄而来。左边的玫瑰树篱也是照抄于意大利园林。树篱既美化了外边的围墙，也为绿色长廊做了铺垫，在树篱中间，有一个用于引水的实用喷泉而不是意大利式喷泉。传统意义上的意式喷泉只是象征智慧源泉。

　　位于纽伦堡的克里斯朵夫·佩勒花园（图5-5）是与司文德花园同时代的一座园林。它采用的也是意式风格，但这座园林和其他的不同，它并不强调象征和意象。事实上，在遵照意式风格的基础上，它成功地将老式的半木质建筑和新型的花园进行了创造性的结合。在这里我们感觉到园主人对花卉和树木的更大热爱以及他们乐在其中的愉悦之情。三面都是建筑，具有中世纪风格的庭院在建筑构造和功能上维持不变：图中展示的是撞柱游戏的场景。庭院的一边是一道典雅的文艺复兴式栏杆：象征着新旧的分隔，也是房屋与花园的分隔。栏杆两端有两扇大门，门两侧是高大的方尖塔，好像意味着从古远的过去转变到充满希望的现在。两扇大门通向新花园，花园的构造理念和建筑的构造理念和文化毫不相同。所有的一切都按数学

图 5-5　位于纽伦堡的克里斯朵夫·佩勒花园透视图，1655 年。

5-5

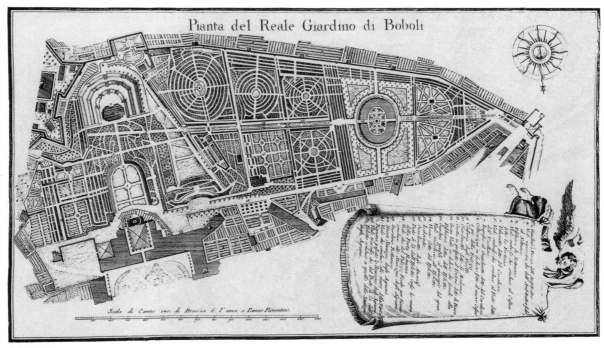

Pianta del Reale Giardino di Boboli

Scala di Canne 140. di Braccia 6. l'una a Panno Fiorentino.

5-7

图 5-6　位于佛罗伦萨的波波里园林现状图
图 5-7　18 世纪版画中的波波里园林。注意：坐标底部是朝北的。

5-6

原理安排，暗示着文艺复兴的理性布局，而不是花哨、过时的对称。花坛里种满了药材和花卉：植物构成的图案吸引了人们对它们的进一步观察以及对单株花卉的欣赏而不是匆匆一瞥以求总体印象。盆栽柑橘树和其他盆栽植物摆放在花坛两侧的过道上，在温暖的天气里它们就从温室里搬出来，让人们赏心悦目、赞叹园艺技术的高超。这样的安排是文艺复兴园林的特征，在概念和形式上与为新型的植物学研究以及植物栽培而设计的植物园相似。植物学和园艺学、科学和美学，在文艺复兴时期，这些概念往往是相辅相成而不是相互矛盾、不可逾越的。

波波里园林（图 5-6）的建造始于 1550 年，由尼可洛·特里波罗（1500～1550 年）设计，他是第一批主要致力于园林设计的建筑师之一。园林的最初部分被认为是一个和别墅位于同一轴线的绿色圆形露天剧场。始于 17 世纪初的巨大扩展部分包括很多引人注目的同轴几何图案，由裘利欧·帕里奇设计，他的儿子小阿方索·帕里奇完成。18 世纪的一幅版画（图 5-7）或多或少地真实呈现了两个舞台（用于戏剧表演及模拟海战）、别墅附近那个更朴实些的 16 世纪园林全貌以及宏伟的 17 世纪扩展部分的全貌。精湛的修剪术使植物排列得井井有条，形成规则式花坛和绿墙，用以支撑建筑结构、雕塑和喷泉。不过，两个总体规划图——横贯第一个园子的林荫道形成了后来那个较大园子的中轴线，两个园子因此而连接起来——值得进一步考察。最初的园林由位于不同水平面上的一系列圆形露天剧院构成，由于它们和别墅在空间和象征意义上的联系——作为别墅向外部空间的延伸——它们形成了一个理想的户外节日狂欢和娱乐场所。在别墅西边的正方形或长方形花坛中，植物都排列成极其复杂、极其讲究的图案。后

5-8

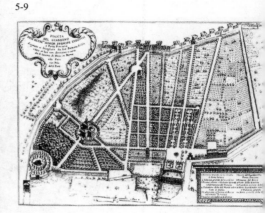

5-9

5-10

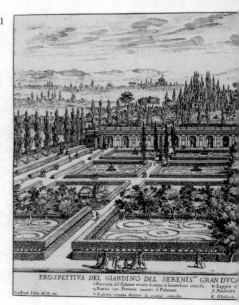

5-11

来的园林在原有规划的基础上进行扩展，但它的设计图表现了不同的视角：它没有使用展示一切的"柔和视角"，光从设计图上根本无法搞懂它的构造以及如何使用它，人们必须走进园子才能明白。最优秀的巴洛克建筑空间也是如此。整个园林好像重重的迷宫，这是当时园林常用的手法。波波里园林里有很多假迷宫——说假是因为它们其实是同轴的平行走道——在总体规划图上呈不对称状。走道的尽头是一个平静如镜的椭圆形大湖，中间有一座小岛。整座园林就像一座许多不同弧形图案构成的小城市，身处小岛就好像远离城市中心，人们可以在此静思默想、自得其乐。

版画复制匠乔万尼·巴蒂斯塔·法尔达（1643～1678年）的系列版画对研究17世纪末罗马园林有着重要意义。这些表现园林景观的大型版画于1670年开始以单幅图的形式印制并出售，非常畅销，因此，在1683年它们被出版成书，名为 Li giardini di Roma, con le loro piante, alzate e vedute in prospettiva（《透视画法中的罗马花园及其植物立面图和全景》）。特写式鸟瞰图技巧使观看者有身临其境之感，连最隐秘的地方也能看见。路德维希亲王的园林总体构造——原址为古罗马萨卢斯特园林（Horti Sallustiani）（图5-8）——清晰地反映在法尔达1676年的平面图（图5-9）和1683年的鸟瞰图（图5-10）上。这儿有几点值得注意：园林与宫殿由露台和楼梯相连；装饰性盆栽植物的大量使用；一处有着很多雕像的秘密花园；一个大型鸟舍（18世纪时被改造为柑橘园）；位于宫殿和绿色的围墙之间的一条宽阔林荫道，绿墙围着一大片树林，树林里有一个迷宫。该设计显然想创建一种古文物收藏和园林之间的新型关系。路德维希家族热衷于收集古玩，他们把园林当作半个陈列馆，将他们的收藏品加以展示。古老的塑像成为园林中的雕塑

图 5-8　马泰奥·格雷戈里·德·罗西，古罗马萨卢斯特园林透视图，约 1670 年。

图 5-9　乔万尼·巴蒂斯塔·法尔达，路德维希别墅花园的平面图，1676 年。

图 5-10　乔万尼·巴蒂斯塔·法尔达，罗马路德维希亲王的花园版画，1683 年出版，当时法尔达已故。

图 5-11　乔万尼·巴蒂斯塔·法尔达所作之版画，画的是 17 世纪时期托斯卡纳大公爵的花园，位于宾西亚丘陵。

小品，用于形成树林和林荫大道的建筑边界，使得历史、文化和自然之间泾渭分明。精心修剪成的绿篱墙中，长方形空间通向树林，它的两侧是头像方碑——也许是考古挖掘中出土的——像是要复兴某种来自远古的装饰形式。两个巨大的大理石古瓮，摆放在喷泉与宫殿的同一轴线上，正如皮拉内西在 18 世纪所描绘的那样，古瓮看上去内涵丰富、生动流畅。还有一排古代大理石棺沿着绿色树篱墙摆放，使古玩展览显得尽善尽美。绿篱墙后的树林若隐若现，好像来自异域，却又近在咫尺。

法尔达描绘的另一个 17 世纪的罗马园林（图 5-11）是托斯卡纳大公在宾西亚丘陵的园林。宾西亚丘陵属于罗马七大丘陵之一，那里有众多的园林，包括古罗马共和国时期卢卡拉斯的园林（*Horti Luculliani*），因而在过去被称为 *Collis hortulorum*（园林之丘）。托斯卡纳大公的园林布局就像一个位于别墅前的封闭式精致大棋盘；在封闭式庭园的外面是另一座园林，里面是一座小山，小山上有一个松柏围绕的陵墓。整个园林的建筑空间位于宫殿和林荫大道另一边的延伸地带之间：这里有一个凉廊，廊下有很多壁龛，里面的塑像都朝向外面的花坛，这些花坛由修剪成形的树篱和树木合围。庄严的建筑群落体现了一种新的创造，又带有历史的联系——宫殿正面、展览馆内部和凉廊都装饰着古老的雕像和浅浮雕——还有意大利园林的要素（宽阔的林荫道、喷泉、方尖塔、17 世纪法式花坛里的植物构成精美的图案，黄杨木树篱修剪成绿色围墙的形状，将花坛包围）。事实上，这是将景观尺度的理念引入当时园林构造的第一步。园林中有意识地避免了陈旧泛滥的对称结构和过时的植物正方形造型，摒弃了不断重复构建植物正方形的理念。图片中间大花坛的两边以修剪整齐的树篱作为栏杆，与游览者视线平行处是光秃秃的黄杨木树干，人们可以看到花坛里面的空间和精美的植物图案。花坛另外两边是自然生长的树木，呈现出森林的感觉，并作为三种植物布局的背景，每一种布局都和其他两种相互呼应。

怪诞不经和精彩绝伦

拉齐奥的波玛佐圣林是一座充满神秘和魔幻的公园，位于奥尔西尼宫殿附近，原本是一片神圣的林中空地。宫殿的主人和创建者是皮埃·弗朗西斯科·奥尔西尼，又名维西诺（1528 ~ 1588 年），他是雇佣兵首领、文艺保护人、神秘主义信奉者。波玛佐好像不仅为了震撼游览者，而且还为某个小圈子的内部入会仪式提供建筑、雕塑背景。不过人们也可以从另一方面来理解：园中到处是神秘的魔怪，具有手法主义的风格，应该是建于16世纪中叶——一个重视数量而非质量的时代。园中充满了怪诞神秘，虽然平庸、俗气，但适合大众通俗的审美。最近一幅图（图5-12）中著名的斜屋就体现了这种俗气的怪诞，目前为止还没人知道它代表的含义。尽管现在波玛佐公园越来越破败，它的选址、雕塑以及小型建筑群落仍然让人感觉到它们之间相互依存的关系，它们具有复杂深刻的意义。不过，将园中的每一个要素单独分开，就会损害它代表的含义，尽管至今园中大部分要素的含义还不为人知（图5-13）。对它们的陌生感会歪曲它们的意义和价值，产生审美上的重口味。这座园林后来很快成为展示大大小小重口味物品的场所。根据法国数学家勒内·托马的灾难学理论，一个品位有问题的物件会无声无息地出现在园林中，但马上就会有大量的仿效，从而形成典型模式。比如，一座塑造成瑞士民间传说中代表好运的"森林小矮人"的雕像就是如此。1840年，一位英国女士将它作为纪念品带回国并放在自家花园中，此后这个雕像一再被复制，出现在每一座英国园林中，然后又以更低俗的品位传至整个欧洲。

位于皮埃蒙特和伦巴第之间的玛奇奥湖曾经由波罗密欧封建家族统治。伊索拉玛德岛是第一座被该家族在16世纪初改建成游乐花园的小岛（图5-14）。岛上，一座座平台从最高处一直延伸到湖边，形成一个四面环水、典雅的意大利文艺复兴园林。然而，轮到伊索拉贝拉岛时，就逐渐转变为手法主义的新奇园林，历时50年——从1620年到1670年——改造完成。这个工程有一个异乎寻常的目标——让一个自然形成的岛屿看上去像一座漂浮的大厦——裘利欧·恺撒伯爵二世首先提出这个设想；他的弟弟卡罗·波罗密欧三世开始建造，后者的儿子维塔利阿诺六世将其完成。16世纪时诗人和音乐家的聚会地点都选择在伊索拉玛德岛。一个世纪后，以震

5-12

图 5-12 马焦雷湖中的伊索拉玛德岛。
图 5-13 波玛佐圣林（又名"怪兽公园"）里的斜屋，近期的一幅插图。
图 5-14 波玛佐圣林里的恶魔面具，张开的嘴巴通往一个洞室。

图 5-15　马克安东尼奥·达尔·里所作之版画《伊索拉贝拉岛》，1726 年。
图 5-16　伊索拉贝拉岛的现状。

5-15

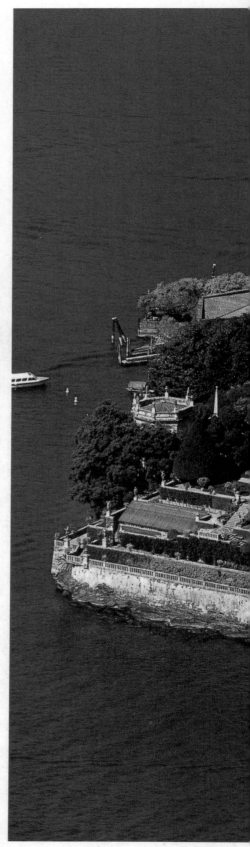

惊参加者为目的的大型节日盛会以及戏剧表演都在伊索拉贝拉岛举行，模拟海战则在环岛的水域进行。马克安东尼奥·达尔·里于 1726 年所作的版画（图 5-15）展示了当时的伊索拉贝拉岛。波罗密欧家族在小岛的自然地貌基础上，建了一层层的露台，形成了一个看上去精彩绝伦的几何形巨大人工建筑。所有的布局都为了使来到岛上的人感到惊奇：带有栏杆的露台、登陆平台、亭子以及最高处剧院里的固定舞台。一切都为了建成一个不同凡响的空中花园，同时又像一艘带有花园、停泊在海上的巨轮。它就像一个巨型舞台，面朝着同样巨大的宫殿。花园最低处有几个巨大的门洞，或许是为了强调岛上的一切皆为人工造就。波罗密欧家族想把伊索拉贝拉岛打造成具有文化意义的世界人工奇观之一。想显示卓尔不群，建造出众的 *Wunderkammer*——即自然或人工奇景——这一愿望超越了一般宫殿和花园之间的关系，使伊索拉贝拉岛和附近具有文艺复兴风格的伊索拉玛德岛截然不同。

与众不同的对称

　　所谓的"中国风"很大程度上和更久远、复杂的中欧交流毫无关系。对中国风的倡导者而言，中国是一个充满魅力的虚构国度，他们对中国进行了一系列解读，其实只是为了迎合欧洲园林的建造需要。17 世纪末，中国风在欧洲开始流行，并发展出基本规则，到了 18 世纪初，变得十分盛行。

5-16

5-17a

5-17b

5-17c

图 5-17a ~ 图 5-17c 假山。坚·尼奥霍夫（1669 年）、约翰·本哈德·费斯彻·冯·俄拉切（1721 年）、俄高乐·西尔瓦（1801 年）所作之版画。

17 世纪的洛可可风格以怪诞不经的形式呈现它的装饰元素，但这些怪诞的东西也体现了人们对非欧洲中心论审美观的科学研究兴趣。例如，威廉·坦普尔（1628 ~ 1699 年）于 1692 年在伦敦发表了《论伊壁鸠鲁式花园；或，论 1685 年的园林建设》，在文中，他运用某个未必确实的美学理论描述了不为欧洲人所知的一种不对称结构，（他声称）中国人称之为 sharawadgi——一个来源不详的术语，当时大家都认为这是坦普尔捏造出来的。与众不同的对称后来成为曲线美学的理论基础——曲线是威廉·贺加斯在《美的分析》中的主题。这里复制的三幅插图（图 5-17a ~ 图 5-17c）展示了用于传播中国风的方法，图中的主题都是同一个：假山。第一幅图出自旅行家坚·尼奥霍夫（1618 ~ 1672 年）所作的《受联合各省东印度公司所派出访中国皇帝可汗大帝》。尼奥霍夫曾作为荷兰东印度公司的代表出使中国。在意大利耶稣会传教士利玛窦（1552 ~ 1610 年）去世后 59 年，即 1669 年，该书在伦敦出版。利玛窦曾于 1582 年出访中国。尽管这幅插图在当时没有引起多大注意，但在奥地利建筑师约翰·本哈德·费斯彻·冯·俄拉切（1656 ~ 1723 年）于 1721 年在维也纳出版插图版《世界建筑史》（*Entwurff einer historischen Architectur*）时，他将这张或许已被人遗忘的旧插图放了进去，和其他 17 世纪的插图一起，作为怪诞、奇特、异域风格的例证。80 年后，意大利风景园林师俄高乐·西尔瓦（1756 ~ 1840 年）——浪漫主义园林（见第七章）的倡导者——在出版于米兰的 *Dell' arte de' giardini inglesi*（1801 年）书中将这幅来自奥地利的插图进行了完美的复制，将其作为一种范例。

图 5-18　作为剧院的园林

花园通常都是美丽的背景，剧院舞台可以呈现花园的景致，而在剧院里尝试打造新型的花园就不太可能了。不过，在历史上的确有过这样的情况：剧院成为实验场所，用来检测建造新城市的理念是否可行。于是，剧院就变成了花园的立体模型，再现日常生活中的精彩之处，无论虚构还是现实。

贾科莫·托雷利（1608 ~ 1678 年），意大利著名建筑师和工程师，同时也是 17 世纪中叶巴洛克时期布景设计的革新者。他在舞台上创造出了非凡的透视效果，使舞台一下子变得生动逼真、亦真亦幻。以蓝天为背景，显得空间广袤无垠。两侧是人工搭建或者自然式的，只勾勒出轮廓，在天空的衬托下，显得更加真实。舞台中央是一个突出之物，演员或舞者围绕着它移动，这样就形成富有空间层次感的三维景象。图中，两侧模仿的是密林，它们被画在布上，从而确保和天空之间的和谐。舞台中央是一个人工洞穴，象征着赫利孔山——文艺女神缪斯的居所——她们此刻正坐在山顶。三个远景分别通往洞室的中央以及两边，创造了一直通向远处的林荫大道的景象，这些都画在背景上，此处的天空则往上抬升。在高超技艺控制下的光影变化使得整个场景栩栩如生，或者至少模仿得惟妙惟肖。植物布局错落有致又野趣横生，正中央的结构充满了象征意义，这些都让观众感觉真真切切地身处一座大花园中。

5-18

6-1

6-2

第六章

法国规则式园林

几何学精神

艾萨克·德·考斯（约 1590 ～ 1648 年）追随着同族人萨洛蒙·德·考斯的足迹，继续他的设计研究、探索设计方法，不过是在英国的环境下。图 6-1 展示了威尔特郡威尔顿庄园的鸟瞰图。庄园由艾萨克于 1632 年和 1633 年为第四位彭布鲁克伯爵菲利普·赫伯特规划设计：它可以被理解为法国规则式园林战胜意大利文艺复兴园林的文化宣言，尽管它在规划和很多细节上借鉴了后者。

威尔顿庄园的空间构成在当时的英国属于首创：从宏观上看，它是一座可透视的花园。早些年，著名哲学家、英国实验科学先驱弗朗西斯·培根（1561 ～ 1626 年）表达了他对园林的看法，为英国以及欧洲其他国家的作家确立了一项基本原则。他在 1625 年《论花园》开头部分写道："全能的上帝首先建造了一个花园。它的确是人类所有乐事中最纯洁的。它最能振奋人的精神，没有它，建筑和宫殿不过是粗俗的手工制品。"

1644 年，艾萨克·德·考斯在伦敦发表了法语著作《引水新发明》；1645 年他又出版了蚀刻画版《威尔顿花园》（鸟瞰图即出自此书），为他设计的花园提供理论和文字依据。栏杆和长廊、塑像和结构复杂的喷泉（让人想起萨洛蒙的设计）、不可或缺的对称花坛——设计精巧的大花坛以整齐的树篱为边界，再铺上五颜六色的砾石——这些是整个花园的开场。另外，园中还有一片树木茂盛的区域、一个巨大的椭圆形广场、格子栏杆围成的走廊和亭子——都是这座新型巨大花园的组成成分。园中的一切都明晰、易懂。不过，在这座结合了少许意大利风格和大量法式革新的花园中，有一点成为以后每一座英国花园的特色：对自然要素的尊重和热爱。在威尔顿，艾萨克·德·考斯没有改变原有的河道，而是任由其蜿蜒地从整齐有序的花园中横穿而过。

17 世纪欧洲最优秀的花园当属围绕凡尔赛宫而建的花园（图 6-2）。凡尔赛宫位于巴黎郊区，是法国"太阳王"路易十四（1638 ～ 1715 年）居住和处理朝政的场所。路易十四对园林建造的每一步进展都亲自过问。凡尔赛宫花园是为一位不可一世、自以为是的一国之君设计的，它还暗示着这位国王对自然的统治。无论从质量还是数量上来说，它都是最优秀的园林，也是园林建筑师安德烈·勒·诺特尔（1613 ～ 1700 年）最优秀的作品。勒·诺特尔出生于园丁世家，是法国园林设计的奠基者，曾为路易十三和路易十四两位国王工作。法国规则式园林以巨大尺度以及充满活力的"几

图 6-1 威尔顿花园鸟瞰图，以撒·德·高兹于 1632 ～ 1633 年间设计。

图 6-2 凡尔赛宫花园。

何学精神"为特点，作为这一风格及学派的创始人，勒·诺特尔在 1662 年开始建造凡尔赛宫花园之前，在沃勒子爵城堡花园曾实践过自己的理念，在建造凡尔赛宫花园时，他将这些理念发挥到了极致。皮埃尔·勒波特尔于 1710 年所作的版画（图 6-3）展示了凡尔赛宫大花园。花园以王宫作为轴线中心，所有连接王宫和市区的轴线都在此交汇（图中心的正下方处）。对旁观者来说，这一巨大的尺度非常明显。始于花园边界通往远处的笔直林荫道让他们感觉，整个区域已超越了花园的界限，甚至将整个国家都包括进去了。林荫大道、狩猎园、树林、花园、喷泉、巨大的湖泊以及第一座用于驯化、饲养和观察动物的现代动物园，都是这座巨型园林的组成部分，深得国王以及他的朝臣喜爱。还有一处被称为大特里亚农宫的园中园，位于大运河东部，让国王和大臣可以抛弃繁琐的宫廷礼节，惬意地在此享受生活。在这座起到首都作用的城池里，要应对居住在此数量众多的贵族、仆役以及卫兵的日常生活以及其他各种需求，困难重重，更不用说要维护如此巨大的花园了。

图 6-3　凡尔赛宫花园平面图，皮埃尔·勒波特尔于 1710 年所作之版画。

图 6-4　凡尔赛花园观赏路线图，由路易十四制定，收录于《凡尔赛宫花园展示法》（1691 ~ 1695 年）。

图 6-5　马利行宫里的供水装置将水运送至凡尔赛宫花园。

6-3

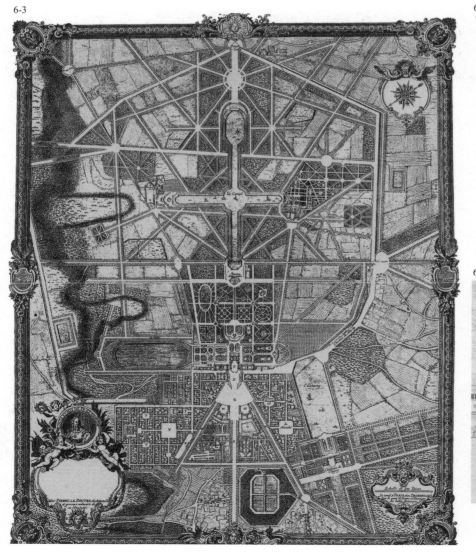

6-4

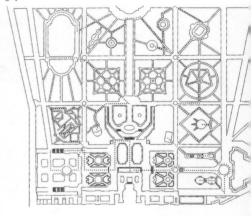

6-5

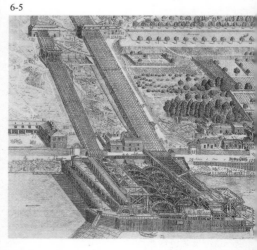

6-6

会讲故事的凡尔赛宫花园

　　路易十四的花园理念体现在他撰写的《凡尔赛宫花园展示法》中，他制定了使用凡尔赛宫花园的规则。该书发行了三版：第一版是在 1689 年 7 月 19 日；第二版在 1691 ～ 1695 年间的某个时候（图 6-4）；最后一版从 1702 年直到 1704 年。"太阳王"的作品好像谜底一样揭示了凡尔赛宫花园的秘密。他非常仔细地描述了参观花园的各条路线。从这点来看，采取不同路线的目的好像在于欣赏在花园前部复杂大花坛尽头的不同景致。在这些尽头的中心处有着各种奇妙的景观：不同的植物和建筑构成、固定舞台布景、露台、喷泉、雕像，还有大运河和迷宫。对国王而言，花园是为客人们提供故事的场所，根据他们兴趣和品位的不同，故事的内容也不尽相同。因此，宽阔的林荫大道不会让人感觉枯燥乏味，而是让人体会到人类征服自然的强大力量，这正是路易十四在书中所表达的。这说明法国规则式园林中全局和细节联系的重要意义，它体现了宏观尺度和微观尺度之间的复杂辩证关系，虽然这一关系并不总能让人一目了然。建于马利行宫的巨大机械装置的说明文件显示，该装置不仅仅要持续供应植物灌溉，而且还要为喷泉以及几何图案的人工湖提供水源（图 6-5），它充分说明了凡尔赛宫花园的巨大尺度和细节的有机结合。

图 6-6 《凡尔赛宫花园》，皮埃尔·安东尼·帕特尔约 1668 年所作之油画。

6-7

以植物为建筑

6-8

　　凡尔赛宫皇家园林里植物区中央部分是一批独立的小花园，看上去就像是一系列的城市广场（图6-6）。这些小花园设计精美，凝结了建造者们的心血与智慧，太阳王君臣就在里面进行各种娱乐或散步等户外生活。描绘凡尔赛宫园林的版画在17～18世纪充斥了大街小巷——都是由巴黎圣母桥上的一个商人莫尔顿出售的——传播了法国规则式园林的原则和模式，在这之后才出现了将这一新型园林设计艺术的技巧和品位整理成文的论文。

　　花神喷泉——如18世纪初一幅版画里所示（图6-7）——是春天的象征。巨大的绿色广场是一个都市景象的抽象表现：修剪整齐的绿墙外面是自然生长的树木，树梢都已高过绿墙，好像在往里面窥视似的；绿墙代表着城市，而树木代表着自然。园林中还有很多其他类似的绿色空间——比如，巴克斯池、农神池、龙塞拉特池、方尖碑和三叠泉周围的绿地。花神喷泉广场的两边是一系列精巧的绿墙，它们代表了巨大的建筑结构。同时，绿墙也蕴含了城市的概念，因为它们限定的空间和城市中的空间界定类似，构成了边界清楚而又抽象的理性之城。水池是凡尔赛园林中最吸引人的地

图 6-7　18 世纪早期的一幅版画，展示了凡　　　图 6-8　凡尔赛宫花园一角。
尔赛宫花园里的花神喷泉。　　　　　　　　　　图 6-9　雅克·里高于 1741 年所作之版画
　　　　　　　　　　　　　　　　　　　　　　　《水剧院》。

6-9

方——凡尔赛的很多小径都通向水池——水池中央有高高的喷泉，让人远远地就能看见。喷泉四周是老让·杜迪（1635 ~ 1700 年）所刻的雕塑，人们在远处就能一眼辨认出这些聚会之所。

　　凡尔赛另一个引人注目的地方具有重要的社交功能，雅克·里高于 1741 年所作之版画《水剧院》（图 6-9）展示了这个地方。该图是水剧院系列场景中的一幅，它显示了培育良好的植物和复杂而壮观的水系统之间是如何相互映衬、相得益彰的。大圆形剧场由修剪整齐的篱笆墙合围而成，狭窄纵深的壁龛状空间有序地分布在篱笆墙里。篱笆墙也为高高的喷泉提供了装饰性框架，让游客觉得这是另一重喷泉。在入口大道处，远处喷泉的水落入一系列相连的水池，形成了一排小瀑布。显然，所有这些景观的形成都需要巧妙的供水系统；这一壮丽的水系中运用了各种口径的水管（所以有不同的水压），形成了流动的液态几何图案。宴会、剧场表演、音乐会以及优雅的芭蕾都在这里举行，同时，这里也是一个人们相会的场所，这可以从该版画中看出。画中，仆人们用精巧的手推车送女士们去和她们的情郎闲聊，这是每日必不可少的，有时候他们的闲聊会被文学、诗歌类

6-10

的背诵活动所打断，有时候他们不得不和其他人谈论艺术和科学，还有的时候他们不得不应付追求者没完没了、让人厌烦的求爱和引诱。这样的画面不仅仅说明了园林的新形式和意义，而且还展示了一种新型的生活方式。

以绿色为背景

18 世纪前半叶，在整个欧洲，社交活动的场所都是规则式园林。这样的园林就像一个戏剧舞台，里面有着固定的装饰性景致和附加的植物，仆人把植物从温室移到花坛并按数列摆放（图 6-11）。图中花园的主人和同时期的英国人不同，他没有兴趣监管仆人们如何布置场景，而是像剧本中的主角似的，要等整个花园都布置好了他才出现。

所罗门·克莱纳（1703～1759 年）所画的 *Das Orangen-Boskett*（橘子林）于 1738 年发表在《罗绍列支敦士登宫廷花园》。画中有个细节，无论从社会学还是文化的角度看都很有意思。花园就是一个舞台背景，经常上演戏剧，园中小品和树木也都按舞台布景摆设，它们遵循的美化理念是序列摆放，并且通过园艺修剪形成不同的几何构图。它们用象征的手法向来访者显示了不同层次的权力。最有意义的并非传统的社会权力——富有、高贵的阶层凌驾于穷苦阶级之上——而在于人类凌驾于植物之上对其进行掌控的权力（当然，这是无意中表露的）。相反，在 16 世纪的英国，园主人——或者可以称之为业余园艺师——和其花园之间的相互依存开创了一种新型

6-11

图 6-10　凡尔赛宫里的花坛今日景象，种有大量盆栽棕榈。

图 6-11　所罗门·克莱纳的版画《橘子林》，为《罗绍列支敦士登宫廷花园》一书所作（1738 年）。

图 6-12　雅克·里高于 1741 年所作之版画《凡尔赛宫的大特里亚农》。

6-12

的关系：即人和植物个体间的关系。这种关系为后来园林设计中隐含的认识论革命奠定了基础。18 世纪后半叶自然式园林即"英国式"园林得到了发展，其理念和规则式园林完全相反。

　　如前所述，凡尔赛园林里的大特里亚农宫是路易十四处理完国事后休息的地方：雅克·里高于 1741 年出版的凡尔赛园林系列版画（图 6-12）之一展示了朝臣们是如何放松的。画中，花园已经布置完毕，这得归功于从黎明就开始忙碌的许许多多的仆人。朝臣们在园中尽情欢娱。富丽堂皇的亭子、修剪成形的篱笆墙、篱笆墙后"野外的"树木在场景中是固定不动的。喷泉喷向了既定的高度；种着小树的花盆和花架也从温室里搬了出来：一切都已准备就绪。大特里亚农宫中的花园面积不大，更具私密性，相对于凡尔赛园林里的其他地方，它接待的客人更少。在整个花园中，每条小径都能通向一个小空间，从地理上反映了宫廷生活：不过在这里，这些小空间是国王和亲信们唯一能享受到私密的地方。所以这个花园是根据心理尺度而非真实的尺度而建的。国王每天都会带着一小批随员来此，欣赏这里永恒不变的美景。从象征意义上来说，每一座园林都值得不断探索：它充满了惊喜之处，激发人们进行探险并从中得到极大的乐趣；它是知识的殿堂。另一方面，一座小园林并不能提供那么多可探索之处，就算对偶尔到访的来客来说也是如此：因为空间比较小，只要看看总体建筑就能看清全貌。就像宫殿里的一个大厅，看看建筑空间和装饰就知道它的全局，而大特里亚农宫里的小花园就成为了独一无二的生活舞台，国王和朝臣们在

6-13

此展示的是他们的生活。

　　上述现象在别处也很显著。在 18 世纪的伦巴第，花园是人们进行社交活动的地方，因为花园为人们提供了大型私密性休闲场所。法国建筑师让·日昂达建造的装饰小品充分说明了这一点。该装饰小品用来装点米兰附近波拉特的一处别墅，这是乔万尼·鲁格瑞为贵族约瑟佩·安东尼奥·阿康纳提·维斯康提设计的。马可安东尼奥·达尔·热于 1743 年所作的版画（图 6-13）将花园描绘成体验未来之城的实验室，花园建在抽象性的空间，这是不可能在真实的城市中出现的。这个花园在当时的伦巴第是面积最大的，它用自然和人工修剪的植物墙创造了优雅生活的优雅空间。18 世纪前半期风景式园林在英国蓬勃兴起，而欧洲大陆的园林设计则处于高度创造期，这对法国规则式园林的静态性产生了巨大影响。Cabinets——即藤架，这是由种得很密的连枝植物框定的空间，它最初大量地运用在凡尔赛园林，并获得成功——在维斯康提的别墅花园里，藤架被真的植物建筑所替代，产生了一种微型都市集合体。花园里布满了小路和根据洛可可式几何构图

图 6-13　马可安东尼奥·达尔·热于 1743 年所作之版画，描绘的是建筑师乔万尼·鲁格瑞为贵族约瑟佩·安东尼奥·阿康纳提·维斯康提设计的花园，位于米兰附近的波拉特。

图 6-14a、图 6-14b　杜伊勒利宫之发展史。

　　杜伊勒利宫花园包含了整个法国最重要的花坛体系，这些花坛都属于巴黎的王宫。这两幅版画展示的是 16 和 17 世纪中期同一座花园的平面图，图 6-14a 和图 6-14b 分别显示了欧洲长期以来的传统风格和新品位影响下的快速变化。

　　第一幅平面图反映的不仅是封闭式花园和草药园，而且还反映了新型的植物园：人们对该花

88

园的每一个理念都非常了解，包括其美学和哲学理念。图中所用分类遵循的是认知和归类法则：整个图形像棋盘一样整齐，草药、花卉和树木分门别类地种在不同的格子里，就好像图书馆里摆放整齐的书籍，让人可以根据自己的喜好随时挑选以及归还。这座有着多处小树丛和一个迷宫的花园让人一边观赏植物一边细细体会，植物都种在醒目的位置，有的按照品种栽种，有的是多品种混种，游人可以很方便地观察它们的习性。每一个格子都自成风景，耐人寻味，而不是简单地罗列。这一复杂的结构主要运用了对称的原则，每一个格子都相互关联，不仅是形式上而且是基于对植物世界的理解——即文化元素（不同植物间的密切联系）以及景观标准（格子与格子之间都排列整齐）。

17世纪法国著名的风景园林师安德烈·勒·诺特尔设计了凡尔赛宫花园，他根据当时的新品位改造了杜伊勒利宫。他的家族史和皇家花园紧密相关：他的祖父皮埃尔在16世纪后半期凯瑟琳娜·德·美第奇执政时照料这些花园；他的父亲让在路易十三时代是花园总管。

勒·诺特尔彻底从认知论角度对花园进行了革新，它涉及新的花园科学论，即将花园视为交流的方式。人们对植物世界的美学、植物学兴趣和文艺复兴后期已大不相同。植物本身不再是研究和冥思的对象：它们唯一的功能是为人类精致、华美的生活提供赏心悦目的环境。对称只是为了形成透视轴从而映射艺术性的装点。该设计要想达到完美的境界，必须不断地调整、完善，因为植物不断在生长，季节也在交替变换，而且光靠植物本身是无法达成的。于是这座花园里就不断添加五颜六色的无生物材料而不是植物，它像一张巨大的彩色地毯铺在王宫面前。关键是来访者可以欣赏到艺术性的对称和复杂的形式。无尽的植物组合和植物群落从视觉上含蓄地表达了人类征服自然的力量，这一力量是真实、具体和永恒的，同时也象征着财富，用以建造和维护如此精美的花园。

构建的空间，让来访者惊喜连连。园中最重要的景色是大量修剪整齐的绿墙，绿墙中间是或曲折或直通的园中小径和空地。这些绿墙是园林工人花了数十年时间精心培育并修建而成的：很多类似的绘画通过特定的角度夸大了绿墙的真实大小。现实中，它们通常由扁平的格子框架构成，为爬藤植物提供支架；有时候它们则是上了漆的木墙，用来临时性地装点花卉和叶子。不过它们总能产生新的独创性空间系统，其独特性和独立性还有待充分考察、研究。

6-14a

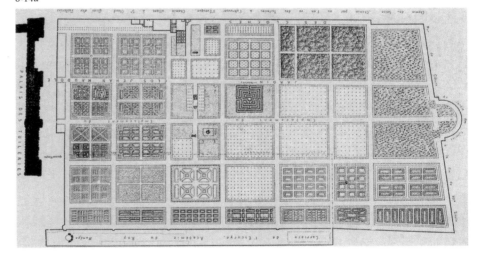

6-14b

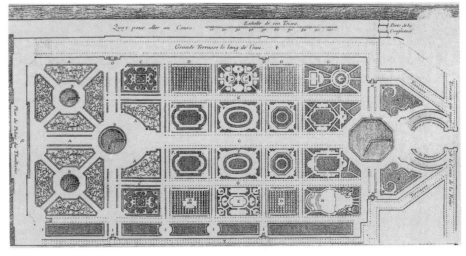

6-15

6-16

规则式园林的理论确立

1709 年，安东尼·约瑟夫·德扎利埃·达让维尔（1680 ~ 1765 年）在巴黎发表了一篇论文，将法国规则式园林的原则编集成典。论文的题目很长，名为《园林理论与实践，如何让人们欣赏到赏心悦目和整洁清爽的花园，必要时需用上几何学来改造园林的外形：这也是一篇关于如何打造园中合理水系的论文》。17 世纪法国规则式园林的空间概念——在 18 世纪的欧洲继续得到传播——与建筑及其环境所表达出的权力观念密切相关。这一空间概念的典型代表和最著名的例证就是安德烈·勒·诺特尔设计的凡尔赛宫园林。里面的刺绣花坛设在宫殿门前，看上去就像是一个巨大的地毯，这一模式在后来的 100 年里被广泛借鉴。德扎利埃·达让维尔文章中的插图展示了如何布置花坛（图 6-17a、图 6-17b），论文呈现的是各园林项目的平面图，包括主要的轴线和远景，每一个有关美学和技术的细节在论文中也有体现。图中复杂的装饰性图形主要由非植物材质构成：鹅卵石、大理石碎块以及碎彩石。这一水平的布景经过精心的设计，以产生特定的透视效果。为了达到完美的形状、颜色和总体效果，里面没有一株花卉或药草，以免植物的生长破坏了其完美性。唯一用上植物的地方是花坛的边框，由绿色植物组成，并且定期修剪：艺术家兼园丁的工作就是想方设法达到设计中展现的最高优雅境界。

1709 年以后德扎利埃·达让维尔论文的每一个版本都增加了图片，为那些想要跟上园林设计最新进展的人们提供范本。土地拥有者和他的园丁可以通过选择最合适的布局一起将图中的方案付诸实施。刻在活页上的版画展示了当时最新潮、最著名的园林——凡尔赛宫园林——成功地将法国规则式园林的美学理念广泛传播。不过，这篇论文的成功还在于它提到了建造规则式园林的技术问题。它在 1712 年被译成英语并于 18 世纪早期在

6-17a

6-17b

图 6-15、图 6-16　萨罗蒙·克莱纳所作之版画，显示了在两个树丛中修剪几何造型的方案，1737 年。

图 6-17a、图 6-17b　花坛设计图案，出自安东尼·约瑟夫·德扎利埃·达让维尔于 1709 年在巴黎发表的论文。

图 6-18　伯明顿庄园鸟瞰图——波伏特公爵的家及其周边的领地，出自题为《大不列颠新园景》的版画集（伦敦，1708 年）。

法国发行了多个版本。其他包含该论文的书籍把原文中的插图制成更为灵活的插页，在整个欧洲出版发行。比如，1737 年由萨罗蒙·克莱纳所绘的一幅德国园林版画（图 6-15、图 6-16）展示了欧根亲王在维也纳的花园（详情见下文），它为读者提供了园林中同一绿篱顶部下两种不同的建筑和几何构图。其中的信息非常明确：园中人们相会的场所和林中的神圣空地都必须具有美好的品位，它们的形状必须说明当时正处于理性时代，这一点在植物布局的精确性中也很明显。两幅图中都有连绵的绿墙作背景，绿墙前面的细巧树桩支撑着几何图案的树叶，搭建出了整个空间。刺绣花坛在园子中形成了精致的图案。园主人可以决定在花园里选用长方形还是椭圆形，不过他应该明白最好两个都要。

规则式园林的流行

格罗斯特郡的伯明顿庄园是波弗特公爵的家：下图的全角鸟瞰图（图 6-18）显示了里面的房屋、花园以及巨大的园林。该图出自名为《大不列颠新剧院：大不列颠的王宫及显贵们的豪宅之详细描述》的系列版画，1708 年在伦敦出版。人们认为该书真实地记录了当时统治阶级府邸的样子：换言之，这是对权贵们的无声谴责。几年后，伯灵顿伯爵及其亲信有意识地采用了这种"客观式"记录来推进帕拉迪奥复兴运动——后来发展为新古典主义风格：在大量描绘古代建筑的插图中，有一部分强调了具有

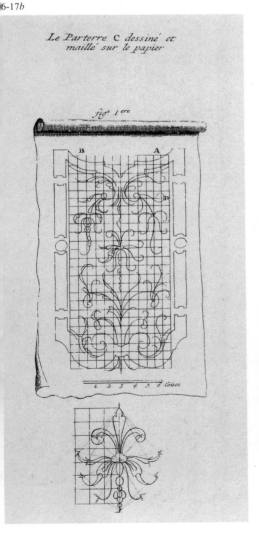

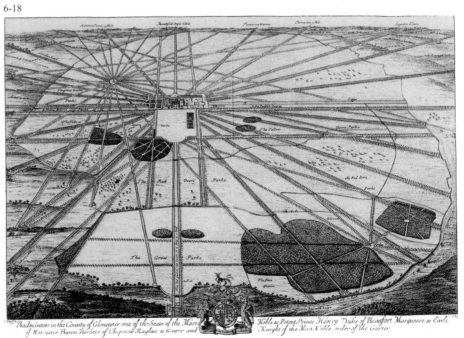

6-18

革新因素的新型建筑风格。科伦·坎贝尔于 1715 和 1717 年在伦敦发表了
Vitruvius Britannicus 即《英国建筑师》的第一、二册，为这一推进活动画
上了圆满的句号。和《英国建筑师》不同，描述伯明顿庄园的书籍只是想
提供真实的记录。其中的场景说明，要对一个大庄园进行功能和美学的管
理，必须将其打造成一个综合体：伯明顿庄园的布局好像是 17 世纪代数学
和几何学的展示。当时的花园——在英国、欧洲和世界上其他地方——还
没有突破传统的围栏。不过，图中暗示了即便在革新之前花园也已经有了
更广的含义。这里再一次强调花园是排列规则的小空间。总体布局中包括
了树林和田野，中间有林荫道，它由土地所有者提议并要求设计师完成。
它表明理性——通过大量的网状轴线表示——是控制整个户外空间的方
式，并使之扩展到无垠。

　　萨罗蒙·克莱纳用简明扼要、浅显易懂的版画（见图 6-11、图 6-16、
图 6-17）试图在德国推广法国规则式园林的基本法则。这些 1738 年印刷
的版画（图 6-19、图 6-20）见证了在英国风景式园林倡导改革之前启蒙时
期园林观内在的认识论。这里显示的两个场景是相互补充而不是二选一的：
当时人们的思想非常宽容，两个一眼看去完全相反的形状和模式可以互相
融合。笔直的道路通向大型开放空间，这表明修剪树木必须花费大量人力
物力。第一幅图中，一排排树木形成一定的几何构图——每一棵树都和其
相邻的树一模一样——作为背景的树篱墙修剪得非常平整，更加烘托出了

图 6-19、图 6-20　萨罗蒙·克莱纳所作的两幅
版画，提供了两种修剪和排列树丛的方法。

6-19

6-20

6-21

树丛形成的图案。第二幅图中（在原图集中紧随第一幅图后），布局是多变的，模仿的是多姿多态而又和谐融洽的自然景观。树木是连续种植的，并没有排成规则的线条，看上去就像野外的树林。这两幅画的同时出现意味着在那时候人们对自然生长的植物和规则式的植物排列都很欣赏，两种风格可以同时并存而不是相互排斥，而在不久以后的英国乃至整个欧洲，人们就只选其中的一种风格。这样的共存并不是接受一切风格的折中主义，而是一种科学探究和渴望，旨在囊括所有符合美学和功能学的风格：当然，最好是有一个巨大的花园，能够包罗万象地呈现所有的风格。

　　另一个值得参考的大尺度花园在欧根亲王的夏宫里，即位于维也纳的贝尔维第宫（图 6-21）。鸟瞰图（图 6-22）出自萨罗蒙·克莱纳于 1731 年献给亲王的版画系列。它揭示了郊区居所和其无边无际的园林间的关系。整个园林被视为一座连绵的花园，它集合了当时的所有奇迹。欧根亲王是一位英勇的战士、卓越的指挥官，1700 年和 1723 年间在战争间歇，他多次亲自前往维也纳的宫殿和花园建造现场。花园由多米尼克·日哈尔设计，集合了当时所有流行的花园设计：法国规则式风格和几种意大利式风格并

图 6-21　维也纳贝尔维第宫及其花园。

6-22

存。全局最惊人的效果不是总体布局、建筑和花园的雅致关系或是形式的多样性和复杂的排列，而是在于使用了一些园林技巧以产生新的微观世界。规则的树篱墙大量使用，框定了密林或限定了空间。长长的笔直边界形成了大道，两侧是植物构建的平行六面体，它们看上去就像巨大的建筑物，使得来访者感到身处井然有序的城市中。各个小型开放空间和绿色的围廊将花园各部分之间联系得更紧密，同时赋予了花园小型城市的特质：人们在其中漫步就像身处城市之中，又像在实验室观赏各种植物，这些植物的使用就和在真实城市中一样。当时，刺绣花坛很流行，出现在所有追求时尚品位的花园中。但在这座花园里，它的功能是次要的，更重要的是这座微型城市的宏大规模以及复杂的构造。

图 6-22　欧根亲王在维也纳的夏宫——贝尔维第宫，萨罗蒙·克莱纳所绘，出自 1731 年的版画集。

6-23

6-24

图 6-23 维也纳贝尔维第宫花园。
图 6-24 对规则式花园的评论。

这幅 18 世纪的版画描绘了狩猎城堡的总体布局，城堡前有一个大花坛。该版画从美学和构造角度对法国规则式园林进行了评价，它运用了启蒙主义时期的评判逻辑，辩证有力地摧毁了法国规则式园林最根本的理论基础。16 世纪晚期的手法主义认为，如刺绣般绚丽的植物景观是宫殿和花园之间的完美联结，因此每一个花坛都人为地装点华丽。花坛好像美轮美奂的巨大地毯平铺在同样富丽堂皇的居所之前。这一理念背后的基本美学和技术原则是严格的对称性。曲线构成的图案穿过主轴线，中间嵌入散碎的材料来创造颜色的变化；这种短暂性的嵌入材料比如花卉其实毫无必要，不过几何造型、修剪美观的常绿树还是可以考虑的。这幅图驳斥了上述美学理念中的错误信条，指出对称性只不过是一种错觉，因为花坛只是从一个特定的角度才能看见并欣赏。来访者在花园里漫步时会发现从任何其他角度都无法看出其平面装饰图案的对称性。从版画呈现的角度看，花坛看上去就是一堆混乱不堪的曲线和颜色，根本无法形成有意义的图案。不过，这可能最终决定了法国规则式园林的出路：人类对植物世界有了新的理解，这样的理念从法国传到了英国。

6-25

6-26

图 6-25　位于帕多瓦和威尼斯之间的皮萨尼庄园，由吉
罗拉莫·弗里吉马里卡设计，18 世纪建造。庄园模仿凡
尔赛宫，沿着长长的观景台而造。

图 6-26　皮萨尼庄园的航拍图，显示了它和布伦塔运河
的位置关系以及和 19 世纪自然风景园的关系。

图 6-27　卡塞塔宫花园，模仿凡赛塔宫花园而建。

图 6-28　19 世纪，卡塞塔宫花园里添加了自然风景园，
该图为自然风景园一角。

7-1

7-2

图 7-1　克劳德·洛兰，《田园风景》，1638 年。
收藏于明尼阿波利斯艺术学院。
图 7-2　克劳德·洛兰，《罗马平原上的大橡树》，
约 1638 年。

第七章
美学启示：英国自然风景园

一切园艺皆为风景画

17 世纪后半叶，私人住宅里种上了色彩绚烂的各式花卉，人们的生活显得安宁祥和。一种全新体裁的绘画提出了欣赏植物的新方式。佛兰德风景画描绘了真实而普遍的场景，着力刻画了意大利景观的细部，赋予其新的内涵，重申了美学敏感性。这一新型运动的领袖人物主要有：克劳德·洛兰（1600～1682年），他于 1638 年所作的《田园风景》见图 7-1；加斯帕德·杜盖（1615～1675年）；萨尔瓦多·罗萨（1615～1673年）；加斯帕德·杜埃（1615～1673年）及其姐夫兼老师尼古拉斯·普桑（1594～1665年）。后来，英国诗人约瑟夫·沃顿在为英国自然风景园之父"可为"布朗（1716～1783年）写颂词时，还曾提及洛兰、罗萨和普桑："洛兰用柔和的色彩轻描淡写，罗萨用粗犷的风格彰显个性，普桑用博学的知识妙手丹青"。衰败后的罗马平原只适合放牧家畜，而艺术家笔下的罗马平原建筑遗迹正是英国批评家所称的风景画中"秀美"和"壮美"的例证。在风景画中，艺术家更喜欢描绘植物世界而非农耕场景，它是一个纯自然、未经开发的世界，充满了随意和偶然。在欧洲文化的背景下，这种诠释自然的方式是全新的、从未有过的，因为这样的树木和景色在当时的园林中无处可寻。

威廉·肯特（约 1685～1748 年）是英国画家、建筑师、园林设计师以及家具设计师。1710 年他远赴罗马，在那儿他遇见了英国新古典主义的主要倡导者伯灵顿勋爵，新古典主义的绘画作品给了他极大的美学启示。不久以后，诗人亚历山大·蒲柏总结了这种新型的美学主义和欧洲园林的关系："一切园林皆为风景画。"

人和自然的关系因此而产生了巨大的变革。人和植物间相互依存的紧密关系——东南亚的人们早就意识到了这一点，生活在东南亚乡村的人们一直对植物敬爱有加——也开始在欧洲得到理解。

克劳德·洛兰的另一幅作品画的是罗马平原上的一棵大橡树（图 7-2），作于 1638 年前后，通过重点刻画单一的树，反映了新美学理念的基本原则：无论是技巧上还是美学上都是自成体系的。威廉·肯特提出创建新型自然主义园林就应该采用这样的革新，在园中，自然——或者说发展中的自然理念——占据了绝对的优势。这样的话，从理论上来说风景就可以被看成是一个无边无际的大花园。因此，在 18 世纪末，霍拉斯·沃尔浦尔称威廉·肯特为"现代园林之父"——这个现代园林指的是自然风景园。可以说，肯特突破了欧洲园林发展的历史界限。不过，突破物质界限即各类大小花园围墙的人是"可为"布朗。他创建了"哈 - 哈"体系——防止动物进园的隐秘干沟，同时又提供了无穷的远景——于是，传统的围栏荡然无存，花园的范围不再局限，随之也产生了有关自然和美学标准的新理念。因此，*hortus conclusus*（合围花园）就让位给了整个宽广的世界。紧接着就出现了追求中国风的潮流以及不对称美学，新的情感也随之产生，大大柔化了新古典主义的生硬古板。

帕拉第奥主义和自然风景园

1718 年，英国自然风景园设计师史蒂文·斯维策（约 1682 ~ 1745 年）在伦敦出版了三卷本《贵族、绅士和园艺师的消遣》，这是在 1715 年版本的基础上扩充和修订的版本。德扎利埃·达让维尔的文章"园林理论与实践"在推广法国规则式园林（见第六章）中起到了关键性作用。该文在法国发表后没过多少年，斯维策的著作便问世了，他否认了达让维尔的主张。图 7-3 是他的一个园林设计平面图，奇特而又可行，既有荷兰人对细节的注重又有法国人"宏大的手法"，还有他所谓的"乡村式、广义的园林设计"。

英国人对德扎利埃·达让维尔的挑战引起了一个极大的变化，暗示着美学价值的完全改变。我们可以看到，房子后面的刺绣花坛已变小，巨大的十字形运河和横向步道具有明显的笛卡尔派理性主义含义，其他的试验性、混合式几何图案都处于这样的框架之下。蜿蜒的曲线借鉴于亚洲的不对称美学概念，后来将成为英国自然风景园的主要特征，并且战胜了法国规则式园林。图中的曲线——水道和外部大道——连接了许多复杂的植物图案，好像这个花园不得不包含每一种 18 世纪的欧洲花园，在规则式园林的相关准则下尽可能地创新。

托马斯·贝德思莱德和约翰·洛克于 1739 年在伦敦出版了《维特鲁威布里塔尼古斯》一书，其中有一幅插图是洛克于 1736 年绘制而成的版画——之前以活页形式出售——画的是第三位伯灵顿伯爵理查德·波义耳的花园，位于奇西克（图 7-4）。该花园根据新帕拉第奥风格运动的理论而建，运动倡导者将新古典主义视为一种民族现代主义以及建立欧洲和历史新关系的机会。查尔斯·布里奇曼（卒于 1738 年，他在斯托设计了一座类似的花园，下文将探讨）和威廉·肯特是亚历山大·蒲柏及其他伯灵顿圈内重要人物的好友，他们一直在奇西克工作，直到 1720 年左右。第一章中曾提及的罗伯特·卡斯特尔（卒于 1729 年）是伯灵顿圈内另一位重要人士，1728 年他发表了《古代别墅图解》，畅想用新古典主义手法重建小普林尼的花园。此举引发了人们对罗马式花园的新一轮兴趣。复原古迹的热情推动了这个奇妙花园的形成，园中有着必要的建筑。大量的几何构图布局精巧，反映了"复合文化"，为新花园的设计提供了参考，让人想起当时斯维策和巴提·兰利（下文将深入探讨）的实验性设计，"复合文化"也通过概念性的组合和自然主义框架渗透在园中，虽说是尝试性的，但非常成功，该园后

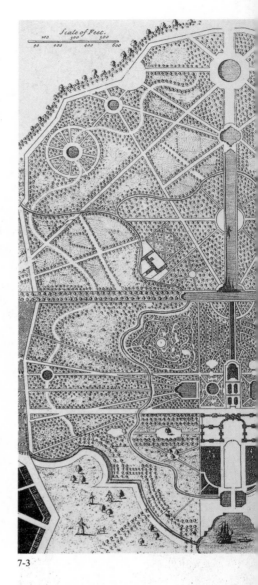

7-3

图 7-3　史蒂文·斯维策所著《贵族、绅士和园艺师的消遣》中的一幅花园平面图（伦敦，1718 年）。

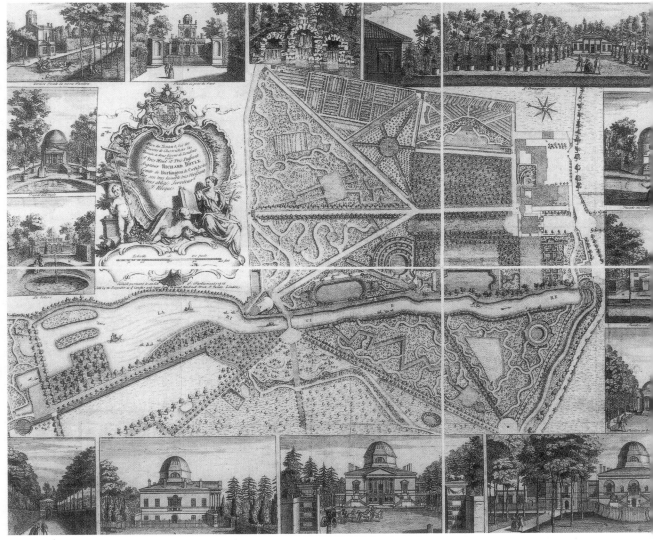

7-4

图7-4　第三位伯灵顿伯爵理查德·波义耳的花园，位于奇西克。出自托马斯·贝德思莱德和约翰·洛克所著《维特鲁威布里塔尼古斯》第四卷（伦敦，1739年）。

来成为自然风景园的典范。它的内部结构并非折中而成，而是仔细考虑了将来花园中所有可能的几何构图从而进行选择使用。在将来的花园中，曲线会成为主要特征。对这样充满文化的设计项目进行研究后，我们发现了帕拉第奥主义和花园之间的关系，帕拉第奥主义实则为前浪漫式新古典主义，而此时的花园不再是规则式的。从那以后，古典主义微型建筑包括手法主义的洞室成为每一个自然风景园中人与自然对话的组成部分。

跃过围栏：一切风景皆为花园

1730年左右，查尔斯·布里奇曼为法利的一处花园绘制了草图（图7-6），在法国规则式园林中过度使用的几何构图不那么流行时，他成为了英国最潮的园林设计师。他在威廉·肯特的指导下开始从事园林设计工作，率先察觉迫切需要开创新审美观的人正是肯特。"这一重要的举动（我认为第

7-5

一个提出这样想法的是布里奇曼）摧毁了围墙，打破了边界的限制……干沟的发明使当时的人们都大吃一惊，他们称之为'哈！哈！沟'，表示惊讶于突然出现在眼前拦住去路的隐秘之沟。"这句话出自霍拉斯·沃尔浦尔于1780年发表的《论现代园林设计》，他在文中称布里奇曼为现代园林创始人之一。在他看来，正是因为干沟的发明，肯特才能跃过围栏，指出"自然即花园"。1739年，布里奇曼去世一年后，他的遗孀萨拉将他的代表作编写成书——《斯托的森林、庄园及花园总平图……花园透视图若干》，它是布里奇曼辉煌的文化、艺术事业的写照（图7-7）。在图7-8中，我们

图 7-5　人为和自然

　　在奇西克的花园里，新古典主义抑或帕拉第奥式小型建筑——像音乐中的重音符，在风景中构成视觉焦点，这样的风景在当时的绘画中非常流行——可能有别样的含义。图中，池塘在庙宇前方，中央有一个方尖石塔，四周是以几何构图摆放的盆栽柑橘树。庙宇是小小的，从当时的美学视角来看，它的背景是自然式的，其中有一个绿色的大花坛，在参天大树的映衬下显得格外突出。整个背景和方尖石塔相映成趣。庙宇和中心的池塘处于同一轴线，是整个场景的重点，隐含了自然和文化的美学联系。该图由佛兰德艺术家彼得·安德烈亚斯·雷斯布莱克（约1684~1748年）所绘，绘画时间是1730年左右，布里奇曼和肯特完成伯灵顿勋爵的花园后10年。图中的花园里没有花卉，色彩缤纷、让人眼花缭乱的盆中种植着柑橘树，用反向的手法体现了早期园圃的种植意象。盆栽种在三个按比例排列的圆圈内，削弱了前浪漫主义的色彩——为了显得自然，建筑被有意安排在植物环境中。盆栽培育非常复杂，只有夏天才能看到这样的场景，因为在寒冷的季节盆栽只能放在温室里。这说明了人类干预自然的重要性，对培养者和参观者而言，这都是让人高兴的。无论盆栽的级别如何，整个场景都让人想到了人为的力量，其目的在于完美再现自然。毫无疑问，这样的园林是人类的杰作，但人类运用自然主义的手法让一切显得非常自然。

7-6

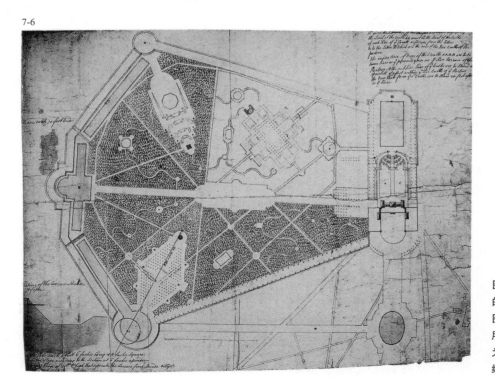

图 7-6　1730 年左右，查尔斯·布里奇曼为法利的一处花园绘制的草图。

图 7-7　《斯托大厅的女王剧院》，伯纳德·巴伦所作之版画，根据雅克·里戈的绘画而成（1739 年为萨拉·布里奇曼而绘）。出自乔治·B·克拉克编辑的《白金汉郡的斯托园林》（伦敦，1746 年）。

7-7

图7-8　斯托庄园和花园总平图，查尔斯·布里奇曼设计，出自萨拉·布里奇曼的《斯托的森林、庄园及花园总平图……》（1739年）。

图7-9　为图7-8的细节部分，展示的是斯托庄园的最初布局。

看到了设计过程的形成，后来就产生了复合式园林，就像斯托园林一样，摒弃了早期的规则式园林理念，促进了人类学和美学的发展。18世纪的轴对称和17世纪林中小路的数学式交织布局得到了保留，因为从客观上来说它们在任何理性的园林中都是有益的（图7-9）。这种直觉式设计方法的产物正是自然式风景园，园中的主要特征是曲线，象征着美学的新发展。

　　布里奇曼是著名的斯托园林的主要设计师。《斯托的森林、庄园及花园总平图……花园透视图若干》并不是第一本涉及斯托园林的著作。早在1732年，一本名为《斯托花园》的旅行指南就已出版。指南介绍了斯托花园——第一个完整的自然风景园。花园打造得非常成功，吸引了大量游客兴致勃勃地前往参观。斯托庄园的总平图，由雅克·里戈为萨拉·布里奇曼的著作所绘，展示了最初的园林布局（在肯特的设计之前）和布里奇曼提出的造园建议，还有科巴姆勋爵的庄园延伸部分。科巴姆勋爵是新英式花园的强烈支持者，拥有绿树掩映的庄园，他将花园从原来的28英亩扩充至500英亩。整个园林和大道的布局仍然具有17世纪的古典主义味道，目的在于创造风景（效果不一）。园中的大道通向森林的各个方向，相互交错，形成了复杂的三角形和星形构图。为了达到明显的景观效果，一条自然式的曲线蜿蜒穿过森林，消除了人为干预的痕迹。虽然图中围绕房子

7-8

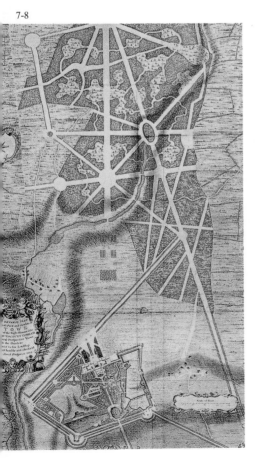

7-9

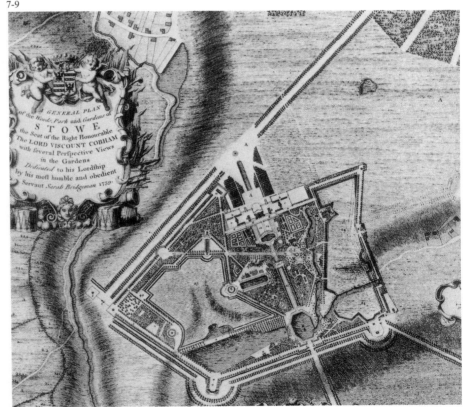

的花园可能看上去过于几何化，但是整个构成非常复杂，不仅参照了代表着过去的规则式理念，还蕴含了时尚的新理念。整个园林极具风景特色，而风景特色后来成为衡量自然风景园的标准。不过它的基本特点是围栏消失了，取而代之的是"哈！哈！沟"。

人们的品位、美学价值观和园林的自然式内涵在发生变化，这两幅版画（图7-10、图7-11）就是最好的证明。它们展示了威廉·肯特和"可为"布朗——两位自然风景派园林设计师——如何一步一步地改造斯托园林，他们建造人工的植物景观，不断地努力模仿自然。在这座园林中，构筑物、庙宇以及亭子形成了一个错综复杂的体系，肯特和布朗的改动反映了美学欣赏的变化。肯特的第一个项目（图7-10）看上去可能变动不大，但它为自然风景式美学奠定了基础。他或删减或柔化了所有布里奇曼保留的、由植物构成的直线。对比两幅图，我们发现，如果说内部的直线已经取消，那么外边界还是保留了直线。不过，在河流和湖泊的布局方面，肯特的改动起到了决定性的作用，因此具有重大意义：虽然他仍然使用了直线型的绿荫大道，但是池塘的基调显然是曲线式的，边线一定是弯曲的。因此，和住宅位于同一轴线的八边形大池塘以及一大片三角形水域（左图中间靠下）就成为"自然式"湖泊，不再具有布里奇曼设计中的含义。轮到"可为"布朗改造时，他把肯特所做的一切改动都推到了极致。图7-11出自尼古拉斯·维尔诺德的著作《造园艺术》（巴黎，1835年），该图展示了布朗在斯托所做的工作。布朗并没有把斯托园林改得面目全非，不过他的确仔细地清除了所有显示几何规则式的痕迹，整座园林看上去自然有序——或者在当时是这么认为的。

自然风景式园林的创始人之一布朗习惯于告诉客户他们的房产大有"可为"，这便是他被称为"可为"布朗的来历。的确，他的外号表达了当时的时代精神，当时的人们热衷于对自然进行美学改造（图7-12）。布朗

图7-10、图7-11　平面图和鸟瞰图，展示的是威廉·肯特和"可为"布朗对斯托园林的改造。
图7-12　布莱尼姆宫内的庄园和湖泊，"可为"布朗于1764年设计。布莱尼姆宫是马尔巴罗公爵的住所。
图7-13　"可为"布朗约1764年所绘，展示的是某条河流弯道周围的树木布局。

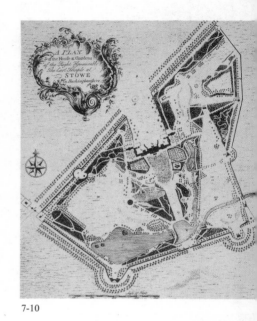

7-10

7-12

7-11

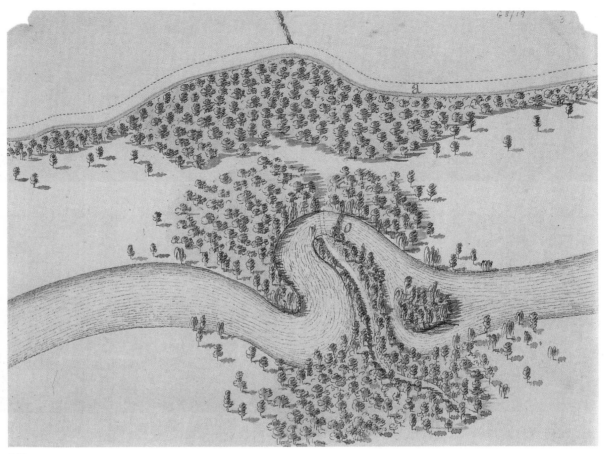

7-13

在 1764 年左右所绘的图（图 7-13）展示了某条河流弯道周围树木的自然风景式设计布局。他的理念在形态结构上非常明确：他描绘了一个自然式风景，利用人工手法进行重新建造，产生一个特定的景致：英国乡村的农牧风光。巨大的开放式草坪最初用来放牧，渐渐地长了几棵树，然后是成片的树，最后长成了密林。一条河流将密林分割，蜿蜒的河道并非自然形成，而是通过大量工程造就的。所有这一切都形成了当时的园林中必不可少的部分——"自然式风景"。根据布朗的理念，这种结构和形式的风景，或许不能改变世界，但起码会改变整个英国，所以园林和农业用地之间将不再有任何区别。随着时间的流逝，产生了一个普遍的标准，并且缓缓持续了很久，其特点是严格消除每一个几何造型，除非它是模仿自然的，同时坚决拆除造价昂贵花园中的建筑。不过，布朗在事业上的成功和获得的名声使他后来身处争论的中心，争论的内容是：在设计园林时，选用何种自然环境用作自然式风景的模板以及自然环境具有何种意义。

据说汉弗莱·莱普顿（1725 ~ 1818 年）将长寿的秘笈归功于其对园林的热爱。他创造了"风景式造园"一词，指的是将园林融进无边的风景中，将风景改造成园林——从那时起这一过程就等同于英式园艺。莱普顿采用"之前和之后"对照法（图 7-14），以水彩图册——即"红宝书"（因

7-14

封面的颜色而得名）的形式呈现给客户。这些图片有助于我们了解改造的
意义。上图是现在的样子，山坡的一部分开发成了排列整齐的农田。下图
是拟作的改动，它并不在意农业生产，而是打造真正的自然风景园，产生
全新的风景。莱普顿采用"之前和之后"对照法，让客户有一个直观的认识。
后来他将图册出版成书，把自己的设计方法公诸于众。他的方法不仅仅是
对风景的整体思考，而且也分析了如何通过独具风格的建筑来表现园林设
计的诗意，比如图 7-15 中右边的小建筑。莱普顿的职业生涯非常漫长，后
来他和如画式园林的拥护者产生了矛盾（详见第九章）。

　　自然风景式园林的核心是浪漫主义：它强调感性和情感，对单一重复
的新古典主义建筑起到了很好的补充作用；这对二者而言都是幸事。想要
完美地展现某种品位，就不能有任何妥协，因为这是达到预期目标的必要
条件。如果把整个风景——至少在视野范围内——视为一座园林，就必须
去除一切妨碍最佳景致形成的因素；任何不符合美学标准的因素都是不可
取的，哪怕它们能促进经济和生产，正如 18 世纪的两张前后对比图所显示
的（见图 7-15）。庄园中的小建筑尤其让人玩味：莱普顿认为建筑表达的是
情感而不是风格。我们看到一栋质量上乘、庄严肃穆的功能性大楼（本页
上图中的红色建筑）经历了翻天覆地的变化。它的外形和风格在"之后"
的图中完全不同了（本页下图中的白色建筑），充满了浪漫主义的情感。这
之后不久，到了维多利亚时代，该建筑受到了质疑：当时流行的清教主义

图 7-14　汉弗莱·莱普顿的景观改造，出自他的
"红宝书"；上图为改造前，下图为改造后。

106

7-15

不仅对风格而且对材料都非常在意。摄政街上灰泥和木结构的建筑正面——还有图中改造后的庙宇——都被认为是不可接受的赝品，尽管新型的建筑宣称运用了正确的方法使用材料，其实也不过是历史折中主义的虚假而已。

新的美学和品位模式

1728 年，巴提·兰利（1696 ~ 1751 年）出版了《造园新法则：园林布局、花圃营建、树丛、原野、迷宫、林荫道、庄园及其他》。书名涵盖了新型英式园林里所有的流行元素，因此，扉页就像一个广告，激发了读者的兴趣：这种说教式的写法后来成为英国园林书籍的一大特点。在专门讲述造园法则的章节里有六幅插图，图 7-17 是其中的一幅，它的下一章是有关菜园的。图中展示了一个花园，两条宽阔的林荫大道将其分成四个区域，林荫大道在圆形水池处交叉。水池周围有四座放在壁龛里的雕塑，它们代表了广场的四个角落，它们的下方是茵茵绿草。这是一个造园师对场景的精确描述。图上有常绿树丛，开放式草坪、橘园、花卉园、果园、芳香园（里面全部种着甘菊）、蛇麻果园和药材园。不过，和其他五幅一样，这幅插图的真正价值在于这个花园范例中的几何图案。中间的交叉线并没有沿用老旧的对称法则，而是构建了基础，形成了各种可能的图案，让人从中加以挑选。有着众多 S 线的放射状图案（图中右上）、圆形和矩形迷宫

图 7-15　汉弗莱·莱普顿对采石场（左）和乔治王朝时期建筑（右）的改造。

7-16

（图中左上、右下）、充满着蜿蜒曲径的广场（图中左下），它们显得很随意，但又相辅相成，看上去就像是大型迷宫的一部分。设计者有意用混乱的结构来掩盖设计的精心，从而说明，尽管人类可以创造无数的可能性，但理性仍然是不可逾越的。

在园林发展史中，人们运用了多种技术手法来弱化自然和人类文明之间的差别。花园中树木形成的图案说明了这些手法是如何随着时间的推移和人们的品位及美学标准的变化而变化的（图7-17）。比如，有一种五点式梅花形的排列，自古就用于农业和园林中——在古罗马的论文中就有记载——这种方法是为了确保种植中的合理布局，前提是树木间有足够的距离好让相关品种生长，并且生长的方向正确。吉尔瓦斯·马卡姆于1613年在伦敦出版了《英国农夫》，书中的图表（图7-18）展示了这一几百年来人们所遵循的原则。

克里斯蒂安·卡杰斯·洛伦兹·赫什菲尔德（1742～1792年）是基尔大学的哲学和美术学教授，他对新英国浪漫式园林的艺术领域充满了研究兴趣。1779～1785年间，他把英国风景式美学编著成册，在莱比锡出版了名为《造园学》的五卷本巨著。它以两种语言——德语和法语——同时发行，旨在从理论和实践两方面对植物景观的新美学和新技巧加以规范。在第三卷中——1780年出版了德文版，一年后出版了法文版——作者将新型风景式园林的技巧、鉴赏以及哲学理念加以分类，并且提出了植物栽种的新原理：

7-17

规则式不规则（图 7-19）。在他构想的 2 ~ 7 株树群模式中,树木交替出现,又相互依存,模仿的是自然界中的格局,和梅花形的棋盘状布局截然不同,因为后者显然是人为的。英国造园师在设计风景式园林时的大量实践证明这一原理是可靠、有效的。其实,它是认可了当时园林设计中普遍采用的实践手法,赫什菲尔德完全有理由相信他提出的这一原理既精确又详尽。

赫什菲尔德运用了现代百科全书的编纂手法和结构,在著作中力图创建一门新的学科,既考虑整体,又注重细节。书中有一幅插图（图 7-20）,展示的是一座神庙的遗址,用来作为教学范例,也可以作为样本,在任何花园里重建,以满足园主人与众不同的浪漫主义审美情趣。当时人们普遍欣赏废墟美,所以模仿古迹来装点花园景致。这座托斯卡纳小神庙是残缺的,对此作者进行了强调。在植物的映衬下,小神庙的景致丰富了许多:破败的屋顶由石头堆成,石缝间青草丛生。柱厅上方的屋顶有意被毁,中央的方形水池于是便处于露天状态。只要柱厅四周和上方用网合围,整个建筑马上变成多功能鸟巢,鸟类可以在此栖息、得到喂养。显然,所有一切都是精心安排的,建筑是浪漫式的,打造成一个温馨小屋,吸引了众多有羽毛的居民,给它们带来无穷的乐趣。从这点上来说,与众不同是创建如画式环境的重要因素,就像风景画里所描绘的那样,符合大众对浪漫主义最基本范畴的要求。

图 7-16　康沃尔郡格伦德根花园里的月桂树迷宫;花园由阿尔弗雷德·福克斯于 19 世纪二三十年代设计。

图 7-17　插图,出自巴提·兰利所著之《造园新法则:园林布局、花圃营建、树丛、原野、迷宫、林荫道、庄园及其他》（伦敦,1728 年）。

图 7-18　梅花形图表,出自哲瓦斯·马卡姆于 1613 年在伦敦出版的《英国农夫》。

图 7-19　植物群落种植模板,出自克里斯蒂安·卡杰斯·洛伦兹·赫什菲尔德于 1779 ~ 1785 年间出版的五卷本巨著《造园学》,用德语和法语同时发行。

7-18

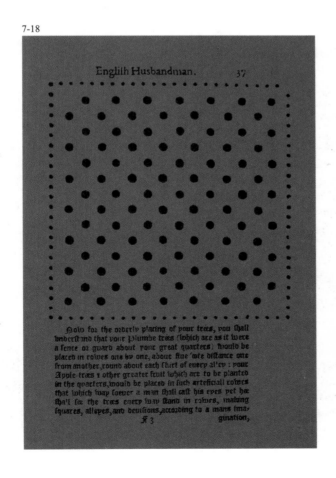

7-19

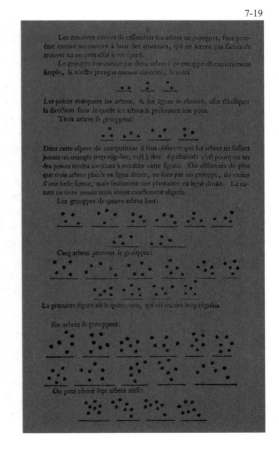

1775 ～ 1789 年间，法国雕刻师及出版商乔治 - 路易·勒·卢什在巴黎监制了一项独特的出版项目，激发了公众对新型花园的兴趣：该杂志共有 493 页图画，分为 21 期，它实质上是现代花园的百科全书（图 7-21）。它的名称就很有意义：*Details des nouveaux jardins a la mode. Jardins anglo-chinois*（世界流行之新花园详解：英中式花园）。图 7-22 是第十期的一幅插图，发行于 1782 年，展示的是一个风景式人工洞室，这是为巴黎的蒙梭公园而画的。不过，它可不能让人一眼看尽：如果想要欣赏各个角落以及某些特定的区域比如温室（里面种着菠萝和热带花卉）、岩石间的餐厅、小木屋等，人们必须走进岩洞，细细观看。这是一个微观世界，其中的布局和功能反映了 18 世纪大众对与众不同和怪诞不经的追求。勒·卢什将这个冬景花园展示给他的读者，从而证明这种另类的存在，同时也为建筑师和园主人提供构建花园的范例。他的其他众多图册也运用了同样的手法。勒·卢什将造园知识分门别类，用图画展示了当时人们的品位，这对今人来说，是一大幸事。这些图册还有一个实际的功能，它们例证了当时宣扬花园模式的主要方法；它们的成功出售说明当时的确吸引了大量的读者。同时，作为杂志，这些图册的排列和发行以其新颖的方式极大地推广了当时的花园品位，无论从质还是量来说，这都和其他的宣传方式截然不同，比如有关花园理论、建筑、植物、园林实操的论文，毕竟能看懂这些论文的人并不多。卢什的图册集不但为我们提供了实例，而且也让我们了解了 18 世纪人们对于花园的理解。

1779 年出版的第七图集是一个复杂的图表，涵盖了可用于新型花园的法国所有植物，这种新型花园即卢什所称的英中式花园。图表中的目录并不局限于植物学范畴，因为它的目的是打造风景，而其中的植物研究和描述也是为了这个目的。除了这段长长的说明，图集的扉页上还有两幅插图，和花园的理念密切相关（图 7-21）。第一幅描绘了德·比戎先生家花园里真实的植物布局——两棵并排的椴树支撑并调整了金银花的攀缘，而金银花在两者间形成了漂亮的花饰。这一意象具有典型的 18 世纪风范，不过从起源和品位来说，它根植于文艺复兴时期。第二幅插图是整个花园的关键，花园里到处是如画的景致，无论从哪个角度都可以欣赏，它们就像是立体的风景画。林中的树木（中左）安排在前景（中右）边上，旨在说明站在不同的角度能看到不同的景致，而角度可以是无穷无尽的：这一观点和之前很多风景式花园的理论是不一样的。作者在图集中提出——可能是无意识地——全新的观点：园中的小路完全可以超越设计师给予的功能，每一株植物都值得从各个角度欣赏和观看。

赫尔曼·福斯特·冯·帕克勒 - 穆斯考是又一位德国人（1785 ～ 1871 年），他也尝试着将新型自然风景园的美学和技术准则理论化和法则化，推动了有关植物布局的论辩，并且对赫什菲尔德的观点提出质疑（英国的造园师通常喜欢实践，理论研究的事都是交给德国人的）。帕克勒 - 穆斯考是大诗人海涅的好友，和大文豪歌德一直通信，他主要研究英国园林，并

7-20

图 7-20　如何设计残缺的托斯卡纳小神庙，出自赫什菲尔德的《造园学》。
图 7-21　插图，出自乔治 - 路易·勒·卢什《世界流行之新花园详解：英中式花园》（1779 年）第七图集的扉页。

7-21

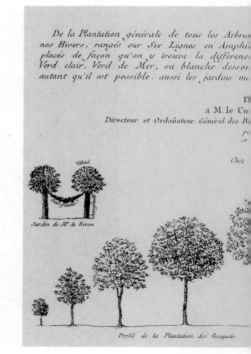

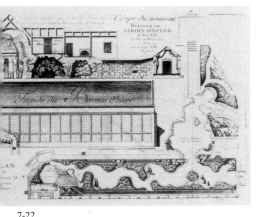

图 7-22　人工洞室设计图，出自勒·卢什《世界流行之新花园详解：英中式花园》（1782 年）第十图集。

7-22

图 7-23　插图，出自赫尔曼·福斯特·冯·帕克勒－穆斯考的《打造自然风景园之注意事项》（斯图加特，1834 年）。

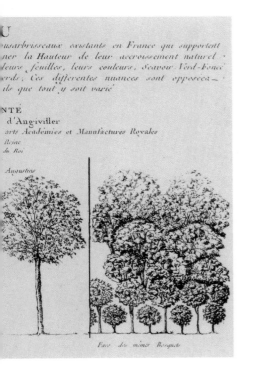

且在穆斯考公园（现为巴德穆斯考公园）和勃兰尼茨公园（位于科特布斯）进行尝试性实践。他的研究和实践成果体现在《打造自然风景园之注意事项》一书中，该书于1834年出版于斯图加特，随后被译成法语和英语。图7-23是书中的三幅插图。这位贵族出身的园林爱好者将美学和技术原理提炼总结为精确的条例，全景图就是很好的证明，它出自穆斯考设计的穆斯考公园一角，景致看上去细腻而又十分自然。在他看来，早年论著里提到的准则中缺少了真正的自然性，所以在自然风景园的实际建造中也缺乏了自然性。两幅稍小的插图——既是平面图又是透视图——是为了说明如何进行植物布局。第一幅图中的植物排列很不自然，原因是对自然概念的粗浅理解。而第二幅图中的植物排列就自然得多，因为设计师对自然概念进行了思索和探究，他忠实地模仿了自然，将植物按照自然中的生长方式排列。18世纪晚期19世纪初，欧洲的园林观就是围绕着"如何在园林中打造自然的植物景观"这一论争而发展的。

自然风景式园林和如画式园林（见第九章）究竟哪个更好的论辩在英国如火如荼地进行着，而此时的法国还封闭在自己的圈子里。亚历山大·德·拉博德（1773 ~ 1842 年）于 1808 年发表《论法国新式花园及其古城堡》。他在书中阐释了如何运用时下流行的英式园林准则来美化法国普通房屋中的小花园（图 7-25）。与让 - 夏尔·克拉夫特在当时发表的著作一样（见第八章），拉博德的书也是用三种语言在巴黎出版的：法语、英语和德语。时值拿破仑统治时期，英国还在美洲大陆打仗，欧洲人通过或含蓄或直白地借用英国式花园的素材出版著作，希望把这样的花园当作整个

7-23

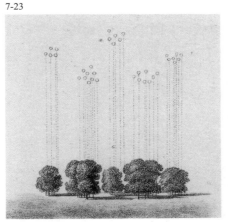

人类的成就而不仅仅是某个国家的成就。拉博德从英国有关理论和实践的论文中借鉴了"之前和之后"对照法，并且用来教化世人。这种方法非常有效，曾让自然风景园在与规则式花园的论争中获胜（现在如画式园林的支持者用同样的方法反对自然风景园。这些论争并非以理性为基础，而是对美学概念的论辩）。根据拉博德总结的条例，人们可以得到一个中产阶级的房子而不仅仅是一个温暖的家，只需要调整品位和进行一些建筑改良（虽然可能只是流于表面），最重要的是这样就能从根本上改变房产原有的样子。想要在没有花园围墙的情况下获得理想的景观，就必须有大片的不动产：面积要足够大，可以打造一个完美的干沟体系（"哈 - 哈"体系，译者注）。拉博德设计和打造景观的方式充分体现了上述两种不同的选择。

在另一组对比图中（图 7-26），拉博德分析的不是中产阶级的房子而是郊区的一座古老庄园。在"之前"的图片中，我们看到的是一个意大利规则式台地花园，里面的大花坛两侧是长方形水池，沿着城堡的中轴线是一条步行道，从花坛中穿过。拉博德的诊断很明确：规则式花园是其中的弊病，必须清除。药方还是那一个：用自然风景园的手法和品位加以改造。用拉博德的话来说，两张图片显示了一个"古旧庄园"向"雅致城堡"的华丽蜕变。"之后"的图片是改造完毕的结果，所有的直线都没有了，城堡本身也进行了改造，两边增加了住房，弱化了它原来的军事和防御性质。两个长方形水池连成了一个，形成一个不规则状的湖，湖面上还行驶着一艘小船。一个绿草茵茵的缓坡——用自然主义的手法解决了高度落差的问题——从湖边开始延伸，中间有一条蜿蜒的小路通向城堡。整个画面的背景是大量的树木，从湖边开始生长，出现在草坪四周和新城堡周围。在密密的树林中，时不时有一株突出长向天际。树林看上去就像舞台边上的两翼，舞台则是处于中心位置的草坡，背景便是人工建造的城堡。这是园林设计语言的正式构建，它用明确的方式表达和描述了园林设计。两组对比图说明一种新的、相对复杂的美学价值观已经广泛传播，它要求产生新的、持久性的园林观。

自然风景式园林的成功和通俗化

充满了各种象征意义的英国式园林在全世界范围流行起来，就像是批量生产的商品从一个经济发达的国家出口，并强行在其他国家推广，这些国家不仅要接受其形式并且还要接受其代表的价值观，这就注定了它们从文化和经济上被殖民的命运。从很多方面来看，英国式园林在俄罗斯的存在是超现实的。在彼得大帝的决心和努力下，俄罗斯早已欧洲化，他聘请了大量欧洲建筑师、城市规划师和工程师，于 1702 年建立圣彼得堡，从而"打开朝向欧洲的窗户"。圣彼得堡城外是 Tsarskoye Selo（"沙皇的村落"），后来改名为"普希金"。那座巨大的宫殿由意大利巴洛克风格建筑师弗朗西斯科·巴托罗密欧·拉斯特雷利（1700 ~ 1771 年）为叶卡特琳娜的女儿伊丽莎白女皇设计而成，前方的大型规则式花园是为彼得大帝的第二任妻子、

图 7-24　花园的个体含义

和其他大诗人一样，约翰·沃尔夫冈·冯·歌德（1749 ~ 1832 年）对特定的历史和文化有独特的感悟并且用诗歌的形式表达出来——不过他的视角不仅仅是文学。这两幅绘图作于 1787 年，比许多著名画家的作品都要深刻，歌德以浪漫主义的形式对即将进入的自然风景式园林时代进行了思考，揭示了一种人和自然的新型关系。树下的年轻人形象表达了非常明确的信息。首先，画中的树主干粗壮、叶子杂乱，虽然只是简单的素描，但却真实地反映出人和树是两个平等的个体，而且两个个体都有他们独特的个性。并不是人在树下，而是此人在此树下。另外，从象征意义上说，图画好像在宣告一个旧时代的终结，在那个时代，花园的主要功能是为人们提供集体娱乐的场所，而新时代应该是这样的：作为个体的人参与到引人入胜的活动中：对自然和花园的沉思。

7-24

7-25   7-26

图 7-25 中产阶级房子的景观改造，出自亚历
山大·德·拉博德的《论法国新式花园及其古城
堡》（1808 年）。

图 7-26 一座法国城堡及其规则式花园的景观
改造，亚历山大·德·拉博德设计。

后来的叶卡捷琳娜一世兴建的。不过，在俄罗斯开展启蒙运动的是叶卡捷琳娜大帝（1762 ~ 1796 年在位），也是她，将新古典主义、折中主义、异域风格和浪漫主义结合在了皇村。叶卡捷琳娜花园里有艺术馆、艾尔米塔斯亭、切斯马柱、船库（后来的海军部）、洛可可风格的人工洞室、土耳其浴室、金字塔、方尖石塔、大理石桥、喷泉、音乐厅、带有中式亭子的拱廊，在临近的亚历山大花园里有中国村、中式剧院和新哥特式兵工厂。其中的艺术馆由苏格兰建筑师查尔斯·卡梅隆（1745 ~ 1812 年）设计而成。图 7-27 是一幅 18 世纪晚期的平版印刷图，展示的是在北欧用完美的英式风格改造俄罗斯风景，达到让游人惊艳的效果，再一次证明了自然风景式园林的美学力量。

1779 年，法国建筑师、园林设计师、画家路易·卡罗里（又名卡蒙泰勒）在巴黎出版了一系列图册，标题是《沙特尔公爵殿下所属巴黎附近的蒙梭花园》，每一集都有平面图和简介。图 7-29 是其中非常有趣的一幅图，它详细地展示了蒙梭花园的重要组成部分，包括马尔斯神庙遗址及其各组成部分的复杂布局。卡蒙泰勒于 1773 年开始为沙特尔公爵菲利普·俄伽利特·多勒昂（他对英国无限崇拜）着手准备该项目，他打算把蒙梭庄园的

7-27

每一部分都打造得让访客赏心悦目：它不是一座普通的英式花园，而是对时间和空间的有机结合。这就是为什么风景画家喜欢流连蒙梭的原因，他们渴望画出花园里的每一个景色，无论是供海战演习的湖泊还是那座埃及金字塔：构成这些景致的建筑结构以特殊的方式布局，远远看去，花园的每一部分都显得很大。卡蒙泰勒曾写道"何不将如画式花园打造成供人幻想之处？"他用了 17 幅图来描绘蒙梭花园，我们若能仔细研究这些图，便会理解他的作品实质。在他看来，它既符合道德观又不落俗套。其中的一个如画式景致里是人为的马尔斯神庙遗址，四周是杂乱的植被。在这个体现废墟美学观的三维布局中，第一眼看上去它可能并不那么重要。不过，在这充满了象征意义的场景中，放在中央的那株人造死树非常值得注意——它才是真正的主景，因为它不仅怪异而且还代表着人类文明和自然的结合。

在法国大革命之前的 10 年，曾于 1766 年游历英国的法国建筑师弗朗索瓦 - 约瑟夫·贝朗格（1744 ~ 1818 年）和在法国工作的苏格兰风景园林师托马斯·布莱基（1750 ~ 1838 年）在巴黎布洛涅森林里联手打造了巴葛蒂尔庄园，园主人是亚多亚伯爵（后来的夏尔十世，译者注）。园中的树木根据自然风景式园林法则分布，种类繁多、应有尽有，很快成为植物爱好者的必去之地。

园内植物众多、景色迷人，各类建筑尤其是浪漫式亭台让人流连忘返，这些都使花园名声大振。18 世纪的法国注重大胆创新，在这样的氛围下，

图 7-27 俄罗斯园林的景观改造，出自 18 世纪晚期的一幅平版印刷图。

图 7-28 位于圣彼得堡附近的加特契纳皇宫及其园林一角，塞蒙·费德罗威亚·塞德林所绘。

图 7-29 印有巴葛蒂尔庄园风景的壁纸，"亚瑟和罗伯特"壁纸商生产（1795 ~ 1802 年）。

7-28

有人想出了无需实地游玩却能欣赏巴葛蒂尔庄园的方法。一个名为"亚瑟和罗伯特"的巴黎壁纸生产商家利用皮埃尔-安东尼·蒙欣（1761/1962 ~ 1827 年）的绘画在 1795 ~ 1802 年间生产了一系列长条形风景壁纸，充满了梦幻和自然主义特征（图 7-30）。如果结合风景画法的浪漫主义技巧和错视画法的效果，那么大沙龙可以改造为望景楼：在巴葛蒂尔庄园里，无论站在哪里都能欣赏到美妙的全景，让人心旷神怡、沉醉其中。"全景"是个英文词，由画家罗伯特·巴克于 1792 年杜撰而成，他在 1787 年为他称作 *La Nature a Coup d'Oeil*（自然一瞥）的技巧申请了专利。无论是油画风景的技巧还是错视画法的手法都已无法满足画家的需求。有了风景壁纸

7-29

后，全景和浪漫式花园就进入了寻常百姓的家：它们二者表达的现实比现实本身还要美好，因为它们暗示了一个理念：人可以很快适应环境，也可以对它加以得心应手的改造。

彼得·约瑟夫·伦奈（1789~1866年）是自然风景园时期德国最举足轻重、负有盛名的植物学家和风景园林师。他曾在巴黎植物园学习，之后在普鲁士工作，主要负责无忧宫花园的扩建和改造。美轮美奂的无忧宫位于波茨坦附近，是弗里德里希二世（大帝）根据格奥尔格·温策斯劳斯·冯·克诺伯斯多夫（1699~1753年）的设计方案命人建造的。宫殿在弗雷德里克的严密监管下于1745~1748年间完成，是德国洛可可风格建筑的瑰宝。弗里德里希二世（又译作腓特烈二世，译者注）在位时连年征战，使他疲惫不堪，无忧宫建成后就成了他消遣放松的地方，1786年他在无忧宫去世。宫里后来又增加了中式建筑，有卡尔·冯·贡塔德的"龙之殿"（1770年）和约翰·戈特弗里德·贝伦的中国茶馆（1757年）。伦奈正是在这一背景下于19世纪初开始着手改造工作。无忧宫花园模仿的是意大利文艺复兴式花园，所以它被称为"勃兰登堡侯爵领地里的意大利"。不过，它也反映了英国自然风景园的大致理念以及伦奈对植物的热爱，这份热爱是他在巴黎学习时产生的。虽然伦奈保留了园中的大量亭子和其他建筑，但他还是对这大约740亩的地方全部重新进行了设计，种上了400种异域树木和灌丛：园中的植物配置和布局使它成为一版浓缩的园林历史学和文化地理学。西西里园、橘园、植物园和北欧园里都种着带有原产地特色的植物，说明伦奈想将一种新的现代理念运用到19世纪的花园里。图7-31是一张署了名的图纸，作于1816年，是他为改造花园所画的一系列图纸中的一张。这张图纸充满了自然风景式园林的要素，有着蜿蜒的小径和通往湖泊的水渠。

伦奈的理论和实践最初是浪漫式的，后来他逐渐向19世纪的现实妥协。无忧宫花园的最初方案形成于1816年，那时他27岁，最终方案（图7-32）完成于1836年他47岁时。图中的中轴线是伦奈于1828年设计的，两旁是排列整齐的树，改变了第一个方案所代表的含义。该平面图是夏洛特园——无忧宫西南部一座小型的新古典式夏宫——的延伸：图中引人注目的部分是通往无忧宫花园的路径和树木（1835年）合围的跑马场。从形态学角度看，平面图的思想和美学理念非常清楚：这是历时20年最终达到的结果，中间

图7-30 路易·卡罗里（又名卡蒙泰勒）所作之版画——蒙梭花园一角（1779年）。
图7-31 1836年的无忧宫花园平面图，彼得·约瑟夫·伦奈后来又做了改动。
图7-32 1816年的无忧宫花园平面图，彼得·约瑟夫·伦奈所作。

7-31

7-30

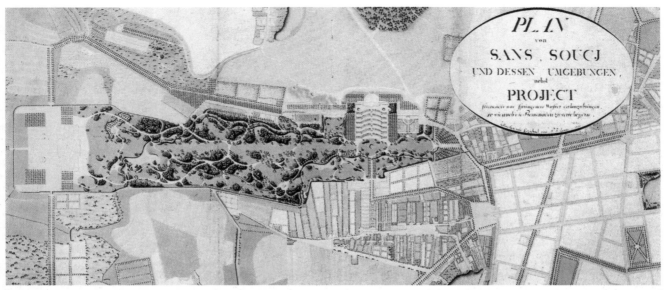

7-32

受到了无数的干扰，经过了无数的思考。改造的重点是无忧宫周围的空间：第一个方案中的亮点是英国式花园，它在建筑的正前方，整齐的树木将它合围；在第二个方案中，无忧宫的四周都是规则式花园，整个环境看上去十分古老。在 1816 年版的浪漫式花园中，水体具有重要的作用，曲折的河道依旧在，不过半人工的湖泊已经移到了一边，位于扩大了的浪漫式花园的正中央；湖岸是弯弯曲曲的，湖泊的后方就是作为主景的城堡。这个新花园一直延伸到树木合围的跑马场和其他建筑，长长的林荫道不再像 17、18 世纪那样——人们可以驻足十字路口，欣赏无忧宫花园的广袤——而是为了消除无忧宫周围规则式花园中的直线和早期浪漫式花园之间的不和谐，这个浪漫式花园不恰当地被切割为几部分，和它所代表的含义格格不入。

古斯塔夫·福楼拜在《庸见词典》中将"英国式花园"定义为"比法国式花园更自然"的花园。浪漫式花园发展的特征是永远不甘于平庸，这样的想法主要来自新美学理念的追随者。1801 年，意大利贵族、新园林艺术爱好者埃尔科莱·席尔瓦发表《论英国式园林艺术》（*Dell' arte dei Giardini inglesi*）一书。书里首先就有一个位于米兰的贝尔焦约索别墅的景色，该别墅至今完好无损，接下来是作者自己在米兰附近花园的构想图，把原先的 18 世纪规则式布局完全改变了（图 7-38）。有趣的是，作者从赫什菲尔德的巨著《造园学》中借鉴了新花园的构造，这些图片显示了非常明显的风格主义特征：它们能让一个匆匆过客变成自学成才的园林爱好者，并且对他自己突如其来的创造力自信满满。后来那些更为成功的欧洲园林指南也都如此，尤其是配有明了易懂图片的。在流传下来的文学作品中我们可以读到大量当时的看法和评价，有的不以为然，有的则对此十分看好。在 1809 年出版的《亲和力》（*Die Wahlverwandtschaften*）中，歌德不无讽

7-33

7-34

图 7-33 ~ 图 7-36　无忧宫及其园林中的各个景致。

7-36

7-35

刺地写道，在"亲和力"年代中，花园尤其是席尔瓦之类的浪漫式花园扮演的纯粹就是媒婆的角色（《亲和力》一书中，四位主要人物的爱情纠葛就是发生在花园里，译者注）。《布瓦尔和佩库歇》是古斯塔夫·福楼拜未完成的社会讽刺小说，发表于 1881 年，那时他已去世。在小说中，福楼拜描述了每一种可能的业余嗜好。书中的两位主人公被一个私家花园所吸引，花园的主人充满热情，是一位园林爱好者。当时最出名的园林实用手册是皮埃尔·博尔特所作之《园林设计师》，第一版发表于 1834 年，从那时起到 1852 年止，一共重印了 6 版。多亏了这本手册，园主人才有能力建造和打理他的花园。

在浪漫主义时期，对奇特事物的强调和中庸模式的泛滥使得人们认为怪诞不经是永恒不变、不会被历史淘汰的，因此普遍追逐，并将此认定为理性的表达方式。法国风景园林师加布里埃尔·图安（1747 ~ 1829 年）正是如此。他在 1820 年发表的《论各类花园的规划》中表达了自己的观点。

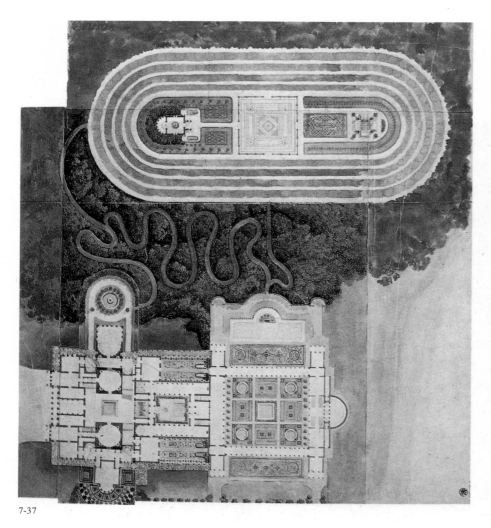

7-37

图 7-37　园中的建筑

这幅精彩绝伦的画是普鲁士建筑师、画家卡尔·弗里德里希·申克尔（1781～1841年）于19世纪20年代创作的，反映了古典主义和浪漫主义原则的相互作用。图中的别墅坐落于一个大庄园，旁边有树林合围的跑马场。无论是在绘画、雕刻抑或风景写实画中，申克尔的设计项目都位于特定的场景中，在这些场景中，植物是最重要的元素。即便是在城市的环境中，他在图中仍然将建筑的机械呆板和植物的自由灵动有机结合起来。伟大艺术家的标志在于他们能通过几个明显的特征表达出重大的意义：在这幅图中，蜿蜒的造型就具有浓厚的浪漫主义色彩。别墅的大露台和四周都是规则式花园，跑马场中央也是规则式花园。在两个建筑之间是一个树林，比跑马场上方的树林刻画得更细致或者说颜色更深。树林才是真正的花园，或者说这条具有表现主义风格的蜿蜒小径魔法般地将树林变成一个充满浪漫主义风格的花园。换言之，树林并不仅仅是连接两座建筑的工具，它还是一个独立的空间，人们可以在此思考大自然。在绘画史上鲜有作品这般清楚地表达出如此丰富的含义。

7-38

该书共有57页文字和57页平版画，图安通过读者提前一年的订购款成功地支付了出版费。书一问世就好评如潮，于是在1823年和1828年分别进行了再版，最后一版增加了一页文字和两幅插图。18世纪70年代时，图安曾经是御用园丁，在凡尔赛的小特里亚农宫负责打理花园，有规则式的，也有浪漫式的。1828年的他已是耄耋之年，他对当时园林的理解和启蒙运动晚期卓有远见的建筑师对场所的理解一样，都是用具体的形式表现出革命年代的精神。图7-39是书中的一幅插图，这是一个看似平淡无奇的方案，图安想进一步拓展太阳王路易十四的凡尔赛宫花园，将它改造成自然风景园。不过该计划很荒唐，因为在这个尺度下，凡尔赛宫根本无法展示它的风采。另外，图的比例失调：这可能是某个时尚小花园的设计图，曲线部分细腻流畅，典型的19世纪手法。可以说，这幅彩色的平版画只具有象征意义：它看上去很美，但实质上只是将新的价值观叠加到老的布局中而已。

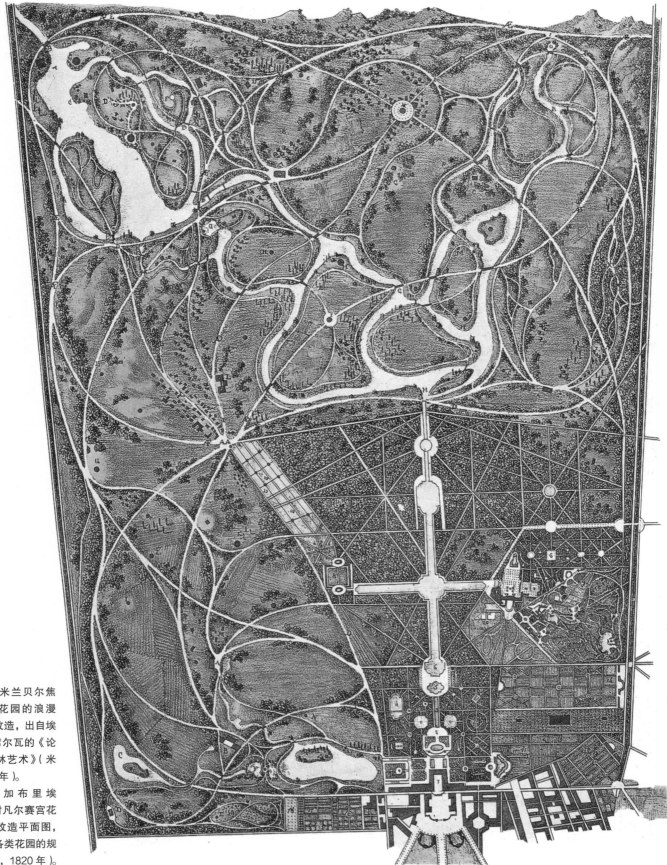

图 7-38　米兰贝尔焦约索别墅花园的浪漫主义风格改造，出自埃尔科莱·席尔瓦的《论英国式园林艺术》（米兰，1801 年）。

图 7-39　加布里埃尔·图安对凡尔赛宫花园的景观改造平面图，出自《论各类花园的规划》（巴黎，1820 年）。

图 7-40　园林和风景：荷兰和运河

这是一幢中产阶级的别墅，它和运河之间并没有遵循传统自然风景式园林的原则：由于地理位置的限制，它们两者间未能互为补充、相得益彰。房子的四周都是花园，图中只能看到花园的中间部分。房屋主人名为赫尔·卑尔根。他的房子面朝运河，看上去低调而又极其对称（图 7-40a）；河对岸有一条沿河大道。人们乘坐马车或者轮船经过时，只有在特定角度才能体会到轴对称的感觉。这是卑尔根想树立的公众形象，他想让人们从外面欣赏到的并不是花园，而是房子。他的意图在图 7-40b 中更为清楚：从运河上看过来，只能看到花园的最左边，而且还被围墙挡住了。房子的入口处有一个小花坛，还有亭子、围墙、花架以及支撑攀爬植物的建筑构造，排列有序、格调优美。尽管房子的布局呈对称状，但人们从轮船或者马车上看到的也不过是匆匆一瞥而已。

7-40a

7-40b

7-41a

7-41b

7-41c

图 7-41　园林和风景：意大利湖泊

在巴洛克晚期和浪漫主义时期，意大利湖泊边有大批的庄园和园林反映了规则式花园的模式，湖和庄园之间都是用中央轴线连接的。图 7-41a、图 7-41b 是科莫湖边上的卡洛塔庄园现状，图 7-41c 是 18 世纪初乔治二世克莱里西侯爵所建的卡洛塔庄园景象（马尔克·安东尼奥·达尔·热绘于 1743 年）。庄园高大雄伟，无论从水路还是陆路，远远地就能看见它。它的显而易见不可能让人有"柳暗花明又一村"的感觉；庄园的地势很高，前面无遮无挡，中间的轴线让它更为突出。庄园地处山区，又靠近湖泊，因此，无论从庄园里面还是外面看，规则式都是最明智的选择，至少对花园的中心部分而言。

图 8-1　约瑟佩·卡斯蒂戈隆（即郎世宁）、让 – 丹尼斯·阿蒂雷（即王致城）、伊格纳修斯·斯丘巴斯以及中国宫廷画匠所作：万树园皇家宴会，完成于 1755 年。

8-1

第八章

浪漫主义园林的构造

精巧的亭子

图中的版画（图 8-3）是英国建筑师威廉·钱伯斯（1723 ~ 1796 年）先生于 18 世纪为邱园设计的亭子，是座小型的开敞亭子，有一个座位。它表达的不仅仅是新古典主义，它还体现了后来人工园林装饰中所寻求的一种精致的典雅。虽然只是座朴素的木亭子，供行走于花园里的人们休息之用，但它在建筑与环境方面具有重大意义。亭子在形式上有点像镜框式舞台，是与人闲聊、遐思畅想的好去处，也是自然爱好者凝望花园的绝佳位置。亭子前部是方形的，顶上是个三角墙，显示出古典建筑的庄严感，而两条 S 形曲线和拱心石的会合使这种庄严感不那么沉闷，显得优雅别致。在亭子的弧形后部和底部之间、三角墙和曲线合围的区域，采用的都是格子状结构，为这座刻意的透明结构形成了墙体。这座 18 世纪中叶的建筑物精美而不张扬，十分轻巧，又显得宁静与安逸，与整座花园相得益彰。许多新古典主义建筑中视觉的夸大和张扬的形式——后来演变成新哥特式或是折中式，这些设计更多的是表达园林的华丽感而不是为人提供舒适——这个长凳构造则不然，它是一种文化，为园林注入了精巧的特性，它是经过深思熟虑后设计的，同时也满足了实际需求。园林中只有少量这样的建筑结构，而且都是经过深思熟虑并且精心设计的；设计师在表达理念时，优先选用的是植物景观。

8-3

异域的和谐

1715 年，米兰的耶稣会士约瑟佩·卡斯蒂戈隆（1688 ~ 1766 年）以传教士的身份来到中国。他倡导文化包容和尊重，他没想过要和当地的知识分子打成一片，也不想把自己的学识当成待价而沽的商品来炫耀。然而，

8-2

图 8-2 耶稣传教士约瑟佩·卡斯蒂戈隆（即郎世宁）所绘的中国版画，描绘京城内为皇帝建造的花园。

图 8-3 18 世纪的版画，描绘威廉·钱伯斯先生为邱园设计的一座小亭子。

图 8-4 威廉·钱伯斯先生为邱园设计的塔。

图 8-5 装点着灯的亭子，乔治－路易斯·勒·卢什发表于 18 世纪。

126

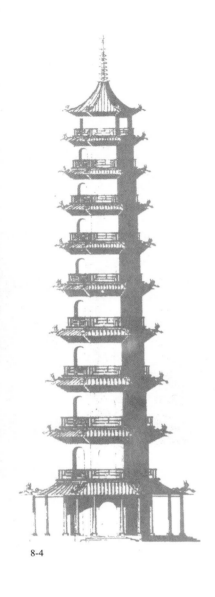

8-4

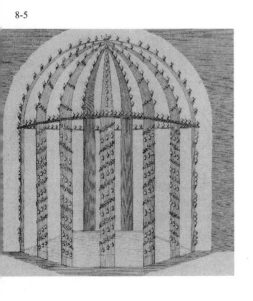

8-5

他却与这个国家的文化界建立了一种密切的关系，并成为重要的一员。他用郎世宁这个名字在中国成为著名的画家，发展了一种新的绘画方式，结合中国的轴测画法和欧洲的透视画法，形成独一无二且极具创造力的绘画风格。从1737年到他去世的1766年，他代表待在中国宫廷的耶稣会士，在7个工程学和水力学专家的兄弟会士的帮助下，用欧洲的风格为乾隆皇帝在北京郊区建造了宫殿和花园。这整个运作过程，一方面可以看成是中国人对欧洲风情的一种体验，另一方面又是中国人观察欧洲模式的一种方法。从1783年到1786年，在卡斯蒂戈隆死后的大概20年，有人将描绘皇家宫殿和花园的20张图画制成了一批副本：其中一张展示了皇宫花园，翻印在此（图8-2）。除了原有的风格之外，建筑和花园都尝试给中国人一种欧洲文化的感觉（值得一提的是，1860年，英法联军在第二次鸦片战争期间把整个圆明园毁于一旦，这太有讽刺意味了）。图画由中国艺术家绘制而成，由皇帝亲自监督，因为他想将这一成果记录下来。制作成中国绘画风格的画册，却运用了欧洲的鸟瞰法。画中是一个迷宫，中间有座亭子，位于一个大花园内，花园高高的围墙四周是护城河，流向两个人工湖中。

图8-4和图8-5是欧洲两个虚拟中国的样板，异域风格的书法形式强调了它们的背景——位于一座花园中。当时正值中国风流行，人们的日常生活中也充斥着中国式的景和物，但总体来说都是为了呈现异国情调。那座塔（图8-4）和装点着很多灯的复杂建筑（图8-5）就是很好的例证。乔治-路易斯·勒·卢什将后者收录在他的图集《世界流行之新花园详解：英中式花园》（1775～1789年）中，他在第七图集中写道：这是第一批在欧洲出现的亭子，目的在于给园内特定区域提供照明——此前在民族文学中出现过模糊的描述，意在颂扬远东。这个重新构造的建筑有一种欧洲风味：比如，亭子外框架上排列的油灯雅致而符合当时的时尚。其实此类的照明运用起源于亚洲。那座"大塔"——这是英国人取的绰号——由威廉·钱伯斯所建并且绘成示意图。1762年，在亚洲待了9年后，他在邱园——当时属于皇室财产——建造了一座高163ft（50m）的建筑。这座塔并不是在英国忠实地还原中国的建筑样式，而是大规模地为欧洲园林引进了中国风：其非凡的风格和尺度令人瞠目。事实上，它那巨大的尺寸表现的是宏大壮观的感觉，这是寻常的小亭子所不能企及的。这一理念和项目非常伟大，值得在园林史上大书一笔。这座塔是邱园中不可或缺的部分，不仅仅因为其独特的形式具有重要的文化和历史意义，同时也因为它与邱园本身最初的宏伟构想相一致。

这幅让人惊艳的18世纪水彩蚀刻版画（图8-6）展示了一个由葡萄藤组成的巨大格状拱廊，形成一条又长又直的林荫道。这是东印度老总府邸花园的中央部分——以建筑的形式展示了东方国家中的欧洲情调，这些东方国家当时在经济、文化和行政上都屈从于欧洲国家的统治。从技术角度看，这座拱廊——图中最主要的部分——看上去比实际尺寸大许多，这是因为制图者刻意用了一个错误的透视点。这样的手法在18世纪很普遍，

Prospectus Cameræ Vineæ in Hortis Gubernatoris Pondicheri in India Orientalibus ad oram Coromandeliæ

8-6

8-7

用以强调园林的宏伟和奇景。拱廊处在花园中不对称的部分，这一部分由规则图案的花坛、围栏和大树组成。这个有着 17 世纪晚期三心拱的拱廊或者说是藤架呈现了一种模糊的视线，让人着迷。从遥远的欧洲古典时代到文艺复兴时期，藤架结构的设计都是为了调节植物的生长，反之，植物也促使建筑形成植物的样态。当然，不能简单地将其看作是一种使用植物材料制作绿色建筑的捷径。用建筑来支撑爬藤植物本身就象征着人与自然的特定关系，如此，人的活动范围和大自然构建的数学造型就艺术性地结合在了一起。

古董的装饰效果

这是一幅详尽而富有表现力的绘画作品（图 8-7），出自乔瓦尼·巴蒂斯塔·皮拉内西（1720 ~ 1778 年）之手，看似包含了每一个曾在欧洲园林中出现过的装饰物，从文艺复兴的古董崇尚时期直到 18 世纪古董贸易时期。这些物品往往出现在人造景观的植物造景中，显得有些俗气。这幅版画可以追溯到 18 世纪中叶，名为《圣潘克拉齐奥门楼外考西尼别墅内

图 8-6 18 世纪晚期的手工着色蚀刻版画，描绘一个由葡萄藤组成的巨大格状拱廊，这是东印度老总在本地治里府邸的花园中央部分。
图 8-7 版画，乔瓦尼·巴蒂斯塔·皮拉内西所作，《圣潘克拉齐奥门楼外考西尼别墅内的大理石瓮、石碑及骨灰坛》。出自《古罗马》，卷 2（1761 年）。
图 8-8 德国波茨坦无忧宫内的模拟古典废墟。

的大理石瓮、石碑及骨灰坛》。它代表了 18 世纪罗马园林中古玩收藏者在园林中的装饰。这些大理石瓮、石碑和骨灰坛满载着古老的象征意义，所以它们在园林中被广泛应用——特别是浪漫主义园林——因为它们在形式和类型上是独立的，同时又能激发人们的情感。18 世纪晚期或 19 世纪早期，正值自然风景园、图画式园林、浪漫主义园林流行，几乎每一本造园手册里都提到运用各种大理石瓮、石碑和骨灰坛来装饰和美化园林。皮拉内西以出版大量作品而出名，这幅版画是他成名前几十年创作的，它的传承性体现在用强有力的视觉效果来记录装饰物的类型和在园林中的定位。这些物品被放置在一个夸张而雄伟的角度，从而有效地成为造园的范例。皮拉内西将它们刻画成具有建筑洛可可式的风格，这是自然和文化关系的物质性表达。我们可以在每一个古董底部和地面夹缝中看到生长出来的零零落落的植物，无论人们想要构建有序还是无序的古迹景观，这些植物都是不可或缺的。画中的场景为无数的后人所仿效，但也许无一能在雅致及寓意方面出其右。

石殿

花园中央的亭子代表了一个神圣空间的主垂直轴线。亭子的前、后和两侧没有墙壁，可以一览无遗：象征着天堂的圆形屋顶是对天地之间的神圣之轴唯一有效的保护。喷泉往往设在花园的心脏地带，象征着智慧的源

8-8

129

图 8-9　白金汉郡斯托花园里的古德行殿。

图 8-10　白金汉郡斯托花园里的帕拉迪奥式桥。

图 8-11　白金汉郡斯托花园里的临湖殿。

8-9

8-10

8-11

泉，而亭子则不同，无论放在哪里，都能为一个公园创造出不同的神圣中心。英国人爱德华·海特里（活跃期：1740～1764年）在大约1745年所作的绘画细节很清楚地展现了花园的场所精神（图8-12）。画中描绘了德雷克·布洛克曼一家在肯特郡毕屈柏的圆形亭子中的场景。这个小小的神庙状圆形亭子位于一座低矮的小山丘上，像是文艺复兴时期的观景亭，它的镀锌薄钢板屋顶上有一尊墨丘利塑像。亭子由6根爱奥尼克柱式支撑，没有栏杆。在亭子下面，我们可以看到当时典型的上流社会家庭。亭子里摆放着椅子，两位女士站在亭子里；一名男士坐在其中一张椅子上正在调试望远镜，很可能想观赏风景，一个男孩和一条狗正从亭子前穿过。从花园的木栅栏望出去，可以看到外面的村庄，在栅栏的另一侧则是一座小山丘。花园中的其他装饰性建筑是为了构成一个完整的如画场景从而让人从远处就能一目了然，而这座小亭子则不同，它的功能是为人提供逗留的场所，和其他场所相比，人们更喜欢在此流连。因为它的多功能性，它已然成为该花园精

8-12

图8-12　爱德华·海特里所作（约1745年），《德雷克-布洛克曼一家在毕屈柏：右侧前景中的神庙和神庙湖》。收藏于墨尔本维多利亚国家美术馆。
图8-13　慕尼黑英国公园内的圆形外柱廊式神庙（古典神庙）。
图8-14　绿色神庙，1792年由让-雅克·勒克设计。
图8-15　展现绿色剧院的绘画作品，出自乔治-路易斯·勒·卢什的作品集。

8-13

8-14

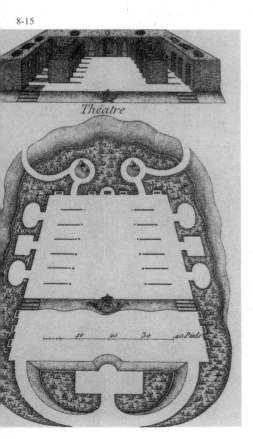

8-15

神的象征。园中的每一条步道都通往这个新古典主义的小亭子——步道为偶尔到来的访客而设，主人也许并不需要——亭子和周围的植物相得益彰，和谐而又自然。对当时的人来说，该亭子的美学意义是显而易见的。

绿色神庙

在 17 世纪末 18 世纪初，有人认为用无生命的建筑材料去建造花园中央的神庙会减弱场地的神圣感。有人提出了这样的理论：所有古希腊和古罗马的经典建筑都只是将原始木屋石头化而已，因此植物应当成为建筑材料的一个新类型。这个绿色的亭子从某种程度上说是植物修剪艺术的延伸，用格架将攀缘植物支撑住，或者不用支撑物，而是对乔灌木进行几何修剪，营造出人工建筑的空间与尺度；不过，亭子所代表的含义却非常重大。这个献给谷物女神的绿色神庙由让 - 雅克·勒克（1757 ~ 约 1825 年）设计，他曾在法国大革命期间绘制了许多出色的建筑图纸（图 8-14）。这是为一座独立的植物建筑而做的众多方案之一，这一建筑不是像以前那样在桶拱形柱廊上种满植物，或是直接用植物构造出类似建筑的形式，它不是人类中心论的重复体现。它的含义很直白：大自然借助植物成为文化，为人类更好地管理自然并与自然和谐共处指明了道路。这显然符合 18 世纪文化中的怪异论，这样的文化传播很广，广为人们所接受。相对于 18 世纪初复杂的形式，如那些安托万 - 约瑟夫·德扎勒·达让维设计的方案，任何人都可以在自己的花园里借鉴使用，这一亭子的出众点在于：人与植物世界已然发展成一种充满活力、生机勃勃的新型关系，而不再是浮华喧嚣、流于表面。

绿色剧院

在打造可用的建筑环境时，可以用植物作为建造材料：这是乔治 - 路易斯·勒·卢什著名的图集作品所传达的理念。从文艺复兴的高峰时期开始，绿色剧院就是欧洲花园的必要部分。这张图（图 8-15）给 18 世纪的读者展示了一个典型的范例，可以随地复制使用。用大量的植物塑造出一个基本的格局：一个圆形剧场，从里面挖空形成椭圆形或者矩形空间，让人们可以进出舞台，进行剧场的活动。舞台上有 6 个绿色植物构建的对称翼墙，舞台比观众席稍微高一些，用于开展各种活动。舞台后部有两个修剪出来的金字塔，植物壁龛内有一座雕塑，在金字塔和壁龛后面有两个圆柱形的隐秘房间，中间都有一座花坛和一棵树；这两个房间连接了舞台和后面的花园，可以用作私人的剧场活动。历史证明，这个小剧场在固定舞台上安排出了雅致而合理的活动，主要是戏剧、音乐和文学方面的。这些消遣活动体现了花园的理念，实用而不可或缺，而花园又在更广泛的意义上被视为"生活剧场"的绝好环境。在 18 世纪的花园里，怪诞与寻常混合在一起，都出现在这样的剧场里，观众的行为与想象也一样混杂着怪诞与寻常。正因为人们花费了大量的时间和精力打造这座植物建筑，它才成为经典、雅致的化身。

人工洞室

这张 18 世纪晚期的图纸（图 8-17），很有可能是一位姓山德罗尼的意大利建筑师所画，展示了建于莱纳德（米兰附近）的别墅花园里的洞室设计，这座花园属于安东尼奥·维斯康提·阿里斯·利塔，司汤达形容它是一座"布满建筑的花园"。当时，天然洞室和由装饰物构成的人工洞室是时尚花园中流行的特色。风景式花园被认为是以风景画为模型的一系列长久的自然景象；人们沿着园中小路走可以看到那些设计巧妙的景观。整个花园便是人为创造的相连场景的集合，而这些场景则由植物、建筑、装饰小品三方打造。在花园中用透视法和图案概念并不只是为了体现美学和浪漫主义

8-16

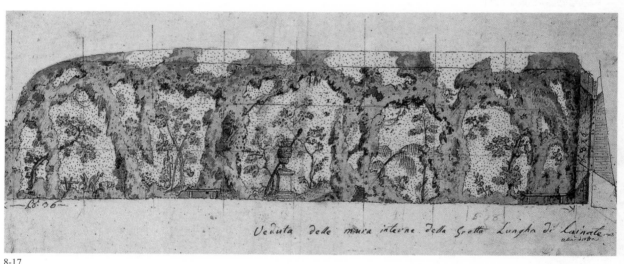

8-17

8-18

图 8-16 利塔别墅内的半圆洞室，位于米兰附近的莱纳德。

图 8-17 18世纪晚期的图纸，用于建造利塔别墅花园里的洞室，可能出自一位叫山德罗尼的建筑师之手。

图 8-18 利塔别墅洞室里的水中仙女雕像，朱利奥·塞萨尔·普罗卡奇尼（1574～1625年）所作。

的特征，道德方面也是人们考虑的范畴：实际上，作家们很快就把注意力集中到花园对人的道德影响上。在英国，可以俯瞰花园的建筑都是根据所谓透视绘画原则建造的。在欧洲很多国家，18世纪的新古典主义运动为业界人士所尊崇，而在英国，建筑只是为达成某个目标的手段。所以，英国的建筑师，像约翰·纳什（1752～1835年），可能会根据业主的情感或者文化需求设计出新古典式、新哥特式、英印式或者中国式等风格。尤其是花园中一些特殊的区域，可能需要一个常用的哥特式或古典式场所，里面种上适宜且协调的植物：人们可以在这一场所谈情说爱或者进行知性辩论。从这个装饰洞室的设计可以看出，甚至装饰元素也体现了上述需求。

图 8-18 和图 8-19 的照片展示了利塔别墅洞室如今的一些细节；洞室最初的设计（图 8-17）表明建筑师显然想要追求透视效果。像粉饰灰泥、卵石马赛克这些简单的材料，都完全按照设计图中的要求使用，表现了这个花园装饰作品 18 世纪初期的特征。这个洞室虽由人作，但宛自天开。在之前的文艺复兴时期，审美品位和装饰技术决定了人们用虚幻效果在人工洞室重建自然，而这在浪漫主义时期已经不必要了，且透视元素正好符合了整体视图的需要。然而，在 17 世纪和 18 世纪前半期的规则式花园里，这些无生命的材料仍然有用武之地。刺绣花坛的图案和色彩是由砂砾和碎石构建的，而并非植物。通常（正如第六章提到的），如果用真的角树篱，临时性的植物会附在油漆过的格架上，造成一种修剪好的绿墙之效果：这是解决招待会或者盛宴上装饰问题的权宜之计。这幅细部照片（图 8-19）强调，为了创建整个场景，植物需要精心呵护。在白天，洞室仅仅通过小孔得到昏暗的照明，而在晚上，人工灯光更加昏暗。重要的是，整个设计让人觉得身处洞穴，或者更好地来说，处于时尚花园的洞穴内。要想营造这样的氛围，用彩色卵石、粉饰灰泥和砖片就足够了，而不需要用珍奇的石头。这个虚幻的洞穴用了不少巨大的侧面开口，可以看到花园里有乔木（有些已经死了）、灌木、瓮、石碑甚至奇异的古典废墟，这样的做法在当时非常典型，不过正因为如此，那种虚幻感就更加强烈了。

8-19

模拟废墟

1774 年，身为法国贵族、建筑师和园林设计师的弗朗索瓦·拉辛·德·蒙维在巴黎西面尚布尔斯市马尔利森林边缘的村庄附近购买了一块土地，该村庄名为圣 - 雅克 - 德 - 勒兹，当时已荒废。接下来的 10 年中，他把这里改造成一座名为"勒兹荒漠"的英中式花园（亦称风景式花园），他自己的房子成了其中具有象征意义的组成部分。他的房屋是中国式的，坐落于水池前方，是中国式房子在欧洲的第一例。接着，在 18 世纪 80 年代早期，德·蒙维决定建造一座残破圆柱形房子（图 8-20）：直径 15 米（49 英尺）的圆柱基础表明，如果能按计划完工，其总体高度有大约 120 米（394 英尺）。1785 年，大概有 20 样奇异之物分散在园内各处，成为花园的主要魅力所在，和 16 世纪怪兽公园里的奇物和怪兽所达成的效果一样。残破圆柱的奇特性有其特定的象征含义，但最重要的是，它创造了一个巨大的场景，就像每一个俏皮的夸张一样，它的目的在于使人震惊。住房是从大柱子中开凿出来的，是纯粹的洛可可风格，没有丝毫偏差。地上有 4 层，地下有 2 层：每层有 8 个房间，围绕中央螺旋楼梯排列。其显眼的特质、巨大的尺寸与废墟的艺术性完美地结合在一起。同样，细节也反映了上述原则，顶楼的屋顶上长出了许多植物，掩映在"柱形屋"凹槽正面的破墙冠下。奇物的拥有者并不是通过使用它来获得愉悦，而是乐于看到访客们脸上的惊诧表情。

图 8-19 利塔别墅洞室内其中一面墙壁上目前的装饰。

图 8-20 乔治－路易斯·勒·卢什所作图册，描绘"勒兹荒漠"的圆柱房屋，位于巴黎西面的尚布尔斯市附近，和其他奇物一样，均由弗朗索瓦·拉辛·德·蒙维所建。出自《世界新花园详解》（1785 年）。

图 8-21 摩纳哥公主花园的人造废墟，位于巴黎西北部的贝茨，出自亚历山大·拉博德的著作《论法国新式花园及其古城堡》（巴黎，1808 年）。

Vue Perspective de la Colonne.

8-20

8-21

在巴黎西北部的贝茨有一座花园，里面有根据一些真实情况所建的模拟废墟，由达古尔公爵和画家休伯特·罗伯特于 1780 ～ 1784 年间为摩纳哥公主玛丽 - 克里斯汀·布里尼奥莱（1739 ～ 1813 年）所建。公主想要建造一个带有感伤情绪的花园，甚至植物也要有忧伤的感觉：意大利杨、枫树、柏树、法国梧桐和中国金钟柏。这个角度的花园（图 8-21）由康斯坦特·布尔日瓦（1767 ～ 1841 年）所绘，收录于亚历山大·德·拉博德所著的《论法国新式花园》，本书第七章对此书有所论述。画中充满了丰富的形式和情感方面的意象和含义。当人们看见过去的建筑，尤其是耸立在废墟中的中世纪建筑，有谁会抑制得住心中的澎湃之情呢？遗址完美地激起了人们丰富的情感：一个大裂缝让塔处于毁灭性的威胁中，这是一个警示，告诫人们未来可能会出现无法挽回的灾难。衰败的桥梁、桥墩以及取景框中的大门也将遭受同样的命运。毫无意外地，这幅画以各种形式重现，并且成为废墟美学最具魅力的代表作之一。对现场进行评估后，人们就会打消修复这座建筑的所有念头：因为衰败是不可逆转、无休无止的，而且浪漫主义对衰败有其特殊的解读。废墟与植物完全融合在一起：种子像寄生虫一样在建筑的裂缝中生长。荒野的感觉随着岁月的推移越来越浓烈，好像在宣告：这儿不再是人类的地盘，而是重新归属自然了。

望景楼与将凝阁

"望景楼"是一个来源于意大利的词语，始现于文艺复兴时期；指的是这样一个地方：它通常在一块高地上，有时会有一个开放式小亭子，游客可以从多方位欣赏美丽的景色。就像当时意大利的音乐术语一样，这个新词伴随意大利文化在欧洲传播开来。图 8-22（a）和 8-22（b）展示了一个简单、雅致的小型望景楼的平面图，细部图出自乔治-路易斯·卢什作品集中的插画。从图片看，望景楼的选址并不需要特别高的地方从而达到观景的目的。比如这个内部有楼梯的小圆柱形望景楼，游客的身高足以使他们的视线高到能观赏美丽的景致。

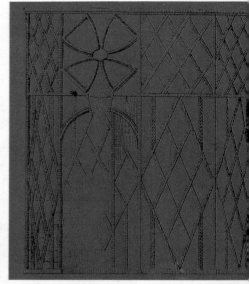

8-22a

18 世纪，在被称为"新花园之家"的英国，还有一个新创词是"将凝阁"，用来描述和望景楼差不多的小凉亭或景观塔。"将凝阁（gazebo）"这个词可能源于动词"凝视（to gaze）"，加上一个模仿拉丁语将来时态的后缀"ebo"，意为"我将要凝视"。这个词很快在欧洲乃至全球得到广泛应用，与新景观或者"英国式"园林并行。因此，之前在花园中预留的用于冥思的区域现在要用来让人观察，这一行为模式并非为了获得审美愉悦，而是为了满足好奇心。我们可以从这张 19 世纪的典型图片（图 8-23）中看到，当时公共园林中的将凝阁是一个神圣的存在，具有重大的意义，这是它在文艺复兴时期的主要功能，不过在 19 世纪时已经具有新的含义：比如，它也成了一种新的建筑类型——露天舞台。

8-22b

图 8-24 中有一座望景楼或者将凝阁，也是收录于亚历山大·德·拉博德的《论法国新式花园》，是欧洲新风景式花园的典范。尽管该书出得有点晚，但它的插图质量相当高，使之成为当时欧洲风景式花园应有品位的规范和标准。德·拉博德书中的大插图由造诣颇深的艺术家们完成，他们将细节刻画得相当仔细，使许多花园以其最优美的姿态成为永恒。比如，在图 8-24 中，处处是风景，包括人工打造的地形、蜿蜒的水路以及相间的草地与树木，设置得宛如自然的景象，而望景楼本身也成了风景的一部分。

8-23

图 8-22（a）、图 8-22（b） 乔治－路易斯·勒·卢什图集中的一座雅致的望景楼。

图 8-23 19 世纪绘图中的一座将凝阁。

8-24

这幅画表现的是该花园的理念，而不仅仅是单纯描绘一个实际的场地。望景楼只朝一个方向开口，因为它位于高处，只能俯瞰下面的山谷。它由细长的圆柱支撑，屋顶呈圆锥形，由三个竖线花纹装饰的镶板制成，看上去十分雅致。这是一个绝好的例子，展示了如何在花园内的适当位置进行精心的搭建，使建筑与周围的植物相协调，而不改变景观的特质，因为景观的每一个细节都是根据美学原则人为创建的。这幅全景图是说教式的：旨在告诉大家如何正确地赏析一个浪漫主义花园。前景运用了透视手法，望景楼和图右侧的高大树木框出了宽阔的场景，它向地平线方向延伸，一直到花园广袤的空间。懂得如何赏析花园也意味着能够创造一个如图中一样的花园，其整体形式和主要的细节都清晰易懂。

临时性温室

1815 年的 12 月 20 日，意大利建筑师、风景园林师朱塞佩·亚佩利（1783 ~ 1852 年）在他家乡帕多瓦的中世纪时期所建的理性宫内建成了新古典式装置（图 8-25）。在此之前，亚佩利曾建造了不同凡响的新古典式和浪漫式的建筑，后来，在 19 世纪 30 年代访问了英国之后，他转而接受新美学理论的准则，继而设计了一些新哥特式房屋和精美的英国式风景园。作为对这些准则的诠释，亚佩利在一侧种了两排松树，看上去像是从玫瑰丛中生长出来的，另一侧则种了月桂树、橘子树和来自异国的灌木；这个有屋顶的人工照明空间里到处盛开着色彩鲜艳的花朵。事实上，整个空间像是一个大沙龙，优雅地装点着各式植物；这种形式的城市空间出现已然

图 8-24　该场景中有一个将凝阁，出自亚历山大·拉博德的著作《论法国新式花园及其古城堡》。

有一段时间，还没有达到成熟期的园林也是如此。多年来，年轻的设计师通过这样的临时性景观展示他们的才华，希望能赢得机会设计公园和花园的植物布局。在不成熟的花园或免费的城市空间里，植物配置暗示着场景的临时性，而在一个巨大的有屋顶的厅堂中打造真正的花园（正如图 8-25 所示），则是为了表现真实的景观，实现装饰和自然主义的两重目的。这类装置反映了温室功用的变化：它们的设计、建造和组织不仅仅为了植物学的功能，另外还有自然主义的目的：对植物的研究和它引起的思考是一致的。自然主义温室的主要功能并不是在适宜的微气候中进行植物培育，而是创造一种景观，让欧洲人在冬天也能享受到来自远方的温暖，而又无需费时费力地出门旅行。

作为布景的温室

景观性温室并非必须是真正的温室，在当时作为普通人都能用得起的东西而得到了推广。这一点在图示的画（图 8-26）中可以看出，本图出自《论花园构成特点及装饰》的第六版，于 1859 年出版——相比 1818 年的第一版有明显扩充——该书由路易 - 乌斯达·奥多（1783 ～ 1870 年）所著，是一本畅销指南，风景式园林的后期宣传手册。如果能把景观性温室理解为浓缩了整个植物界的微观世界，那么任何一个有适当创造力的人都能写出一本《我的花园一游》，就像阿尔方斯·卡尔（1808 ～ 1890 年）在1851 年所做的一样；这是一次富有诗意的地理性旅行，而不是自然主义性

8-26

8-25

图 8-25　朱塞佩·亚佩利于 1815 年在帕多瓦的中世纪时期所建的理性宫内建成了新古典式展览装置。

图 8-26　一座景观性温室，出自 1859 年版路易 - 乌斯达·奥多的《论花园构成特点及装饰》。

图 8-27　水晶宫：挽救公园的玻璃温室。在维多利亚时代的英国，人们得知政府决定在海德公园开展 1851 年世界工业作品展览会，他们感到极大的愤慨，因为海德公园是伦敦最著名的大型开放式空间之一，而博览会的召开意味着需要砍倒许多大树来为展厅腾出空间。大多数的方案都无法避免这样的破坏，但英国造园家、建筑师约瑟夫·帕克斯顿（1803 ～ 1865 年）解决了这一难题，他提出"非建筑"的理念，建造一个可以保全树木的巨大玻璃温室，同时又能陈列展品。水晶宫总长 1848 英尺（563 米），表现了维多利亚时代人们对待自然的理性。它那巨大的玻璃拱顶不仅保护了成年树，同时使它们像在温室一样得到滋养和培育。帕克斯顿此前曾经建造过大型玻璃温室——不过没有水晶宫那么大——也曾以钢

140

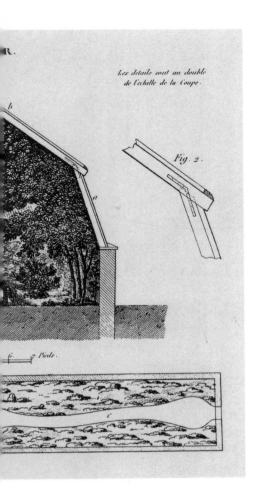

质的，因为它那举世无双的美丽景致激发了无数遐想之旅。奥多设计的亭子空间狭小，种满了乔木、灌木和灌木丛，一条短小但是精心设计的通道，从入口通向亭子中央的圆形区域：亭子里设有弧形座椅，这是一个供人休息、冥思和交谈的场所。两边对称的入口地面比中间区域高，让人觉得好像站在两座小山丘之间，蜿蜒的小路顺着山丘缓缓而下。日光抑或月光透过连绵的玻璃屋顶，从树叶间洒下。这个 19 世纪难得的古物——在某种意义上也是个奇物——花费不多但能让很多人享用，它根本不是欧洲传统意义上的温室。传统意义上的温室是营造适宜的气候以保护来自外国或地中海的植物，满足植物学家和造园家们的科学探奇，同时也可能对特定的植物进行长期的培育。在奥多的图中，关注的焦点并不是温室里的植物，而是打造的环境，植物在其中创造了景观效果。

花园中的坐凳

乔治 - 路易斯·卢什的著作《新花园详解》出版后，从 1775 年到 1789

8-27

铁和玻璃为材料，运用巧妙的新技术进行试验。水晶宫的结构计算得非常精确，每个部件都可以在工厂里制作出来然后在场地上进行组装：换句话说，它是预制构造的第一例。当时的这幅图画明白地展示了施工技术以及墙壁和大型玻璃拱顶的完美衔接。前景中的大树证明这种建筑结构对植物是有利的；水晶宫是英国的骄傲，因为其中用到的大胆技术证明了英国是世界上领先的工业化国家：这样的建筑在别的国家或是用其他材料很可能是无法企及的。这一独创的技术保全了公园内的植物生命，让英国人很是自豪——当时只有在英国才有尊重植物的意识。水晶宫建成后，玻璃温室已经不受任何技术和尺寸的限制，建设标准也得以明确：覆盖玻璃的金属框架成了后来所有欧洲玻璃温室的范本。即使在低温月份，只要有足够的能量进行加温，这个封闭空间就可以促使植物的生长，哪怕是高大的异国树木，它们的生长也不会受到阻碍，因为室内模拟了它们原生地的环境。

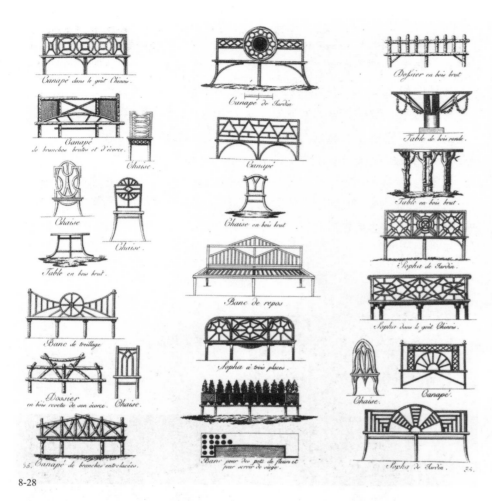

图 8-28 插图，出自《理念之书：致花园和英国式陈设爱好者、土地拥有者》，作者约翰·高弗莱德·格罗曼，共 60 期，1796 ~ 1806 年间出版。

图 8-29 邱园内的一条长椅，伦敦。

8-29

年间，自由刊物有关当代园林的期刊在整个欧洲流行起来。1796 年，德国建筑师兼莱比锡大学哲学教授约翰·高弗莱德·格罗曼（1763 ~ 1805 年），开始出版 *Ideenmagazin für Liebhaber von Gärten, englischen Anlagen und für Besitzer von Landgütern*（《理念之书：致花园和英国式陈设爱好者、土地拥有者》），分五册，共有 60 期，有德语版和法语版，最后一册于 1806 年出版。当时流行用浪漫主义形式表现新古典主义，该百科全书随即成为这一手法的样本。格罗曼的出版物在勒·卢什的著作出版几十年后问世，显然是为了让社会各阶层进行更广泛的消费。广阔的花园和昂贵的构造，这种模式与未来工业城市毫无关联，未来工业城市的特点是人们普遍住在郊区，只有小小的花园。有着典型实用主义精神的英国人和美国人出版了许多专题论文和指南，教导人们如何将小空间转变成怡人如画的花园，以及园主人如何做好园艺师。格罗曼的意图似乎正是如此：将市场大众化。他的读者们实际上对花园这一概念而非真实的花园更感兴趣，这种概念很容易通过拼凑简单的元素创造出来，比如配上比植物数量更多的装饰小品。这些简单的元素从象征角度来说意义特别重大。这个德国建筑师的图纸是一种"自己动手做"的配套说明：无论选择了哪些元素，或者无论用什么方法将它们组合在一起，结果都会是一个浪漫主义花园。这幅插画（图 8-28）展示了适用于浪漫主义花园的全部坐凳系列。作者用客观的态度邀请读者根据自己的品位来选择：任何一个当地的工匠都能造出这些东西，工匠的技艺并不重要，重要的是这些物品的象征意义（图 8-29）。

不同花园的不同结构

加布里埃尔·图安的著作《论各类花园的规划》（本书第七章介绍过），提出了一个既系统化又富于想象的命题。它根据真实的或可能的文化地理学将花园进行分类，并用平面图和文字说明进行举例。图安的著作里囊括了公共花园和私家花园的不同类型和模式，以及不同风格的交替，

图 8-30（a）～图 8-30（c）一闪即逝的异国情调。

有一种异域风情没有在后来引起复兴，那就是欧洲的伊斯兰式花园，这是西班牙从 18 世纪到收复失地运动期间的一个显著特征。尽管西班牙天主教君主费迪南和伊莎贝拉占领了塞维利亚和格拉纳达——穆斯林西班牙的伟大首都——并驱逐了伊斯兰教徒，但摩尔式的花园和建筑并没有消失。13、14 世纪建于格拉纳达的阿尔罕布拉宫是一座杰出的建筑，它的花园也美轮美奂。植物学家们进行了大量的研究，为这个古老的奇迹重新绘制了植物地图。美国作家华盛顿·欧文（1783～1859 年），曾是美国驻伦敦使馆里的秘书，他于 1829 年撰写的《攻克格拉纳达》和1832 年的《阿尔罕布拉》，重新唤起了人们对这些遗址考古的兴趣。花园位于以干热的夏天闻名的欧洲南部，它们的主要特色是水，这是花园最重要的滋养品，在摩尔人原先居住的家乡非洲北部，水享有同样的地位。在摩尔人的文化中，水是生命之源，他们清楚地知道水是多么珍贵，有了它，沙漠绿洲才会如此肥沃。无论在西西里岛还是西班牙，阿拉伯人都把他们的花园建在水的周围。这些图片描绘了这"非凡的液体"是如何通过渠道汇成细小、典雅的河流：水的多少无关紧要，但它的存在对花园意义重大。

8-30a

8-30b

8-30c

143

图 8-31 约翰·马丁的铜版画，描绘了由托马斯·丹尼尔设计的岩石水池和印度式桥梁（丹尼尔曾向汉弗莱·莱普顿咨询景观设计），在塞茨克特的花园里，位于格洛斯特郡莫顿因马什附近的科茨沃尔德丘陵，约 1817 年。

特别是中国和英国的风格。插图中供花园装饰之用的建筑物（图 8-33），看上去好像是原本就有的。书中图解的各种各样的花园模式为消费者提供了多种选择。建筑物也一样：它们像是集合了 100 年前出现的各种花园装饰类型与风格，还必不可少地带有别致的古玩和奇物：这一集合就是书中所提建筑类型的来源。在风景式花园里，建筑的数量较少，而且大多是古典式的（如果是纯粹的帕拉第奥式则更好），偶尔会有几例异域式的。当时的场景是特意呈图像式的而不是如画般的美丽：事实上，花园被打造成一系列的"图像"。相比之下，图安著作中的每一样东西都是特殊的，包括建筑结构：模拟废墟和中国风构造、新哥特式和新古典式构造、实用型和装饰型建筑、喷泉、供人在湖中游玩的轻舟。该图显示的基本理念就是将一切可用于花园的构造进行分类。在众多的可能性中，人们可以根据自己的品位进行选择。

花园的各种风格

1808 年，有着奥地利血统的法国建筑师和绘图员让－夏尔·克拉夫特（1764 ~ 1833 年）出版了一系列版画，名为《法国、英国、德国最美如画式花园及装点花园的中国式、埃及式、英国式、阿拉伯式、摩尔式等建筑、古迹、结构之绘图——致专业设计师及设计业余爱好者》。后来，克拉夫特将它们装订成册，并于 1809 年和 1810 年分两卷发售。克拉夫特于 19世纪初在巴黎已经出版了两册关于建筑和英国新式花园的著作，尽管乔治王统治下的英国和拿破仑执政的法国时不时互相进行商业封锁，但为了迎合人们对英国风景式花园——所有浪漫主义花园的灵感来源——日益增长的兴趣，他仍然冒险推出了这一新的出版项目。克拉夫特着眼于一个庞大的公众群体，包括专业人士和业余爱好者，他发行了三种语言的版本（法语、英语和德语）。该书对各种类型和模式进行了详尽的概述，包含了大概 200 幅带有文字说明的绘图，展示了 100 多年来欧洲花园的成就。虽然它只能作为参考书来阅读，但其真正目的是为了让人们在寻求美化花园的装饰性建筑时有更多的选择。不同的风格可以无限制地组合运用，它们的异域性就非常重要，克拉夫特把这点体现在自己的标题里，以吸引更多的读者。因此，克拉夫特故意在第一卷的卷首（图 8-32）显示了将不同风格的建筑和谐地融合在一座花园的各种可能，比如用新哥特式、中国式或摩尔式，类似的融合适用于任何一座花园。

图 8-32 卷首插图，出自让－夏尔·克拉夫特的《法、英、德国最美如画式花园》，1808 年起活页出版。

图 8-33　插图，出自加布里埃尔·图安的《论各类花园的规划》
（巴黎，1820 年）。

8-33

图 9-1、图 9-2　威廉·吉尔平对两个景致的对比，出自《随笔三则：
论如画之美、论如画之旅、论风景素描》，1792 年发表于伦敦。

9-1

9-3

9-2

9-4

图 9-3、图 9-4　奈特于 1794 年在伦敦发表的《风景：一首充满教诲的小诗》中的两幅插图，托马斯·赫恩所绘。

第九章

19世纪欧洲园林的美学、历史学以及植物学

美学争论

18 世纪后半期，英国产生了一个关于人与自然关系的美学争论——人与自然的关系是自然风景园的首要因素。这一争论的结果就是自然风景园的产生，或者说是被批评家认为不恰当理论的产物。有人说，自然风景园的根本目标并非创造自然景观，而是构建如画的美景。

和浪漫主义的美学理念一样，如画式园林以及如画式景观的理论依据是对奢华景观的赏析和反思。这一运动的发起人和主要参与者是三位年轻的知识分子：威廉·吉尔平（1724 ～ 1804 年）、尤维达尔·普赖斯（1747 ～ 1829 年）、理查·潘·奈特（1750 ～ 1824 年）。他们运用了造园师率先倡导的"之前和之后"对照法（详见第七章）撰写并发表了很多文章，探讨美学以及效果明显的项目。吉尔平于 1792 年发表的著作《随笔三则：论如画之美、论如画之旅、论风景素描》中有一幅插图，属于第一批指出自然景观和如画景观不同的插图，图中展示了自然景观的单调和如画景观的壮美（图 9-1、图 9-2）。图 9-1 中广袤自然景观里的柔软曲线和图 9-2 复杂粗犷环境中的鲜明形象形成了截然的对比，前者的花园显得局促，无法呈现美景，而后者则能引起人们强烈的情感；如果自然无法提供这样的环境，人们就应该创造这样的环境，前提是美学功底深厚。

托马斯·赫恩（1744 ～ 1806 年）的两幅版画（图 9-3、图 9-4）强有力地图解了奈特于 1794 年在伦敦发表的《风景：一首充满教诲的小诗》。该著作的第一版（图 9-3）旨在嘲弄可为布朗的自然主义手法，在当时的英国这一手法非常流行。第二版（图 9-4）则是一个建议也是宣告：在不久的将来，将会有一种经过艺术化设计但又自然的环境。如画和"风景"相呼应，该词从语义学角度来说和绘画的内涵有密切的关联。如画的理念深入人心，影响深远而持久。罗兰·巴特在 1957 发表的《神话学》中分析了大众旅游的手法，比如，他写道："蓝皮的旅游指南除了号称如画式风景的地方，几乎不知道还有什么景色。"[1]

18 世纪末，这场有关如画式花园的论争在英国产生。当时，它的主要针对对象——著名的可为布朗——已于 1783 年去世。不过，布朗的弟子汉弗莱·莱普顿（详见第七章）却成为这场纷争的中心。他运用了他导师的资料，创造了一个新的名词"风景造园师"。这位著名的老人已年届 70，成功而繁忙。他主动卷入了这场论争（后来变成了业内人士的争端），发表了一系列文章，包括献给客户的"红皮书"以及该书的手写笔记，以示他已完全领悟如画美学并在园林中付诸实践。当时，欧洲其他国家还在推行风景造园术第一阶段的过时美学理论，莱普顿写了热情洋溢的"致尤维达尔·普赖斯先生的信"，而普赖斯则回以"致汉弗莱·莱普顿先生的一封信"。赫恩用了很多对比图，充分展示了风景式园林和如画式园林的本质区别。

苏格兰风景造园师、建筑师约翰·克劳迪斯·路登（1783～1843年）推崇如画派倡导的新美学理论，在推进如画式园林发展的过程中起到了主导性作用，因为风景式园林其实并不自然。路登考虑到了环境对建筑构造的影响与融合，在实践中采用了折中但深刻的设计手法，比风景式更进了

9-5

9-6

9-7，9-8，9-9

一步，到了 19 世纪 30 年代，发展成为"花园式"。

花园式指懂得如何在一个大型庄园或是小型花园里将开花植物排列成有图案的植物边界或者规则式花坛——可能是运用莱普顿的设计手法，其全集作品路登已经出版了。这是一种持续而广泛的折中法，不仅仅需要常识而且还要依靠造园者的技术和经验：换言之，花园式是一种风格，旨在充分发挥造园者的能力，无论何种能力。这两幅图（图9-5、图9-6）运用了"之前和之后"对照法，预言了新流派的产生。它们出自路登于 1806 年发表于伦敦的著作《论构造、改进及经营乡间住所……从而将建筑的精美与如画的效果结合起来》，表达了花园式的主要元素，尽管当时路登还没有系统地用文字阐述。图中清晰地展示了建筑的精美和花园式效果的结合：一个名为巴恩拜罗（现名巴恩卜洛克）的大宅子，位于苏格兰威格敦郡，原来的背景设计有着布朗的风格或者莱普顿早期的风格，现在从建筑和景观上都有了重大的转变。两幅图充分表达了激发风景式和如画式园林如火如荼论争的理念，显然，这一论争已不仅仅局限于园林界而是扩展到每一个艺术领域。图中的形象旨在强调两种不同的风格：第一幅图中所有元素都是自然而普通的，而在第二幅图中一切都不同寻常、充满诗情画意，当然第二幅图也就让人印象深刻。

像"自然的"、"如画式"、"花园式"、"花园式种植"、"不规则式"等词汇都是合成或者新造出来的，用来定义折中主义者路登的理论和实践。这三幅插图（图9-7 ~ 图9-9）同样出自《论构造、改进及经营乡间住所……》——一本包罗万象的造园师须知。在书中，路登用教诲的方式将风景式园林和如画式园林进行了对比。图中展示了可为布朗风景式园林以及莱普顿早期设计作品中典型的蛇行式向吉尔平、普赖斯和奈特倡导的如画式园林中"不规则式"的转变，这和当时健在的莱普顿的理念截然不同。最上面的图是写实的，图 9-7 中有一条河流蜿蜒在低矮的群山中，山上有草坪、树林，间或还有零散的树木。中间的图（图 9-8）巧妙地将不同的分层叠加，用独特的方式展示了景观的现状和未来。最下面的图（图 9-9）代表了从同一个视角看到的全新景致，展示了上图中静态的宁静如何能达到动中有静的感觉，和新品位的要求一致。"之前和之后"对照法的教育意义在此得到了最好的体现，清楚地解释了表现自然的两种美学理念之间的不同。有人认为自然景观或者人造自然景观的功能是刺激感官，这些人无法否认，在这三幅图中由如画式景观引起的情感比风景式景观引发的情感更为强烈。如果能将情感量化并且作为评判标准的话，那么如画式会轻而易举地胜出。

爱德华·弗朗索瓦·安德烈（1840 ~ 1911 年）是 19 世纪晚期法国园艺家、风景园林师，在上述论争缘起、发展乃至结束的过程中，他一直致力于批评英国 18 世纪风景式园林早期作品中所谓自然主义的幼稚。1879年他在巴黎发表著作《园林艺术：庄园与花园布局概论》，在书中他和可为布朗进行了激烈的争辩，让人以为布朗当时还活着。

图 9-5 ～ 图 9-9 约翰·克劳迪斯·路登《论构造、改进及经营乡间住所……从而将建筑的精美与如画的效果结合起来》（路登，1806 年）一文中的 5 幅插图，展示了风景式造园和如画式造园之间的联系。

很久以后，两幅充满教诲的插图（图 9-10、图 9-11）重新激发了和风景式园林鼻祖之间的论争。插图采用了 100 多年前在类似争论中的同样论据，说明了风景式园林并非真正自然。安德烈将第一幅图中的景观界定为人造的，因为该人工建造的场景不够自然：在人力作用下，树木长得太直；用于啃草的奶牛将低矮处的树叶吃掉了，所以树叶只出现在高于它们头顶的地方；地面上没有任何灌木。在第二幅图中同样的景致就被改造成自然的了：树木不再笔直，因为在大自然中它们就是这样；树叶分布就和在自然中一样毫无规律；地上灌木丛生，就和自然中一样；奶牛不见了，取而代之的是几头鹿，它们不仅更优雅而且也不会用非自然的方式改变周围的植被。这两幅图体现了论争的技术和文化层面，好像在说要创造自然的园林，人们必须使用自然的素材。

历史的艺术性运用

19 世纪的城市里有着各种不同的建筑风格，不过占主导地位的建筑风格本身并不是折中式的，包括每一种风格中最好的建筑，从而达到抽象意义上的完美。同理，园林设计师也很快摒弃了同时采用多种风格的做法，转而尝试将不同园林风格的历史发展作为基本原则加以运用。这很大程度上和欧洲历史相对论在浪漫主义后期所作的实践相一致，但和文化领域的思想内容截然相反，和经过了两个世纪的实验探索以及理论、美学方面研究而得出的技巧内容也不一致。不过历史分类——由于各种不断的复兴——仍然吸引着园林设计师。

图 9-10、图 9-11　爱德华·弗朗索瓦·安德烈所作的争辩性对比图，出自《园林艺术：庄园与花园布局概论》（巴黎，1879 年）。

图 9-12、图 9-13　古斯塔夫·迈耶假想的古希腊、古罗马花园布局，作于 1860 年。

9-10

9-11

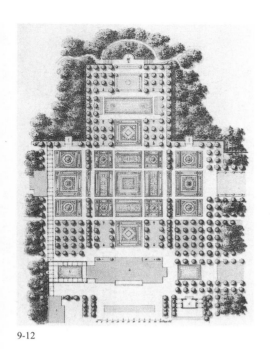

9-12

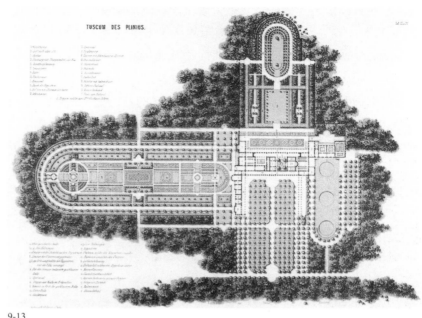

9-13

这一现象体现在德国园林设计师古斯塔夫·迈耶（1816～1877年）所绘的一系列图中。迈耶的图中有可靠的史料和不同风格的模型，引起了业内人士和业余爱好者的关注。他近似荒唐地建议应该重新使用这些模型，不过他最终的目的是为了炫耀自己渊博的学识。他的著作《打造美丽花园指南》（*Lehrbuch der schönen Gartenkunst*）（1859～1860年）开篇是阿拉伯花园的建造，接着是其他——或真实或他根据自己理解——历史上的例子，包括图中所示的四个复制品。最后是作者本人设计的小型风景式花园样品，看着好像之前历史上的例子只是为了提供批注似的。图9-12、图9-13是迈耶假想的古希腊、古罗马花园布局，后者呈现得好像是18、19世纪文学描述的图解集合。可以看出，迈耶对历史上花园的兴趣基本上集中在它们的形式上。

18世纪时，人们看待来自其他文明和其他时代的模式——尤其是来自中国的——其实反映了风景式园林倡导的新美学所需要的异域和历史层面的支持，而和知识层面完全无关。历史相对论认为历史是一本书，可以根据当代的品位对历史进行复原。另外两幅迈耶所绘的图（图9-14、图9-15）比前两幅更具有浪漫主义的风格。它们所代表的美学理念——分别是哥特式和中国式——滋养了浪漫主义的多种形式，尤其是和花园有关的。哥特式模型（图9-14）显然是一种不切实际的复原；那么这意味着什么呢？首先这反映了作者驾驭哥特式和其他风格的能力，这一能力是通过新哥特式装饰和结构中的典型线条展示出来的，而不是花园的规模和尺度，在那寥寥几幅历史上的图画和微型图中也没有提及花园的大小。哥特式风格的显著特征通常都表现在装饰设计的效果上，在图9-14中以花坛和花园中央极不可能的对称作为其特征。北京紫禁城的花园（图 9-15）和小普林尼庄园（图 9-12）一样，都不是以古代花园的例子来呈现，而是对早期刊物的衍生进行记录。图中大量使用了弯曲而相互连接的走道，并且强调花坛和树丛（偶尔有几株散落的树木）之间的关联，这反映了欧洲长期以来利用中国文化来提升风景式园林地位的现象。这样的花园是 18 世纪晚期任何一位勤奋的英国风景造园新手都能想出来的。

历史相对论在 19 世纪后半期融入欧洲文化和实践，以考古的精神回顾历史，而缺乏 18 和 19 世纪早期复古主义的敏锐。人类浩瀚的历史中有无数的典范，只要人们负责任地加以运用，就可以根据个人的品位进行借鉴。那么园林中为什么不可以呢？这是对如画式园林美学中的夸张手法进行的回应。

约翰·克劳迪斯·路登的作品和理论预见了 19 世纪园林向规则式的回归，他复杂而详尽的阐述包含了花园式的理念（如上所述）。不过他并没有给出对过去园林进行艺术性复原的范本。威廉·安德鲁斯·纳斯菲尔德（约 1793 ~ 1881 年）于 1849 年准备好设计图用以完成伦敦白金汉宫花园

图 9-14、图 9-15　古斯塔夫·迈耶假想的哥特式花园和北京紫禁城的花园，作于 1860 年。

9-14

9-15

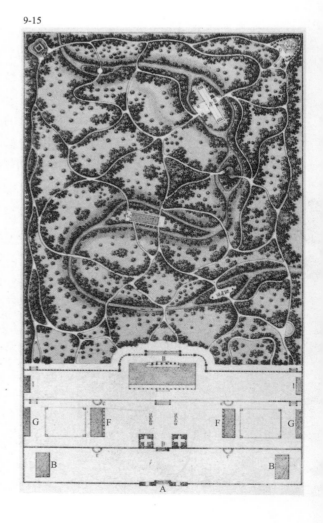

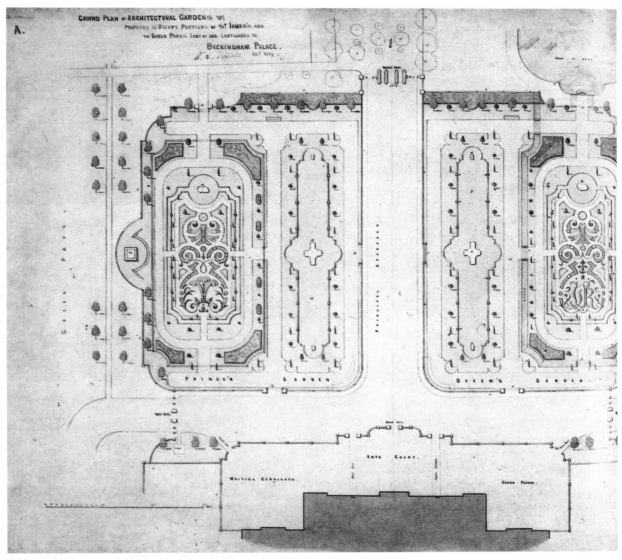

9-16

图 9-16　威廉·安德鲁斯·纳斯菲尔德于 1849 年准备好的设计图，用以完成伦敦白金汉宫花园的建造。

（图 9-16）的建造。这是一个将历史相对论和艺术性折中主义运用于花园设计的绝好例子。该设计沿用（并贯穿始终）的是 18 世纪德扎利埃·达让维尔著作中的风格，这一风格在当时的英国被人遗忘已久。整个设计包括其呈现方式——一个树木从正面角度绘制的几何平规——看上去都借鉴自古老的书籍。设计让人回想起花卉被排除在园林之外的时代，尽管它们在纳斯菲尔德时期又成为园林的要素。精美的小石子搭建成立体花坛，用以取代花卉明快的色彩。花坛的存在只是为了让人惊鸿一瞥，而不是为了植物的生长，因为人们对植物毫无兴趣。在维多利亚繁盛时期，这样的设计理念让人堪忧。路登专门撰写了一本书探讨乡村花园的建造，他提出的花园式意味着每个人都有可能拥有花园，无论他的房产有多大，只要有花园有景观即可，这就打破了花园必须和周围景观相融合的陈规旧条。当然，纳斯菲尔德设计中的回归规则式并非适用于普通人家的小花园。

153

在 19 世纪后期和 20 世纪早期，法国园林设计师亨利·迪歇纳（1841～1902 年）和其子阿基利（1866～1947 年）系统分析了欧洲和其他地方的园林。他们的目标是在符合历史文化的前提下促进历史上园林的复原、设计并建造风格主义的花园。他们的复原概念含义广泛，包括对过去的真情实感。

欧洲有一阵子利用各个历史时期的园林作品来为当时的园林作品辩解，阿基利·迪歇纳（详见第十三章）就成名于那个时候。尽管他的根基在法国，但他在欧洲几乎每一个国家包括英国都有设计项目。建于 20 世纪 20 年代布莱尼姆宫的水台地就是他的作品之一（图 9-20）。在这个作品中，他显然没有打算复原或者部分复原一个已有的花园，也没打算重建一个风格主义的花园，他的设计反映了某个历史时期的品位。在当时文化氛围里工作的人们认为设计师应该有能力掌握一个时代的精神，而不是重建历史上的园子，时代精神的重塑是不拘形式的，并且比建立在史料基础上的项目更能反映历史。这些具有异域特征的花园本身就是欧洲园林史的一部分，尽管从理论上说它们似乎有点另类。不过，杰弗里·杰里科为德州加尔维斯敦穆迪历史公园设计的项目——目前为止未能建成（详见第一章）——以及昆兰·特里设计的当代花园建筑中英国 18 世纪优雅风格的回归，这些好像和迪歇纳的作品无关。但无论如何，迪歇纳的作品和当今风格主义的复兴已将复原历史上的花园这一问题摆在了人们的面前。这些花园的植物构造是生物性的，可进行生物降解，花园复原和保护需要大量的理论和实践研究。

好战型和科学型归类

1820 年，加布里埃尔·图安在《论各类花园的规划》（第七、八章中有所涵盖）中列了一个类似 18 世纪百科全书中的概要表，那些百科全书的意图是重建并完善知识体系。图安通过构建和百科全书中归类法相似的体系并运用于园林中，旨在整顿宇宙秩序同时又揭示各部分的相互关联；而且这一体系将会创建一个新的学科来更好地理解世界。有关现代园林的第一批理论著作包括了各种归类：比如赫希菲尔德在长篇巨著《园林艺术理论》（详见第七章）中一章一章地用文字列出每一种他能想到的形式，而不是简明扼要地一带而过。图安的归类法并非科学性的，而是像战争宣言似的：他宣称他所探讨的每一个方面都属于新美学的范畴。他的概要表只是一个行动大纲，算不上知识体系。赫希菲尔德所列的内容涵盖了他认为自己在当时能实现的形式，反映了一种景观文化的多种元素：他书中提及的多种园林设计方案就是很好的例子。这样的归类体系提升了娱乐花园的地位，尽管它是最后出现的园林形式，但它和其他三种园林一样，种类繁多，那三种园林都属于植物园。对赫希菲尔德而言，城市公共园林能够也只能是对称式的——事实上，这位德国理论家对公共园林里的笔直行道

9-17

图 9-17　巴伐利亚的路德维希二世：冬之园，抒发浪漫主义情怀的绝佳场所。

在众多 19 世纪的欧洲君主中，巴伐利亚的路德维希二世（1845～1886 年）可能是对建筑最感兴趣的一位。他认为建筑是一个理想的场所，让英雄般的风云生活永久地融合在充满神话和历史事件的梦幻中。他位于新天鹅堡的住所是新哥特式的，充满了感伤主义的情怀。不过他对理查德·瓦格纳和《尼伯龙根之歌》的崇拜之情促使他改变了原先的想法：为了营造适合瓦格纳歌剧的氛围，整座城堡的装修充满了晚古时期的风格。他的其他住所以及相连的花园有 17 世纪凡尔赛宫式的（海伦基姆湖宫）和极其复杂的法国洛可可式（林德霍夫宫）。摄于 1870 年的这张照片里的大型冬之园或温室是国王在慕尼黑居所之梦的一部分。这个花园充满了浪漫主义的情怀，一直都是非常重要的范式，而浪漫主义情怀则是情感丰富的人生必不可少的。繁茂的草地周围种满了来自异域的树木、灌木和矮树丛，草坪缓缓延伸到一个小池子，里面有天鹅——瓦格纳风格的象征——在悠然地游着。在温室外部未装置玻璃的部分，国王命人画上了写实的透视景观，在它前面有一个小型的摩尔式凉亭、一个印度式皇家帐篷和一个非洲稻草屋。在这样的冬之园里，人们很少会或者根本不会注意植物：这个巨大的空间就好像是一个大厅，和欧洲中部的寒冬相比，这里非常温暖并且种满了奇花异草，有的花草四季长盛。住在这里，生活将会充满激情，而不会感到枯燥乏味。不过在有的方面，温室的确致力于植物的生长和保护，并且配上了美丽的风景，无论专业的还是业余的造园师都会喜欢这样的景致并且进行深思。于是冬之园实现了它原本的角色：培育植物之所。

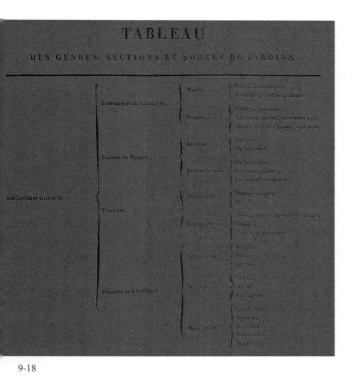

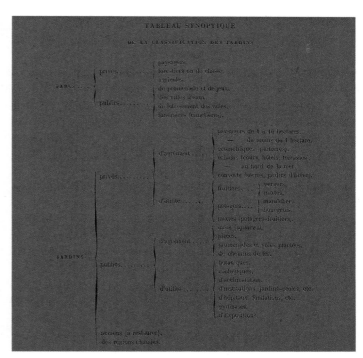

9-18

9-19

图 9-18　加布里埃尔·图安的概要表，出自其1820 年发表的论文中。

图 9-19　爱德华·弗朗索瓦·安德烈对园林形式的归类图，出自其 1879 年发表的论文中。

图 9-20　布莱尼姆宫的水台地，阿基利·迪歇纳于 20 世纪 20 年代设计。

9-20

赞不绝口——不过其他形式的园林则必须是自然式的。相反，图安的归类涵盖的不仅仅是某种形式的园林——比如，英国式风景园和中国式以及奇幻式园林的对比，他指出两者虽然都不是规则式园林，但它们都属于同一风格——而且还包括自然式园林。令人好奇的是，图安给了一个特例——宫殿可以拥有对称式的花园——这是任何一个真正的风景造园师绝对不可能赞成的。他并非想搞折中，而是强烈地希望和时代保持一致，这是一位在凡尔赛宫规则式园林中工作多年的老者率直的想法，晚年的他在思想上产生了叛逆。

另一个根据科学归类法所作的概要表将所有可能的园林形式进行了列举，它以实证主义的精神出现在安德烈于 1879 年发表的《园林艺术》（图9-19）中。这充分表达了人们在一个历史时期想要将所有事物系统化的愿望，那时，要归类的事物——园林——其身份正处于未知以及争议之中。不过折中主义者和文化艺术历史相对论倡导者皆认为，有了实证主义，上述一切都将成为可能。对今人而言，像图安和赫希菲尔德这样的分类完全是陌生的：也许没有哪位现代风景园林师会使用任何那个时代所谓必不可少的术语。不过另一方面，安德烈的论文给我们一种熟悉感：它有着结构合理的历史参考书、精心组织的细节、对研究的热爱、对每一个问题详尽的分析和描述、应对问题的方案、理论要素以及技术上的探讨。我们就算不赞成它隐含的园林理念，仍然可以发现并使用其中非常有趣的素材。概要表源于英国文艺复兴后期的园林模式，尤其是花果园，其特征是既有乐趣又有收益，图表中列举了多种私人和实用的花园，这毫无疑问对 19 世纪末有着小型或中型房产的农业法国而言是个新鲜事物。在那个时候的法国，有关农民和园艺师年鉴的书籍比以往任何时候都要多。安德烈其他那些迎合当时口味的归类就毫无新意，在任何有关园林设计艺术方面的论文中都能找到。一个日渐普遍的做法是：这里再次提到了对历史上园林复原的必要性：这一主题被认为是独立的类别，和基本的宏观归类区别开来，和来自热带的不同寻常的园林种类一样，有其突出的地位。

植物的含义

如前所述，路登在 19 世纪初欧洲园林发展史上起了关键性作用。他在以下几方面都做出了重大贡献：文化领域的论争、实践和研究，信息的传播以及何为开明的现代园艺师文化问题争论。他有着很强的探索才能和出众的交流能力，是当时文化领域一位真正的改革家。他的众多专著和期刊充分说明了这一点：他一生出版了 40 多本书、主编 4 本杂志（1803 ～ 1843 年他去世期间），还有大量为其他期刊撰写的文章和未发表的著作。1838 年，他在伦敦发表一部长达八卷的巨著，名为 *Arboretum et Fruticetum Britannicum*，又名《论英国树木和灌丛：本土和外来的、耐寒和半耐寒的、从植物学和绘画方面描述、科学性和大众性点评；在实用性和装饰性农场以及风景造园中的繁殖、文化、管理和艺术性运用；在此之前首先介绍世界温带气候下的历史和地理纲要》（图 9-21）。该题目表明，植物和园林艺术之间的关系的确不简单，排斥了邱园几百年经验得出的依赖层次论。本书虽然出自植物学并且服务植物学，但它的目的并不是传统意义上的科普，而是作为园艺师的工具书，从而使他们更加熟悉园艺工作的各个方面。书中提供了大量可行的例子，让园艺师在最恰当的技术信息的帮助下根据实际和美学需求进行选择。该书属于第一批英国长期以来积累的有关树木学知识的百科全书，其目的是美学方面而不是生产性的。这是一个令人震惊的成就，尤其是和那些概要表相比，它们的产生时间大致相同，都是 19 世纪（图 9-18、图 9-19）。有了这本书，无论从认知论还是科学论的角度来说，人人都可以从众多的实例中找到适合自己的。

安东·科纳·冯·马里劳恩（1831 ～ 1898 年）是一位奥地利植物学家，茵斯布鲁克大学（从 1860 年开始）和维也纳大学的教授（从 1878 年开始），也曾是维也纳植物园园长。他于 1887 和 1891 年在维也纳发表的两卷本专著 *Das Pflanzenleben* 使他名扬海内外。该著作被翻译成其他语言——包括英语，名为《植物形态、生长、繁殖以及分布之自然史》（1895 ～ 1896 年）——它成为人人适用的主要参考书，代表了当时植物艺术研究的水平。在那个信奉实证主义的时代，科研专著比大众型指南更受人欢迎，人们认为科学的最新意义在于能够回答和解决所有问题，这样的想法也许过于乐观了。科纳·冯·马里劳恩的权威性和大众的广泛关注度使他的理论和研究成果大获成功。例如，他专著中的插图（图 9-22）描绘了一棵和

9-21

9-22

环境融为一体的橡树。在路登为园艺师所写的八卷巨著中，树木被看作景观设计的组成部分，并且服务于人为的环境和景致。将树木放在自然环境中进行描绘是具有重大意义的，因为这提出了一个生态论点：若要研究植物，必须分析植物的自然环境。

因此，值得一提的是美国外交家、学者乔治·珀金斯·马什，他有着全球性的视野（至今仍有借鉴意义），是植物生态研究的先驱。1864年他在纽约发表著作《人类和自然》（又名《人类改造下的自然地理》）。1860年他作为美国大使被派往都灵进驻新成立的意大利王国，在那里，他撰写了部分内容。该书在伦敦和佛罗伦萨也均有出版，在国际科学领域引起了不小的震动。生态学的出现促使植物学家和造园师进行新的思考并最终影响了欧洲和世界其他地区的园林；与此同时，人类学和文化发展也已成熟，可以建造大型自然公园。

18世纪一艘名为邦蒂号的轮船在船长威廉·布莱的指挥下由英国开往塔希提岛并从那儿将面包果树运往西印度群岛，船尾的平面和剖面图为它的壮举提供了无数的解释，让我们印象深刻，也激发了不少小说和电影的产生。在人类改造地球的过程中，植物的运输是植物史上重要的一环，也使得人类能够利用植物构造充满异域风情的美丽花园。

欧洲国家几百年来都是从中东和远东运输植物到它们的农庄和花园，但自从人类发现美洲、勘探了广阔的印度和太平洋之后，各种科学考察队、形形色色的探险队、各类冒险家和植物猎人在海上和陆地的活动就大量开始了。其中就有邦蒂号的航行，1789年，它在塔希提岛停留了5个月后，用837个花盆、盒子和管子装着1000多株面包果树和其他一些当地植物驶向牙买加。邦蒂号没能到达目的地，不过牙买加仍然是那一时期植物运

图 9-21 美国三叶杨图片，出自约翰·克劳迪斯·路登八卷巨著《论英国树木和灌丛》中的第7卷（伦敦，1838年）。

图 9-22 安东·科纳·冯·马里劳恩的两卷本专著 Das Pflanzenleben（《植物自然史》）（维也纳，1887～1891年）中描绘的一棵处于自然环境中的树。

图 9-23 18世纪邦蒂号船尾的平面和剖面图，示意了载有面包果树花盆的摆放方式。

9-23

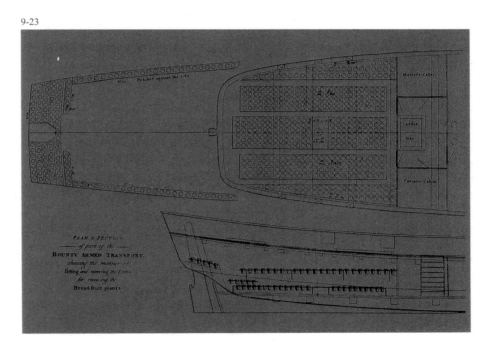

输的标志，植物从太平洋运往大西洋，而牙买加和其他加勒比岛屿都被开发为专门的大农场，培育非本土植物以便运到欧洲使用。于是，对植物的科学探究、解决欧洲过多人口带来的粮食问题、为欧洲园林增添异域风情的想法使得欧洲从 16 世纪早期就开始大肆进行植物运输。

9-24

图 9-24　沃德箱的一种

1829 年前后，一名伦敦的医生、植物学家和业余发明家纳撒尼尔·巴格肖·沃德，设计了一个容器或者说玻璃容器——为纪念他而被命名为沃德箱——用来长途运送植物（图 9-24）。人们对于植物运输非常热衷，《园艺师》杂志甚至在 1833 年专门发表文章祝贺一艘商船船长成功地将 8 株杜鹃花（总共 29 株，运输过程中存活 8 株）从广州运到伦敦。路登在研究了这些植物运输成果后，统计得出，不列颠群岛在 19 世纪初培育了 13140 种植物，其中本土的仅为 1400 种。植物学家和医学家运用沃德发明的"便携式温室"来扩大植物收集，进行各种新实验以及尝试不同的培育方法。沃德箱既保留了传统又不失新奇的特色，马上就在维多利亚时代的英国流行起来，人们普遍认为它大大促进了园林中异域风味的形成。无论从实践还是理论角度说，它都是一种传统温室和新型家庭装饰的结合。一般来说，小型沃德箱是放在桌上的，但在很多情况下，沃德箱模仿新哥特式教堂的样子做成小型玻璃箱，安装在家具上。在 1851 年大博览会期间，伦敦的每一间客厅都摆有一个水晶宫造型的沃德箱，不久以后，全国都开始风靡。水晶宫是一个巨大的玻璃和钢铁混搭而成的建筑，博览会就在其里面展开，因此，水晶宫就成为博览会的象征。这是沃德箱成功向大众产品进军的第一步。姑且不论其令人质疑的品位，起码这些玻璃容器把蕨类和苔藓带入了千家万户，而不仅仅是插瓶花和小盆栽植物，这是一大进步。

中产阶级园林

随着工业化和现代城市化的发展，19 世纪的城市不断向郊区扩展。这里的空间并不大，不符合风景式造园的要求。因此，中产阶级接着是工人阶级所能拥有的小型郊区花园就倾向于采用如画式风格。路登在 1838 年于伦敦发表著作《郊区园艺师和别墅造园指南》，书中提到了小型园林。图 9-25 就是其中的一幅插图，图中有一座位于较小房子边上的园子，园外有一排树遮挡住了相邻的房子。园里有一些大小合适的装饰小品和盆栽植物。草坪周围满是小树、灌木、开花矮树丛和支撑爬藤植物的小拱门。这不是私人娱乐的场所，而是家庭生活的缩影，父母可以带着孩子在园子里劳作或者玩耍。园林的大小反映了主人的财政状况和社会地位，象征着一种回归，这种形式的园林显然是封闭式园林的一种，只不过它比中世纪的封闭式园林更小、更私密。这样的园子吸取了封闭式园林的特点，再次兴起并且强调人类和植物的关系——尤其是开花植物——结果就是所有强调人类和植物关系的园子都变成了开满鲜花的园子。

图 9-25　一个中产阶级家庭的园子，插图出自
路登的著作《郊区园艺师和别墅造园指南》（伦
敦，1838 年）。

9-25

图 9-26　微观植物美学

　　邦维新·德·拉·里瓦（约 1240～约 1313 年），
13 世纪末米兰宗教组织"素衣会"的外围成员，
因在 1288 年编撰了 *De magnalibus Mediolani*
（《米兰奇观》）而声名大振。该书是第一本中世
纪时期对城市所作的统计报告，不同于以往对城
市夸张空想式的 *laudes civitatis*（赞美）。接着，
他提出一种以伦理道德为基础的隐喻式新美学理
论并撰写了 *Disputatio rosae cum viola*（《玫瑰
与紫罗兰之争》），文中他赞成的是并不娇艳的紫
罗兰。文章揭示的是两种花卉所代表的环境背景，
也反映了作者的厌女症倾向。有趣的是他的选择
是摇摆不定的，他不喜欢普通、大众化的花卉，
它生长在阴沟边，无需费钱费神地培育就能供人
观赏，但常识告诉他这样的花卉比玫瑰更实用。
杂草美学从未有过理论支撑，尽管 18 世纪末每
一种野外花园开始时都是如画式的，但后来就充
斥着大量的杂草。这两幅美丽的图画出自 19 世
纪时爱德华·弗朗索瓦·安德烈撰写的关于造园
艺术的著作中。作者认为杂草种类繁多，有一些
植物爱好者对它们的喜好不亚于兰花。求证主义
对所有事物包括小型植物的兴趣——比如沃德箱
中的小型蕨类以及任何可以放置于放大镜和显微
镜下观察的小植物——使得园林美学理论再次产
生了认识论方面的革新，尽管很多可能性还未得
到实现。

9-26a　　　　　　　　　　　　　　　　　　9-26b

9-27a

图 9-27　作为自我呈现形式的花园。

业主们利用多种方式来使用他们的花园。他们有的按照英国式造园的传统自己打理花园，有的将花园交给专业园艺师打理而他们则在一旁欣赏、学习。花园可以是待客和娱乐的场所，也可以是独行和沉思的去处。对有能力拥有花园的人而言，它是家庭生活的一部分。意大利文艺评论家、英国文学研究家马里奥·普拉茨（1896～1982 年）研究了名为纪念照的一类特别的集体肖像，那是民间仿照教会座谈进行的活动，这种肖像画是典型的意大利文艺复兴时期的风格。集体肖像起源于英国，旨在记录——尤其在 18、19 世纪——家庭生活以及成员之间的情感。很显然，这些都是上流人士的家庭肖像画，画像中总是有反映人物社会地位的标志包括花园，因为花园本身也是一种展现社会等级的形式。不过，花园在画中不仅仅只有外观，其真实的景致也经常出现，而且还被赋予了人的特性，好像它是一个重要的家庭成员。

　　这幅画（图 9-27a）不是让－弗朗索瓦·加尔内拉（1755～1837 年）就是他的儿子奥古斯特·加尔内拉（1785～1824 年）所作，画的是西西里王国王储后来的弗朗西斯科一世（1777-1830 年；1825 年继位）和家人。画中的背景一边是那不勒斯海湾和维苏威火山，另一边是矗立在陡峭海角上的一幢植物覆盖的别墅。简单但有象征意义的花园一角代表了它的内在结构和周围景观的联系，而我们也能想象得出花园的内部环境。连接花园内外的是——类似舞台拱门的结构——古典主义风格的凉廊，平顶的棚架上面长着很多葡萄藤。画像左侧的龙舌兰代表着对异域植物的喜爱（龙舌兰产自北美），是场景的主要特色之一；在另外一侧则是几乎同一颜色的开花植物。颜色鲜亮的花朵被制成雅致的花环，有几位家庭成员就戴着这样的花环，还有几个花环套在了附近的几座古典胸像雕塑上。

　　图 9-27b 刻画的是奥地利外交顾问西奥多·约瑟夫·瑞特·冯·诺伊豪斯（1770～1855 年）和他的妻儿，由费迪南·乔治·瓦尔德缪勒（1793～1865 年）于 1827 年所作，时值奥地利帝国复辟。该画现存于慕尼黑美术馆。画中的四个人服饰华丽，让人觉得这个贵族家庭盛装打扮，就是为了让人永远记住他们。花园的描绘比较细致，它没有经过刻意装点，以日常形象出现就已足够。画像的一个基本要素是住宅和花园之间的联系：花园地势较高，并且向外延伸，和园主人身后的景致融为一体，上方有一个大平台，可以眺望远景。这个"观景台"以石头铺砌，墙面和坐凳上都装饰着新古典主义风格的浅浮雕，上面有独立式雕塑。平台的栏杆上还能看到很多雕塑——女主人身后——引向一座古典主义风格的半圆顶形神殿：从那显露出的一角可以看出神殿是圆弧形的，其入口是科林斯式门廊。因此，这个花园显然成了造价不菲、富含深厚文化底蕴的作品，号称"艺术王后"的建筑艺术在其中占据了最重要的地位，代表了画中家庭物质和精神的双重富有。画中人物是刻意排列的，形成不同的高度，而花园的特殊气质也和其中的建筑一样，显得与众不同。前景中繁花似锦，小男孩采摘了一些并呈给他母亲。他们身后，一大株开花植物花团锦簇，中间的地方有一棵大树，修剪成复杂而不规则的形状，充满了野趣，大树后面是一片小树林。外交顾问仿佛在说：看，这就是我们一家，还有我们的花园和摆设。

9-27b

161

10-1

10-2

第十章

重新发现花卉，营建野趣园林

重新发现花卉

几百年来，花卉被排斥在欧洲园林之外，这实在荒唐至极。在法国规则式园林和风景式园林时期，人们倾向于构建人为的景观，在此过程中，色彩和形式的不断变化可能会影响景观中或刚或柔的线条，而这些线条应该是一成不变的。不过，在新兴的如画式美学看来，花卉是必不可少的，它们代表一种复杂而不驯的存在，随着季节而变化，展示着植物世界的韵律。在这样的理论支撑下，花卉在各种园林中强势回归，花坛成为园林中不可或缺的部分。这种花坛非常复杂，让人不禁怀疑规则式园林改头换面东山再起了。正是威廉·罗宾逊（1838～1925年）向公众展示了如何欣赏花卉的美丽，而不去在乎它是种在花盆还是花坛里。本章后面部分将会探讨他所作的重大贡献。

图 10-1 的水彩画描绘了一座花园，由风景造园师汉弗莱·莱普顿所作，他曾经在设计中极力避免花卉的出现，也是和如画式园林倡导者激辩的主要人物（见第七、九章）。他用该图向世人展示他是最有能力让花卉回归园林的人。图中是赫特福德郡阿什里奇庄园里的玫瑰园，建于 19 世纪早期。整个园子呈圆弧形，由一系列的拱门合围而成，玫瑰沿着拱门攀缘而上。从亭子这里可以看到很多玫瑰，而亭子上攀爬着更多的玫瑰。园子中央有一口喷泉，周围的花坛呈花瓣状展开，里面种满了玫瑰。这一切和以往欧洲玫瑰园的布局截然不同，以前的玫瑰园要么用树墙合围而成要么就是任由玫瑰疯长为大丛灌木，因为老的玫瑰枝繁叶茂之时，新的玫瑰又蓬勃而出了。

美国作家格特鲁德·斯泰因曾充满诗意地强调"玫瑰就是玫瑰就是玫瑰"，这句话无人可以反驳。图 10-2 ～图 10-4 中是 4 幅著名的玫瑰插图，总共有 170 幅玫瑰的水彩画，当时采用的是彩色点画技术，由荷兰裔法籍艺术家皮埃尔 - 约瑟夫·雷杜德（1759～1840 年，人称"花之拉斐尔"）所绘。他所著《玫瑰》中的绘图在世界各国以花卉为主题的装饰中一直风靡，人们用各种方法使用那些玫瑰造型。雷杜德受到约瑟芬妮·波拿巴（《玫瑰》的题献者之一）的大力赞助，他的灵感来自约瑟芬妮皇后在巴黎附近的乡村别墅马勒梅松城堡中美轮美奂的玫瑰园（说来也怪，当时拿破仑统治下的法国正遭受封锁，而英国人竟然因为同情法国皇后对园林的痴迷让玫瑰得以运往法国）。雷杜德从 1798 年开始为约瑟芬妮工作，正是这份工作让他功成名就。他在技术上的成就在于将如画派新浪漫主义的程式化和雅致

图 10-1　赫特福德郡阿什里奇庄园内的玫瑰园，19 世纪早期由汉弗莱·莱普顿设计而成。
图 10-2　皮埃尔 - 约瑟夫·雷杜德所绘之玫瑰，1817～1824 年间采用彩色点画技术绘制而成。

图 10-3、图 10-4 *Iris germanica*（德国鸢尾）和唐菖蒲，两幅水
彩画，出自皮埃尔 – 约瑟夫·雷杜德的《百合科花卉》——涵盖了
486 种植物的不朽巨著，1802 ～ 1816 年间出版。

10-3

P. J. Redouté

10-4

10-5a

10-5b

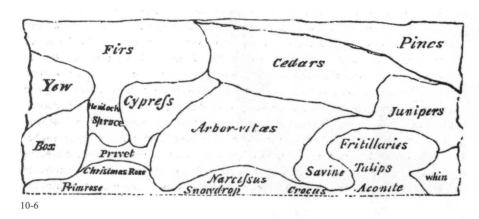

10-6

性结合到对植物的准确展示中。雷杜德是最后一位作品被收录于《王者之书》（法国著名的植物画册集）的大师。

从众多的专著中可以看出造园师对玫瑰有着强烈的热爱：比如在法国有一本专门探讨玫瑰的杂志名为《玫瑰期刊》，1877～1914年间均有发行。在众多出版过有关玫瑰书籍的著名造园师中，有一位名叫艾伦·安妮·威尔莫特（1858～1934年）的伟大人物，她从1910到1914年间，分册出版了《蔷薇属之各植物》，阿尔弗雷德·威廉·帕森斯（1847～1920年）为这一杰作绘制了插图。这是造园领域对植物学领域的明显干涉，再一次对业余爱好者表现出了不公平的敌意。玫瑰自古以来就被称为魅力之花，现在又被赋予了无数象征含义：安妮娅·威尔金斯在《玫瑰园游戏：欧洲祷告念珠的象征性背景》（伦敦，1969年）一书中列举了大量的例子，而艺术史学家米瑞拉·勒维·唐科纳从意大利文艺复兴时期的绘画中选取了26个例子进行了分析。①

图10-5a、图10-5b是两幅插图，出自约翰·克劳迪斯·路登于1806年发表的《论构造、改进及经营乡间住所……》一书。它们表明，作为一位认真负责的植物学家，路登在规划项目时所作的平面图截然不同于流行了近百年的粗枝大叶的平面图或透视图。在大多数项目平面图或透视图中，选择的某种植物或某种植物的特定类别只不过是照搬实际花园中的植

图10-5a、图10-5b　同一场所的景观和植物规划，出自约翰·克劳迪斯·路登于1806年发表的《论构造、改进及经营乡间住所……》一书。
图10-6　一处园林中的植物规划，出处同上。
图10-7　霍尔庄园里的花园，出自约翰·克劳迪斯·路登主编的《造园师》杂志中1837年的一期。

166

物而已。相反，这两幅插图互为补充：从设计、润色到着手打造花园，两幅图都缺一不可。左边的插图（图10-5a）是景观规划，右边的插图（图图10-5b）则是植物布局，每一个数字都代表一个特定的种类。这样的规划要求造园师同时也是景观设计师——起码在75年前是这样，因为当时可用于英国园林里的植物种类相对而言比较少。不过现在的景观设计师需要对植物有透彻的了解：路登曾经亲自计算过，在他的时代，英国用到了13000多种植物（见第九章）。路登的绘图清楚、完整地呈现了完成一个景观规划的理念和思想过程。这在当时属于革新行为，为将来的景观设计方法奠定了基础。图10-6——也由路登所绘，时间晚于上两幅图——也运用了同样的原理，不过图中不同的区域对应了各个特定的乔木、灌木和常绿植物。这样看来，该平面图并非景观设计而是技术层面的植物布局，普通的造园者也能看懂。对不同植物种类的描述、数量和质量的构成以及它们之间的相互联系，这些有助于造园师很快弄清项目的要点，就像音乐家能很快看懂曲谱并立刻演奏。

　　图10-7绘于1837年，展示的是位于切斯特附近霍尔庄园里著名的花园，该庄园属于布劳顿夫人。路登最初主编的期刊《造园师》杂志第14期中曾刊登此图，该杂志于1826年开始在伦敦发行。该图根据如画派美学的准则，以微型景观的形式呈现了萨伏伊高山景观和霞慕尼山谷，图中还刻画了大面积的花卉。路登在引言中盛赞这些完美的圆形花坛，他认为圆形比花里胡哨的不规则形更加适宜。从实际角度来看，"变化中的花园"——路登在《园林百科全书》中对它们的称呼——可以轻易地随着植物的轮作

10-7

而改变花园的景观，待植物马上开花之际，将它们装在盆里，从温室或苗圃里取出来栽种。这种如画派的方法将重点全部放在花卉上：小树丛或者多年生灌木的美被忽略了。不久，花卉就被局限于和以前完全不同、更加隆重的花坛里。这些花坛纯粹是装饰，已经失去了它原有的功能。而花坛的功能问题是人们在 19 世纪前期做了大量努力后才确立下来的。这一时期，规则式园林在英国复兴，然后蔓延到整个欧洲。不过，几年后，在威廉·罗宾逊的支持下，花卉越过了花坛周围的篱笆，开始自由自在地生长。在图中前景的左边，还有一个束缚植物的装置，这是造园师出于好意而搭建的：为攀缘植物而设的支架。这对之前和之后的方法而言，起到的是承上启下的作用。

10-9

这三幅图出自德国园林建筑师赫尔曼·福斯特·冯·蒲克乐·慕斯考于1834 年撰写的《园林速写》一文（详见第七章）。他建议用粗实的铁丝打造精美奇特的花架，爬藤植物可以攀沿而上，产生明显的装饰效果。对精致的过分强调在当时还不算是俗气的行为。好像为了说明他提出的方法已广为流传并付诸实践，作者写道："用粗实的铁丝做成各种形状漂亮的花架，爬藤植物就可以攀沿而上，自由生长。在英国，这样的花架随处可见，而且做工精巧，可以用作入口、拱门、高棚架、零碎支柱或者小尖塔；不过，我这些图中的花架必须由能工巧匠根据图画来制作。"蒲克乐·慕斯考根据自身的经验提出了适合图中（图 10-8）三个花架的不同植物：伞形花架适合开浅蓝色花的紫藤攀爬，拱形花架适合电灯花，扇形花架适合各种钱线莲。这些花架绝无模仿文艺复兴时期或者 17、18 世纪的痕迹，而是具有19 世纪早期崇尚政治和文化复兴的特点。这一时期，人们有一种强烈的愿望，想用各种所谓精美的形式来装扮自然世界，对女性的身体也是如此，为了凸显纤细的腰肢，女性不得不拼命挤进紧身胸衣。甚至在食物方面也是如此。比如，著名的欧洲烹饪大师、首席御用厨师、高级烹饪术创始人马利·安东尼·卡汉姆（1783 ～ 1833 年）为了达到赏心悦目的效果，往往绞尽脑汁地创造各种花样，遮掩食物原来的样子。

10-8

野趣园林

图 10-8 德国园林建筑师赫尔曼·福斯特·冯·蒲克乐·慕斯考于 1834 年撰写了有关造园的论文，这三个是他建议的花架做法。
图 10-9 威廉·罗宾逊在发表《野趣园林》第一版后 11 年即 1881 年在书中增加了大量插图，该图为其中的一幅。
图 10-10 威廉·罗宾逊于 1883 年所著《英式花园》中的一幅插图。

  19 世纪后半叶过分强调历史主义，在这之后产生了英国式园林复兴运动，爱尔兰花卉学家威廉·罗宾逊是其中的主要倡导者。他关注的是植物世界（而不是束缚花卉的各种几何构造），这使得英国的每一个人——尤其是那些没有城堡来映衬刺绣式花坛的普通人——都有机会打理自己的花园，无论大小。罗宾逊曾在拿破仑三世统治时期去法国学习如何组织建设城市公共园林。那时，让 - 查尔斯 - 阿道夫·阿尔方（1817 ~ 1891 年；详见第十一章）刚刚介绍了这个理念。学习的结果是罗宾逊于 1868 和 1869 年各出版书籍一本，这两本书对促进分析和批判方法的发展有着重大意义。紧接着，在 1870 年（那年他游历了美国），他发表了《野趣园林》一书，摧毁了之前很多所谓的定论，为英国野趣园林美学的发展扫清了障碍，很久以后，该书以不同的方式为欧洲野趣园林美学的确立也奠定了基础。野趣园林对家庭园艺爱好者来说，易于操作。10 年后，罗宾逊与阿尔弗雷德·帕森斯合作，在书中加入了大量很有说服力的插图。图 10-9 即为其中的一幅。野趣园林中没有任何几何形状的人为构造。植物经过精心的布局和栽种，在园子里自由生长，最终形成人们预想的景观效果。植物——起初是人为安排的，不过后来就完全野生了——和它们传达的感觉正是野趣园林的特点，在总体感知方面将风景园和如画式园林的理论和实践准则运用到了极致。1871 年，罗宾逊撰写了两本专著，分别是《耐寒多年生植物一览》和《耐寒花卉》，书中列出了所有在英国园林中可用的植物。他的书中没有任何抽象或者难懂的地方，目的完全是为了建造野趣园林。除了这两本书外，罗宾逊还创办了一些杂志，著名的有《园林》，1871 ~ 1919 年间每周一期，《园艺图解》，发行于 1879 ~ 1919 年间，还有《花卉与树木》，发行于 1903 ~ 1905 年间。

  1883 年，罗宾逊发表了《英式花园》，在他去世前，此书重印了 15 次之多，不仅让他声名大振，而且还让他在 1884 年买了位于西萨塞克斯的 200 英

10-10

图 10-11　葛特鲁德·哲基尔所著《花园中的色彩搭配》中的一幅插图（伦敦, 1914 年）

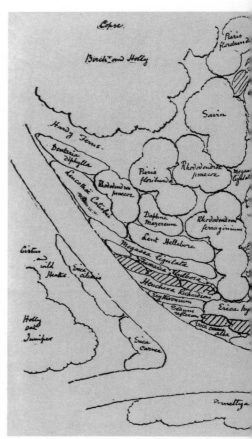

10-11

亩田产。他在那儿建了一所不同凡响的园子——格雷维提庄园。图 10-10 出自《英式花园》。此前 13 年，他出版了《适用于英式园林的高山花卉》，从某种意义上说，该书为《英式花园》奠定了基础，因为它涉及的是"装点园林的所有适宜植物"。图中，沿边界栽种、自由生长的花卉才是园林中的主角。罗宾逊提出的论点是，无论在大公园还是在小园子里，园艺师的工作重心应该是周期性生长的开花植物，他们要挑选出能自由生长、无需人工培育的种类。在此基础上，任何观察敏锐的园艺师都能打造并养护当时流行的美学和景观变革中认可的园子。这就是罗宾逊成功和广受欢迎的原因，同时他的园林品位和理念也得以迅速传播。他的庄园被大大小小的园林业主奉为完美模板，激发他们的灵感。

罗宾逊的成功为出身下层阶级的他赢得了上流社会的尊敬，但他始终未能真正为上流社会所接受。晚年，他回到自己的庄园。那时，格雷维提庄园已经扩展到 1000 多英亩。这一时期的照片中，他坐在轮椅上，毯子裹着双腿，由护士推着进入住宅附近的亭子里，或者坐在特制的半履带式的雪铁龙里，在庄园里四处转悠，这些景象都让人感动。

英国园林设计师葛特鲁德·哲基尔（1843～1932 年）撰写了一系列充满英国传统思想的园林书籍，它们不仅反映了她的园林理念，而且也记录了她的众多活动。这些书对造园师具有指导作用，非常实用。哲基尔出生在维多利亚时代一个中上流的家庭里，学习绘画、装修、艺术史、色彩学，这些都为她从事园林设计提供了基础。她发展了罗宾逊提出的理念，不过她从未明确宣称自己是罗宾逊的信徒。她的朋友圈中有当时最有趣的知识分子，比如约翰·罗斯金和威廉·莫里斯。1896 年，她委托年轻的建筑师埃德温·鲁琴斯（1869～1944 年）在萨里戈德尔明附近的曼斯特德伍德建造一座房子。他们共同设计了其中的园林。从此，他们就开始了非正式的拍档关系，在接下来的 20 年里，他们合作设计了大约 100 座园林。这些园林作品以及哲基尔发表在知名期刊上诸如罗宾逊的《园林》和《乡村生活》的文章使她声名鹊起，她还撰写了 15 本书。第一本给她带来名气的书是《树木与园林》，1899 年发表于伦敦。书中阐述了园林和树木的关系，用一种崭新的方式说明了园林和景观的相互连贯性——英国历史与文化的特征。该书看上去深奥难懂，但其实它描述的思考和实践过程是人人都能掌握的。它教导人们如何欣赏园林和树木，随着时间的流逝和季节的变化，它们都会相互融合、共同生长。所以，博学的造园师就能观赏到景观的季节性变化，尽管在某几个月，园林会被忽视。另一本书在 1914 年发表于伦敦（图 10-11），题目是《花园中的色彩搭配》，似乎很容易看懂，但其实非常难以理解和付诸实践。书中论述的色彩边界论将英国花园的理论和美学理念推向了巅峰。

图 10-12　画家的园子

克劳德·莫奈（1840～1926 年）是印象派领导者，同时也是一名造园师。印象派提出一种人与自然以及通过艺术来模仿自然的新型关系。从那时起，以自然为主题的绘画就不再作于画室，而是作于户外。克劳德·莫奈的吉维尼花园，位于巴黎西北 50 英里处的塞纳河岸。莫奈于 1890 年买下它，一直精心打理，直到他去世。时至今日，莫奈的花园仍然充满生机、欣欣向荣，这多亏了已故的让·马利·图勒古阿及其夫人克莱尔·乔伊斯，他们帮助修复了莫奈故居及其花园。莫奈在 1924 年曾宣称"也许是因为喜欢花，我才成为了画家"。他很喜欢在花园里散步，不论季节，

不论时间。莫奈和当时最有名的法国造园师和植物学家不断探讨，终于造就了无与伦比的吉维尼花园。它反映了当时的历史和文化，和画家及其绘画方法尤其是印象主义密切相关。印象派艺术家力求反映自然的多变和户外光线的复杂波动。莫奈每天都在打造花园，好像它是一个模特，而莫奈必须刻画出它的外在与内涵。在艺术家的不断追求下，一座美丽如画的花园产生了，它是那么地入画。在寻求特定关系和对比的过程中，对植物精挑细选以便构建园林景观——普通植物和珍稀植物混种——以及对美景打造的要求和印象派强调植物形状和颜色的选择之间就不会产生矛盾。这也反映了莫奈一心遵循的新理念：吉维尼花园中有一个日本式花园。

10-12

171

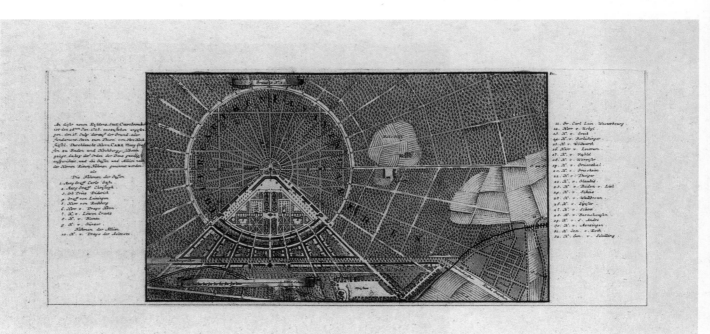

11-1

11-2

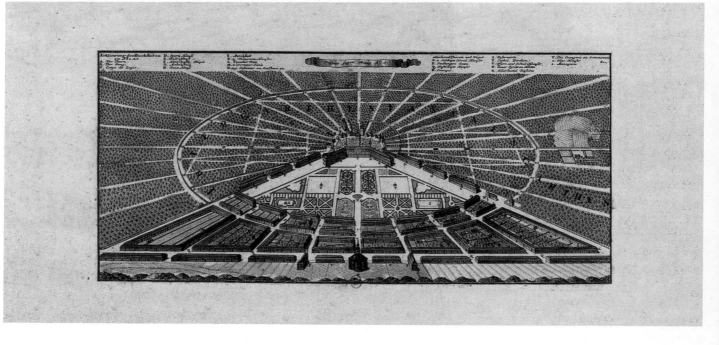

172

第十一章

人人花园

花园城市之梦想

上页的平面图和鸟瞰图（图 11-1、图 11-2）印刷于 1715 年，展示了德国卡尔斯鲁厄城和哈特沃尔得森林之间的关系。侯爵宫殿的四周都是街道，呈放射状，通向远方，宫殿位于中央位置，象征着处于权力中心的政府。这座小城市和周边的地区在宫殿处汇合——主要的汇合点是整个群落中最早建造的八角塔（大铅塔），它的存在似乎是为了吸引和产生众多放射状的道路——这样的布局显示了多样性的都市化，具有建筑、景观及象征意义。在圆形的建筑区域（位于同心圆大道）和城堡之间有一座 18 世纪规则式的雅致花园，它是在两个对称刺绣式花坛的基础上建造的。城堡后面是另一个合围成圆形的小建筑和亭台群落，它们是放射状图案的核心，一直延伸到圆形大道以外。在圆形大道上有一个更为精致的广场。射线状的街道将密密的森林分割成楔形，人们可以从四面八方直接穿过森林，这是 17 世纪皇家猎场的规矩。这一几何构图明确反映了权力的中心，在这样的环境和统治体系下，该构造是唯一可行的。其中隐含的专制主义是机械式的，从这些图片可以看出它的原始性，它所呈现的景观就像一首令人着迷的小诗。这样的城市和自然环境的关系在欧洲历史上也许是最有系统、最有组织的了。它用比喻的手法暗示了一个截然不同的未来城市：在接下来的几百年里，每一个城市都可能成为花园城市，正如《寻爱绮梦》（详见第三章）里所描绘的基西拉岛。

新古典主义建筑和城市中的绿化

位于萨默塞特郡的巴斯是金融家和建筑师合作的成果——这里的合作者指的是老约翰·伍德（1704～1754 年）和他的儿子小约翰（1728～1781年）以及指令富裕病人去巴斯泡温泉的医生。人们认为某些泉水比如巴斯的温泉具有治疗的特性，从而产生了一种特殊的旅游形式，这些目的地在城市社会学看来都不是真正的城市，因为只有富人和他们的仆役住在里面，而且只是偶尔。

18 世纪早期，巴斯尝试了一种新型的城市和植物世界的关系，创建了城市规划的原型，很多后来的英国城市都想以类似的方式发展。"圆形"、"广场"、"台地"等是当时常见的术语，用来描述优雅的城市空间。虽然当时乔治王朝式建筑有很多，但灵敏的城市规划为它们增添了其他特色。比如，

图 11-1、图 11-2　1715 年德国印刷的两幅图中卡尔斯鲁厄城的平面图和鸟瞰图。

11-3

11-4

房子门前的园子采用的是庭园设计手法，但在城市用地上，装点了植物的开放性空间则是常见的形式，这就是城市绿地的雏形。绿地是专门设计出来的，用以形成新的景观，在这里，植物终于和建筑平起平坐了。这些版画展示的是小约翰·伍德设计的皇家新月楼（图11-3）和老约翰·伍德设计的圆形广场（图11-4）。圆形广场上的花园由栏杆围住，只有拥有花园钥匙的人即住宅楼里的房东或房客才能进入。城市绿地是城市景观的组成部分，但它并不对公众开放：这的确是英国城市规划师的一项创举。圆形广场附近的新月楼前也有花园，采用的设计手法和圆形广场花园相似，也是圆形的：它的后面是一座大型公共园林，和新月楼融为一体。

图 11-3、图 11-4　18世纪的巴斯，小约翰·伍德设计的皇家新月楼（上图）和老约翰·伍德设计的圆形广场（下图）以及它们前面的花园。
图 11-5　巴斯花园现在的景象。

174

11-5

启蒙式公共园林

在启蒙主义时期，贵族的私家园林已经满足不了上层社会多元的生活方式。于是，公共园林出现了，它们是贵族、知识分子和富有的中产阶级聚会的地方，为他们提供谈古论今、风花雪月的场所，这符合当时的品位、时尚、文化和国际化的要求。米兰第一座公共园林——也是欧洲最早的公共园林之一，建于 1787 年——如图 11-6 所示。该版画作于 1803 年的意大利北部，时值革命的雅各宾派执政。法国和德国的新派园艺理论家谨慎地界定了新派园艺的社会特征：维也纳的奥格腾是其中的一个范例，它的入口处刻着"快乐之所，由好朋友（约瑟夫二世）献给所有的人"。1777 年，米兰公国处于奥地利统治下，当局决定在米兰建造一座公共园林；由建筑师朱塞佩·皮尔马里尼设计，他推崇的是新古典主义。这座公共园林成为表达新型集体行为模式的场所：从一开始，马和马车都不得入内。因此，徒步不只是一种规矩，还是一种心理感受。法国大革命时期，欧洲的公共园林变成了新兴的统治精英们宣扬各种政治和意识形态的场所（图 11-7）。

图 11-6 是拿破仑统治时期意大利共和国大众公园一个临时性的布局，和城市中心相连：大量栽种整齐的椴树、榆树和杜鹃花形成了

11-8

11-6

11-7

图 11-6　老安德烈·阿皮亚尼（1754 ~ 1817 年）所绘，展示的是米兰大众公园里最后部分的临时性布局，1803 年。

图 11-7　自由之碑，由出生于维也纳的建筑师利奥波德·波拉克设计（1751 ~ 1806 年）。

图 11-8　慕尼黑英国风景式园林的现状。

著名的波塞蒂密林。这块区域成为绿色建筑的绝佳典范：树木的下面部分经过严格的修剪，于是，在这条林荫道上，一棵棵笔直的树干就形成了绿叶覆盖的柱廊。图 11-6 是安德烈·阿皮亚尼所作之画，在意大利共和国成立的第二年，它被送往巴黎，用来纪念米兰的政治游行（1803 年），不过画的日期被改了，并被作为第二年庆祝活动的写照。

风景式公共园林

18 世纪末，一座占地 900 英亩的新公共园林在巴伐利亚首府慕尼黑建成（图 11-8）。很快它就因为设计风格而被称为英国园，其中有一个中国塔，建于 1791 年。它可能是欧洲最大的以某个特定风格而建的园林以及德国最早的公共园林。当时，第一批"英式"风景园还只出现在小型私家领地。该公园由园林设计师弗雷德里希·路德维格·冯·斯凯尔（1750 ~ 1823 年）设计，他是可为布朗和汉弗莱·莱普顿的狂热信徒，对他们的作品推崇备至。他不遗余力地设计打造了宏大有序的景观。这一公共园林有着不规则的形状和四通八达的道路，任何人都可以自由出入，它并不是城市中一个新奇的事物或是一种新品位的尝试（这种品位是很难推广的），而是城市规划和构建的

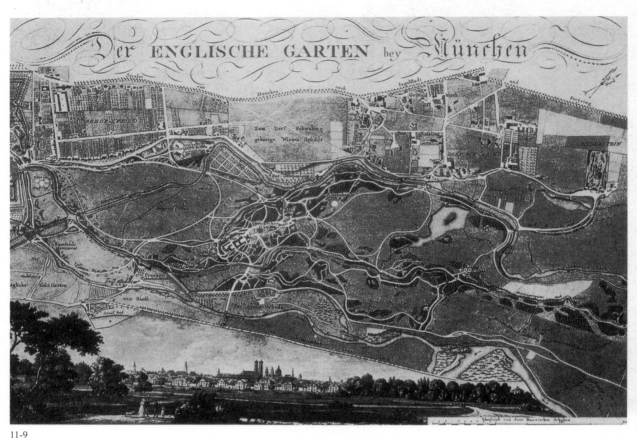

11-9

11-10

基本组成部分（图 11-9），给人们的视觉和心理产生了极大的冲击。冯·斯凯尔借鉴了英国风景园的造园方式，同时又根据德国的实际情况进行了改动，将风景式造园法则和新型的如画式法则结合起来。他这样阐述该设计的理念："新式园林的参照物是自然，在园林中我们可以采用自然的各种形象，但又无需刻意模仿。在构建时，应该让自然的各种形象与园林和谐统一，并且用来自异域的树木、灌丛和花卉进行装点，这样就能打造一座园林，而自然则穿着它最好的衣服身处其中。"

如今，这座位于慕尼黑的公共园林不止在外观上已然发生变化。中国塔在二战中被战火摧毁，只能重建。不过，这座园林的宏大仍然让人叹为观止，尤其是考虑到当时慕尼黑的城市规模。

公共建筑中的石头和植物

米兰的达尔米广场曾经是阅兵场，现在是森皮奥内公园的一部分，在这幅着色画（图 11-10）中，它位于左侧，绿树环绕。在达米尔广场和绿树成荫的大街之间有一个石头构造的竞技场，建于拿破仑时代。当时米兰的总人口为 12 万左右，而竞技场能容纳 3 万多人，打造如此庞大的建筑主要是为了突显米兰的新身份——意大利王国的首都，这是国王拿破仑·波拿巴于 1805 年授予的。竞技场由瑞士出生的建筑师鲁吉·加能尼卡采用新古典主义风格设计，完成于 1807 年，很快成为古典传统庆典的绝佳场所，这种古典传统是在雅各宾时代和共和时期复兴的。竞技场坐落于城市的公共开放空间，达尔米广场在不阅兵时也属于公共开放空间。竞技场充分体现了加能尼卡将建筑和周围绿色景观有机融合的能力，他在竞技场顶上建了椭圆形的"空中花园"，由两排树木构成，在整个周边地区都很醒目。这就是费拉来得畅想的理想城市斯福辛达（见第三章）。19 世纪晚期，由于周围高大的树木离竞技场太近，遮住了它的顶部，这一奇妙的景致就被毁了。图 11-10 展示了这座石头加植物的建筑在米兰城的重要意义：在竞技场里面，一场海战演习正在进行，以向古代风俗致敬。还有很多其他的活动也在那儿举行，包括传统节日、烟花表演、骑马游行、杂技表演，甚至还有大型宴会。

图 11-9　慕尼黑英国风景式园林的平面图。
图 11-10　19 世纪初的一幅彩绘图，描绘了米兰竞技场。

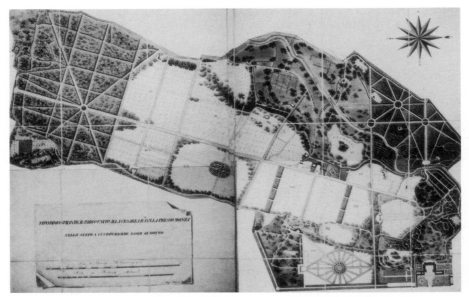

11-11

11-12

图 11-11　鲁吉·加能尼卡所绘之蒙孔公园水彩平面图，约 1808 年。
图 11-12　蒙孔公园航拍图。
图 11-13　蒙孔皇家园林里的大型温室。
图 11-14　巴黎肖蒙山丘公园，让－皮埃尔·巴利埃设计，建于 1864 ~ 1867 年间。

11-13

作为动物园的皇家园林

　　鲁吉·加能尼卡于 1808 年所绘的水彩画由维也纳奥地利国家图书馆收藏，它是一张平面图，构想了米兰附近蒙孔皇家园林的布局。蒙孔皇家园林占地约 1500 英亩，是当时欧洲的大型园林之一，由意大利国王拿破仑授意建造，1805 年开始动工。到了第二年，已建成长为 14 公里（8.7 英里）的高大围墙。意大利历史上的众多事件以及对这一地区不恰当的使用而产生的萧条削弱了这一杰出的园林作品在欧洲园林及其理念发展史上的重要意义。其实，这座园林涵盖了整个西方园林的发展史：环绕里尔别墅的文艺复兴风格规则式园林（由朱塞佩·皮尔马里尼设计，建于 1777 ~ 1780 年间）；17 世纪数学式布局的密林；18 世纪的大街格局；曲折的小径和经典的风景式园林里的林中空地；浪漫派建筑结构；由蜿蜒河道突显的如画式元素（图 11-11、图 11-12）。不过对今天而言，它还有更深刻的含义：拿破仑下令所有意大利王国境内的中学都必须建造教学性的植物园——因

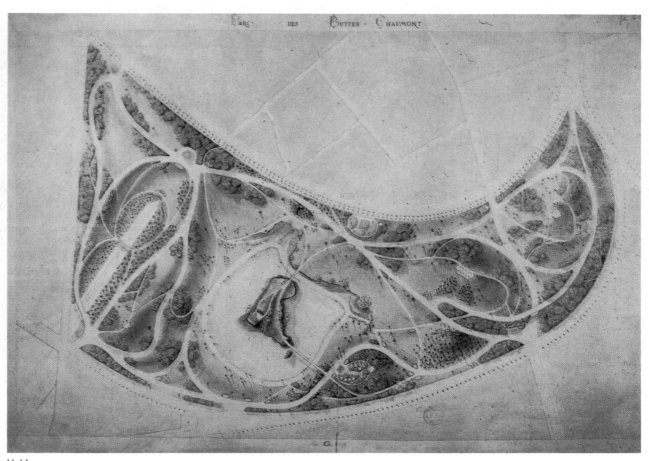

11-14

为这是最佳的学习植物之法——蒙孔庄园就是基于这一理念而建的（图11-13）。虽然在它附近有一个国王专用的狩猎场，但它不仅仅是皇家居所的园林。拿破仑一如既往地开明，他提出一个非常进步的设想：将这个皇家园林打造成大型动物园，用来驯养、培育以及推广动植物，它几乎就成了一个公共设施。从植物学角度看，它是"一处皇家育苗室，用来养护果木、乔木、灌木、本地植物和外来植物，将它们种在小径和道路两边，用来装点王国里的公共园林。"①

为中产阶级而建的公共园林

让-皮埃尔·巴利埃（1824～1875年）既是造园师又是风景园林师，他设计了伯特肖蒙公园（图11-14），时值拿破仑三世统治之期，巴黎在乔治-欧仁·奥斯曼男爵（1809～1891年）的领导下正在开展现代化建设。公园占地62英亩，建于1864～1867年间，是在让-查尔斯-阿道夫·阿

11-15

11-16

尔方的指挥下进行的，当时所有的大型园林和林荫道建设都由他负责协调。伯特肖蒙公园的尺度适中、质量上乘，是当时公共园林的典范，它的规则式要素和美学元素为人们提供了静思冥想的新场所。同时，它也是当权中产阶级的集体空间，他们就像过去的贵族在私家花园里所做的一样，在此招待客人和娱乐嬉戏（图11-15、图11-16）。

新型的公共园林位于欧洲城市中相对较为中心的区域，它们有着林荫小道和儿童玩耍之处，用来美化城市，供人们欣赏，形成了迷人的城市新景观。公共园林在城市规划中很快成为声誉的标志：随着欧洲城市的工业化，城市规模和特色在不断变化，而公共园林数量的增长却没有匹配，无法满足新居民的需求。所有公共园林的布局以雅致见长，其中的蜿蜒小路都经过仔细的规划，将人们引向精心打造的美丽景致。这些景致以植物为主：园中的植物比18世纪的庄园和园林更加多样化，部分原因是异域植物的大量使用。园林设计师已经意识到园林是有生命的：人类根据自己的意愿打造一个园林，它会成长，也会死亡，就像任何一个生命体。公共园林就成为自然的生长之地——历经几十年甚至上百年——吸引着越来越多的人前来观赏。而在私家园林里，当代人看不到自然的生长，只有后世才能欣赏到这神奇的变化。

19世纪优雅的法式蜿蜒小路作为新型的弯曲道路，不再像18世纪那

图 11-15、图 11-16　肖蒙山丘公园现状。
图 11-17　一个城堡花园的平面图，出自弗朗索瓦·约瑟夫·杜维勒所著《庄园和花园录》（巴黎，1871 年）。

样力图传播不对称美学观念。弯曲的道路将平地分隔为无数曲线，来访者可以观赏到沿路的植物景观，而这些错综的小路最终都通往一个中心景观。1871 年风景园林师弗朗索瓦·约瑟夫·杜维勒（1807 ~ 1881 年）将自己为王公贵族设计的私家园林集合在《庄园和花园录》里，他在书中举例说明了上述做法在第二帝国期间的流行性。在公共园林中，这种做法也是可行的（图 11-17）。基本的设计结构非常清楚：主要的道路沿着园子的外部边界而建，无论游客走在道路的哪个地方，整座园子的美景都尽收眼底。其他道路都从主干道旁逸斜出，形成各种弧线，从而避免了直线道路必将产生的重复景观。主干道两旁众多的景观好像一幅幅风景"画"呈现在游客面前，但整体景观却又清晰而简单，这是基于风景式造园法的原则：每一条道路的两边都种满了高大的树木，而道路前方的"花坛"则是修剪好的草坪。

11-17

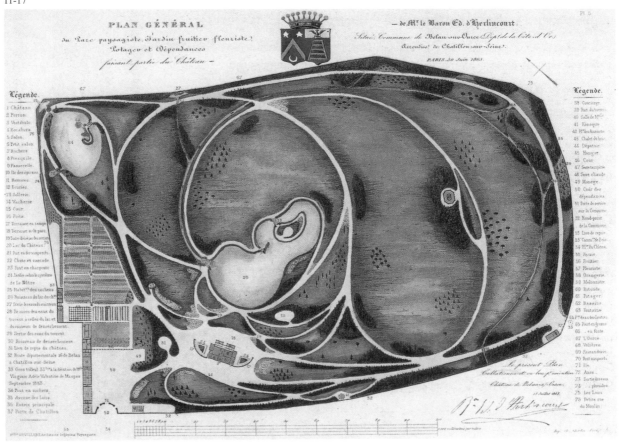

不过，这种形式和组成的模式在如画式风格的冲击下被颠覆了，无论在公共园林还是私家园林领域。如画式园林的特点是用花卉和石贝装饰等人为的手法重现激动人心（即如画的）的自然风景，哪怕这自然非常隐秘。从法国规则式园林到风景式园林乃至如画式园林，人们欣赏品位的改变是因为园林的使用发生了改变，从私家园林转向公共园林。还有一个变化在于对待自然的转变，人们不再把它和农业对等。人和自然的关系也发生了改变，人们渴望领悟自然的精神、欣赏植物王国：四季变化、花开花落、自然的成长。这些园林都是人工打造的杰出作品：它们拥有生命力，值得人们细细品味。

　　布洛涅森林在巴黎历史上一直占有重要地位：朝圣者从巴黎出发去往滨海布洛涅圣母院时必然经过这片广袤的森林。1319 年一座名为小布洛涅圣母院的教堂在这片森林里建成，这就是公园名称的由来。后来，该森林成为国王的狩猎场：最早的布局由让 - 巴普蒂斯特·柯尔贝尔（1616 ~ 1683 年）设计而成，他是路易十四的重臣。当时的公园是皇室举行庆典和宴会的地方，也是盗猎者和强盗出没的场所。对布洛涅森林的改造先是由建筑师路易 - 苏尔庇斯·瓦勒（1803 ~ 1883 年）负责，后来由阿尔方接手。

　　阿尔方自诩为真理的守护者，他推崇风景式园林，认为它是最美的。他把布洛涅森林改造成一座让人不太理解的时尚园林，因为游客不能马上看出它的总体布局。过去那片整齐明了的森林（图 11-18）变得杂乱无序（图 11-19），尽管不同的道路层次分明。阿尔方将两幅平面图都收录在巨著《漫步巴黎》（1867 ~ 1873 年）中，旨在引发对比和评论；它们展示了森林改造前和改造后的不同情形，阿尔方在第二帝国时期承担了森林改造的负责工作，采用浪漫派手法将其改造。第一幅平面图的总体布局反映了新浪漫主义和自然主义美学结合之前的美学思想，该图还包括了位于北边的浪漫式新芭嘉黛尔公园，在布洛涅森林边缘。布洛涅森林里原本林木丛生，主要功能是为国王的餐桌提供野味。此时的森林是一个生态系统，野生动植物可以在其中生存并繁衍。而第二张图中的风景式公园则是旨在模仿另一种自然——英国式牧场，有着大片草坪让家畜啃吃，两侧种有密密的树林，作为牧场的雅致边界。因此，为了让这样的景致出现在巴黎市中心，必须毁掉原有的生态系统而又无需建立一个新的生态系统：这其实就是为了满足新美学理念下的品位。显然，对于这样的森林，最佳的解决方案是第一个：笔直的道路穿过森林，旅人可以沿着这些道路从一座城市去往另一座，途中，他们会领略到占地 2132 英亩的森林公园之广袤，也会在脑海中有无尽的畅想。

　　自负的阿尔方有着坚定的信念，他认为功能局限的老布洛涅森林毫无美感，而且没有任何客观历史理由让它继续成为人工养护的自然。阿尔方希望将它改造成现代的、和拿破仑三世帝国相称的、令人瞩目的（尽管没有实现）植物园。无论在美学、类型学、功能学还是社会学方面，新布洛

图 11-18、图 11-19　17 世纪的布洛涅森林布局（上图）和 19 世纪由让 - 查尔斯 - 阿道夫·阿尔方负责的改造图（下图）。

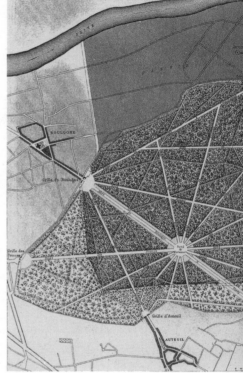

11-18

11-19

图 11-20、图 11-21　宛赛纳森林的现状。

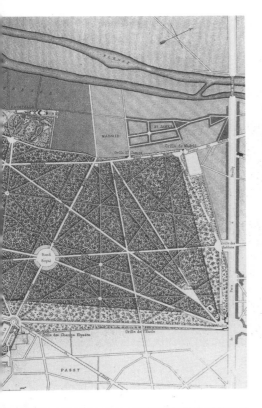

11-20

11-21

涅森林并没有达到当代城市规划的高水准。当代城市规划的基础是巴黎行政长官奥斯曼男爵引入城市景观中的林荫大道。图 11-19 中展示的大公园描绘细致美观：但和典型的风景园不同的是，在靠近建筑区、平行于城墙的地方，它就像几团正弦曲线在两个湖中交汇，旨在将公园区域集中在森林中较小的部分。另一方面，在塞纳河岸，有一个赛马场和一处休闲娱乐之处。在公园和休闲区域之间是老布洛涅森林剩下的部分，毫无独特之处，几乎被人遗忘。这个新方案就像病毒的杰作——病毒本身不一定是坏的——而原先那充满历史和文化气息的布局对它缺乏足够的抵抗力。

11-22

11-23

图 11-22、图 11-23　巴黎战神广场的现状。这是一个大型公共空间，1869、1878、1889 年世博会以及革命庆典都在此举行。

图 11-24、图 11-25　马德里丽池公园，1868 年开始向公众全面开放。下图呈现的是建于 1922 年的阿方索十二世纪念碑。

11-24

11-25

作为生活场景的公共园林

    图 11-26 是一幅水彩平版印刷画，出自阿瑟·曼根所著《古今园林史》的第二版也是最后一版，由图尔的阿尔弗莱德·马默父子出版社于 1887 年出版，它展示了伦敦一所著名公共园林——圣詹姆士公园——的一角。《古今园林史》的第一版发行量较小，出版于 1867 年，另一个不完全版本出版于 1874 年。该书引起了公众的极大兴趣，因此它于 1888 年进行了重印。

    19 世纪欧洲的公共园林是专为中产阶级而设的，显示了他们的强大力量。很多中产阶级家中并没有院子，更别说庄园了，而如今的中产阶级已占据了主导地位，因此建设公共园林的想法就出现了，正如 18 世纪时在

图 11-26 水彩平版印刷画，出自阿瑟·曼根所著的《古今园林史》（图尔出版社，1887 年），展示了伦敦圣詹姆士公园的一角。

图 11-27 伦敦海德公园的现状。

图 11-28 伦敦圣詹姆士公园的现状。

11-26

11-27

11-28

欧洲先进的城市里，贵族和上流社会有创建庄园的想法一样。一座城市如果连一座普通的公园——或者一个小型的自然科学博物馆、图书馆或艺术馆——都没有，那它就不符合当时城市规划者的期望了。这样的公共园林究竟起到什么作用呢？当时的大量图片详细描绘了它的功能：在周末和节假日，男女老幼就会去那儿散步，就像在自家院子里一样；那儿也是人们进行社交的场所，几户人家聚在一起聊天畅谈。中产阶级家中的孩子在那儿嬉戏玩耍，他们的保姆则可能在一边和休假中的士兵打情骂俏。也有一部分人仍然遵循园林的传统意义，在那儿漫步，一边欣赏风景一边思考人生。

不过，曼根的水彩画给人的印象是19世纪中产阶级的公共园林首先是谈情说爱的好去处。画中的两个人物悠闲地坐在草地上，好像整座公园就是专为他们谈恋爱而建的。但很快，公园就向所有大众开放，而不仅仅是中产和上流阶级，也不仅仅只是为恋人们而设了。

12-1

图 12-1　托马斯·科尔，《卡茨基尔山风光》，1826 年。

12-2

图 12-2　戴维·梭罗，加利福尼亚，1860 年

第十二章

美国园林

"我走进密林，因为我希望活得有意义，希望面对生活中的基本要素，看我能否悟出生活给予的启示，而不至于在我临死时发现自己根本没有生活过。"① 亨利·戴维·梭罗（1817～1862 年）在《瓦尔登湖》（又名《林中生活》）（1854 年）里对其返回自然之举进行了如上解释。该书一直是美国文学中里程碑式的作品之一，它不仅仅是文学和神话作品，也是哲学理念的作品。

林中漫步这一嗜好看似浪漫的文学追求，其实它反映了一种具有普遍意义的向往。一方面，它代表了一种具有美学、政治以及社会意义的规划，而这种规划一直是美国文化所推崇的。另一方面，它清晰地表达了将"丰饶的土地"当作花园的理念，这样的花园具有实用意义（象征着第一批拓荒者对土地的开发利用），是规则式的，从广义上来说，也代表着风景和自然。梭罗并非唯一也不是第一个通过隐居和亲近自然来解决生活中问题的人。查尔斯·斯特恩斯·惠勒（1816～1843 年）是一位和梭罗同时代的知识分子，他在马萨诸塞州林肯市的佛林特池边上搭建了一座小木屋，离梭罗建在瓦尔登湖（"地球之眼"）边的小木屋不远。还有一位名叫埃勒里·钱宁（1818～1901 年）的诗人在伊利诺伊大草原上造了一座小棚屋，在那里住了很久。但只有梭罗的隐居引人注目，这是因为他的隐居具有规划性以及实验性。玛丽莎·巴尔格洛尼写道：

这位新型景观的开发者很快发现了日常生活和神话传说的史诗特质，并在此基础上构建了自己的理念。这使他对商业社会充满排斥，在这个社会里，人们在需求、消费、生活等各方面受到商业主义的影响变得毫无热情而又贪婪成性；另一方面，他提出节俭——即反消费主义，主张还原人生的本来价值，把浪费降低到最小程度。②

美国伟大的空想社会主义思想家通过创建社区试验他们的人生规划，梭罗也和他们一样。他含蓄地提出建成一种复古式的农业社会，对景观进行关注并且从中学习，这一社会将会超越历史，和自然息息相关。他和鲁滨逊·克鲁索正好相反。鲁滨逊建造了一个防御型的小世界，遵循的是他所熟悉的人类社会的等级和规章制度，他的小屋代表了私人避难所，将自然关在门外。而梭罗的小屋是向自然世界开放的，参与自然的活动，随着季节的变化而变化，旨在揭示自然世界的秘密，为人类社会提供基本准则，摒弃浪费和浮华的风俗。梭罗的日记记录了他在瓦尔登湖畔两年的生活经历，形成了"想象空间与实际场所的有机组合，开创了文学的新形式，成为将幻想与现实相结合的一个神话"。③ 在文学和道德学范畴上，这一神话流传至今。现在还有人对此进行仿效，不过是以悲剧收场。1992 年 4 月，克里斯·麦坎德利斯独自一人去往阿拉斯加的大荒原，最终死在那里，他的出发点只是基于个人考虑而不是出于规划性或为全人类着想。[④]

12-3

如果我们将自然看成是另一座伊甸园，那么就会把自然风景视为一个大花园，把美国拓荒者理想中的荒原视为人间乐园。路易斯·芒福德写道："在梭罗笔下，景观终于开始进入美国人的意识，不再当作潜在的农田或者政府的公共'用地'，而是作为人类自有的财富——一部分为山上居民所有，一部分为河畔居民所有，另一部分为海边居民所有。"[⑤]

原始景观的壮美：密林和森林、沙漠和草原、农业世界以及拓荒者传奇

19 世纪的美国产生了梭罗式的密林和森林观，也孕育了自然风景应被视为花园的观点。梭罗的"纯净"理念建议人们应该生活在自然之中，这一观点部分地反映了托马斯·杰斐逊的个人主义及民主理念。杰斐逊认为农业是财富以及高尚品德的首要来源。这些观点紧随着一些艺术运动而出现。在这些运动中，画家将原生态自然中的美国景观描绘成壮美的景色。这一时期的艺术品后来让美国人引以为豪。托马斯·科尔（1801 ~ 1848 年）创建了哈德逊河画派，这一画派画家的作品对后世具有深远影响：他们在作品中呈现美国壮丽的自然景观，尤其是纽约市北部哈德逊山谷的景观，为这个年轻的国家赋予庄严。1825 年，科尔的画第一次在纽约展出，画中是永恒的哈德逊河和卡茨基尔山的景象。这两处地方成为美国景观的标志，而绘画则塑造了新兴国家的形象，为其拥有的自然瑰宝而欢呼，并且暗示美国是一直被保留着的应许之地，而现在已托付给新居民。科尔在《论美国风景》（1836 年）中写道：

图 12-3　弗里德里克·艾德文·丘奇，位于美国边境的尼亚加拉瀑布，1867 年。
图 12-4　阿尔伯特·比尔史伯特，约塞米蒂的"新娘面纱"瀑布，1871 ~ 1873 年。

12-4

我从没想过降低你对旧世界美妙景致的评价——为人类争取自由的举动提供壮观舞台的大地——那些山脉、密林和小溪因着我们先人英勇的事迹和永恒的歌声而变得神圣——历史和艺术家们为它们添加了永不消逝的光环。不，我绝对没想过！不过我希望人们铭记的是自然赋予了这片土地美好与壮丽，尽管现在的景致与旧世界有着不同的特色，但我丝毫没有觉得现在的景致不如从前……美国风景最突出也可能是最令人难忘的特色之处就在于其原始性。[⑥]

弗里德里克·艾德文·丘奇（1826 ~ 1900 年）是科尔的一名弟子，他在那幅精彩绝伦的尼亚加拉瀑布画（1867 年）中将原生态的自然呈现出来，不仅吸引了艺术馆的参观者，也首次引起了大众的注意（图 12-3）。克里斯提·扎帕卡写道："弗里德里克·艾德文·丘奇的尼亚加拉瀑布画……有着强烈的吸引力，使得 19 世纪后半期观赏该瀑布的游客大增。人们搭乘蒸汽渡船，只为了看一看这自然奇景，仅此一项就形成了当地的整个旅游业。"[⑦]

将美国的自然风景和欧洲美景等同起来——同时也为了吸引游客——这一想法后来体现在国家公园的建造上。[⑧] 由新大陆的自然奇观激发起来

的民族自豪感以及将自然风景视为花园的理念在内战（1861～1865年）后重新出现，并且声势浩大，维护美国西部未受污染的纯净性这一信条也因此得到广泛传播。

随着落基山画派的出现⑨，有关边疆、草原和沙漠的传说成为艺术作品中的主题。这一画派的艺术家们追随着拓荒者西进开发新领域的步伐，用画板记录了美丽的落基山脉和内华达山脉、妩媚的加州约塞米蒂谷——当时的探险家喻之为伊甸园——以及与美洲土著的对峙与冲突（图12-4）。1890年，美国政府宣布结束边疆开发，因为它已完成了领土征服。然而，对进一步西部扩张的禁止以及随之而来的非土著居民对新区域的占有和开拓好像使得有关边疆的传说更加神秘、持久。

在美国政府宣称完成领土征服的3年后，即1893年，历史学家弗里德里克·杰克逊·特纳在芝加哥世界博览会向美国历史协会递交了名为"论边疆在美国历史上的重要性"的著名文章。这是美国风景和花园关系史上重要的时刻。特纳站在反城市化的立场上，认为西进扩张和拓荒者的冒险经历使他们摆脱了社会旧俗，为在新兴的资本主义社会占有中心地位的城市提供了农业化的范本，说明城市并不是非工业化不可。自然风景的设计与开发因此而具有了农业意义，是高尚品德的体现，完全不同于堕落的城市化。这一至关重要的理念从19世纪初萌芽，那时人们对社区有着理想化的设想，到了梭罗时代，他的自然观传承了这一理念，乔治·珀金斯·马什（第九章提及）也是如此，他在《人与自然》（1864年）中强调有必要唤起全民的环境意识，而不应该对土地巧取豪夺（其实我们可以看出，20世纪弗兰克·劳埃德·赖特的"广亩城市"概念以及保罗·索勒里的阿科桑地也都体现了这一理念）。此外，乔治·西武奇也曾写道：

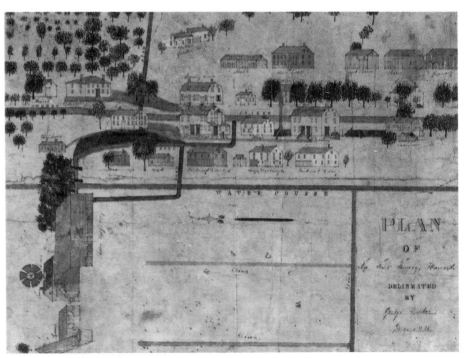

图12-5　震颤教派村庄的规划图，1836年。

12-6

12-7

　　有关边疆的传说因此和杰斐逊的理念产生了关联。杰斐逊认为农业是确保人们安康的首要资源，最重要的是，它保证了人类的品德并且使大众进行自律……对杰斐逊而言，民主意味着完美，农业则是达到完美境界的经济基础：农业使小型农场和个人主义具有重要意义，小土地所有者是"大地的开发者"，杰斐逊称他们为"最有价值的居民"……边疆代表着自由土地的开发，因此也代表着民主。边疆即美国，是"世界大花园"，杰斐逊将其视为珍宝。后来，自由土地终于被开发完了，然而有关边疆的传说却越来越多，随之出现了一种理论（早在1870年就已产生），即把沙漠改造成"新花园"。几十年后，"沙漠花园"的想法在弗兰克·劳埃德·赖特手里得以实现。⑩

　　19世纪后半叶美国产生的另一种乌托邦式社区的理念，仍然体现了将社区建成自然园和伊甸园的观点。约翰·阿道弗斯·埃茨勒也许是美国第一位空想社会主义思想家，他于1833年发表《通过自然和机械之力而非劳动力建成全人类的天堂》，构想了未来社会的基本特征。在这个未来社会里，由人类掌控并且优化的自然之力将取代人力。这样的信息明确传达了自然是不断发展的原则之源，在宗教的神秘主义中也有体现。例如，震颤教派和摩尔门教派设想的完美社区不仅是按部就班的社会项目，而且还包含了花园的概念，在他们的设想中，花园适合人居并且富有生产力，通过农业和园艺运作来创建完美的景观（图12-5、图12-6）。在摩尔门教派于1840～1846年间在俄亥俄、密苏里以及伊利诺伊等州建立的第一批居住地，他们把完美城市理解为具有两个相对应的方面：伊甸园和耶路撒冷。前者是人间天堂，摩尔门教徒将其设计为花园城市，建起独门独户的住宅，门前有大片空地（这一模式形成了后来美国郊区住宅的特征）；后者则是庙宇，象征着对神灵的崇拜。

图12-6　犹他州盐湖城鸟瞰图，1847年。
图12-7　托马斯·杰斐逊，弗吉尼亚大学里的亭子和圆形建筑，位于弗吉尼亚州的夏洛特维尔，1819～1825年。
图12-8　托马斯·杰斐逊，弗吉尼亚州夏洛特维尔附近的蒙蒂塞洛，1772～1809年。
图12-9　安德鲁·杰克逊·唐宁，布鲁克林的绿荫公墓，1838年。

　　摩尔门教派（现名耶稣基督后期圣徒教会）明确制定了其社区景观发展的规划过程：该教派的创始人及精神领袖约瑟夫·史密斯（1805～1844年）于1833年展示了"天国之城规划"。他用城市规划的方式提出了25000～30000人居住地的组织原则和社会、道德准则。以后的每一摩尔门教派居住地都效法这一模式。城市以网格状布局，面积大约为一平方英里。这些规则状的场地围绕城市中心分布。城市中心由开放性公共空间构成，建有24幢公共大厦，包括庙宇和其他具有宗教意义或行政功能的大厦。每一块居住区建有一座花园环绕的砖瓦或石头房。不过，在史密斯的详尽规划中，这一完美空间的规模是灵活机动，可以扩大的："这一广场规划并且建成后，可以用同样的方式规划另一个，如此这般，直至最后整个世界都是这样。"⑪

　　这一城市规划范本——在宾州的哈莫尼和伊利诺伊州的纳府得以实现，而纳府的规模还超过了原定的范围——将花园作为基本元素，同时又在1785年的土地法基础上用网格将土地分隔，使其上升到先验主义的哲学高度。人们认为该体系非常适用于一个主张平等的农业社会，而且反映了杰斐逊的理想社会理念（即民主、重视农业，以独立的小土地所有者为社会基础）。花园和住房紧密相连，用于种植蔬菜并且为房主人提供沉思的场所，同时也象征着伊甸园。当时的一份杂志曾号召纳府的每一位居民"在空地种上果树、灌木、葡萄藤等，进行精心培育、合理布局，不久我们就可以坐在各自的葡萄藤和无花果树下津津有味地品尝自己的劳动果实了……再过一阵子，我们还会对伊甸园的样子有所感悟。"⑫ 社会下层人士会发现花园能使最寒酸的住房充满魅力，芳香四溢。《纳府邻居》提出的建议更加促进了纳府园艺栽培的成功："种果树吧，种观赏树吧——现在就动手——时间可贵啊！"⑬

　　摩尔门教徒运用城市规划积极地建起居住区，大大改变了大盆地荒芜的沙漠景象。这些沙漠地带是美国最大的未殖民区域，在欧洲裔美国人眼里就是处女地。盐湖城建成于1847年。到了1880年，那儿有400多个居住区，都是在史密斯的"天堂之城"规划基础上进行布局的，城市、村庄甚至新加入的犹他州（1896年成为美国的一个州）的大小都由这一规划决定。花园的伦理、美学以及生产意义再一次得到了体现。杨百翰（1801～1877年）在1844年史密斯过世后成为摩尔门教派的领袖，他曾说："应该让人们建造好的住宅，种植葡萄和果树，修建道路，建设美丽城市，城中有用于公共事业的高楼大厦、两旁种满林荫树的宽敞街道、喷泉、清澈的溪流，还有适合这里气候的每一种乔木、灌木和花卉，那么我们的山中居所就会变成人间天堂。"⑭ 他的话语暗示人们塑造天堂般的景致，因为这是内在精神的体现，这样，教派成员就可以直接参与建设人间天堂——伊甸园。

　　在约瑟·比莫勒的独立派居住区，他们在规划俄亥俄州的佐阿市时，重视开放空间，建造了广场公园——其实是在以前意大利式花园的基础上改造的大花床。考虑到城市的网格状布局，广场公园位于偏离城市中心的位置。公园中心是一株高大的挪威云杉，周围环绕着12株其他的树木，象征着救世主耶稣和12位圣徒。弗朗西斯科·达尔科写道："在这里，公园、

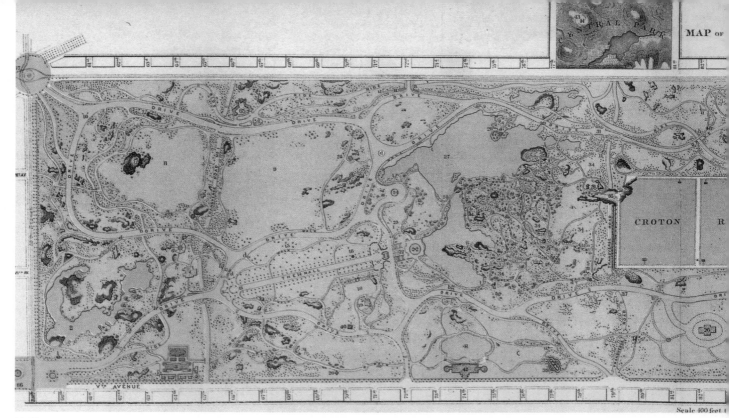

12-10

树木和自然构成了几大物质要素，象征着平等和谐的城市生活。作为信仰的象征，自然的意象取代了人造建筑。看上去自然本身好像成为了城市中的一个建筑，不过，自然在这里是以实体的形式出现，不但具有道德意义而且还是城市规划的一种手段。"⑮

　　美国花园具有伦理和生产意义，规模大小不一，它的理念在发展变化。最初，人们认为整个国家就是"世界的花园"——"一座无与伦比、美轮美奂的大花园，未受人类的破坏，也无需人类过分干涉"⑯——后来，人们把花园当作城市规划中一个必不可少、无可替代的要素，用于私人和公共空间。大自然的景致和壮美受到了艺术家、思想家和共产主义运动的推崇，逐渐演变为城市中的元素：公园。公园不仅仅用于塑造健康的环境，改善工业城市中破旧、不健康的区域。而且，"正如阿尔伯特·范因博士所指出的，公园取代了象征着早期居住区社团精神的宗教建筑，围绕着绿色空间和以往社团的非宗教标志而建，这样，城市就恢复了和过去的连接。"⑰

经过改造的自然：田园式的自然保护区和现代美国城市中的著名公园
弗雷德里克·劳·奥姆斯特德、卡尔沃特·沃克斯和查尔斯·艾略特

　　人们总是把自然当作国家自豪的资本，认为自然可以让人从工业发展的桎梏中解放出来，许多伟大的先验主义思想家（包括梭罗本人）吸收了这一观点和梭罗的理念。他们在作品中表达了对理性主义的不满，强调在自然和社会的关系中人的个体重要性。他们的思维方式受到了浪漫主义的影响，对工业体系将劳动力进行分割提出了批评，试图彻底摒弃由资本主

图 12-10　弗雷德里克·劳·奥姆斯特德和卡尔沃特·沃克斯，纽约中央公园平面图，1871 年。
图 12-11　纽约中央公园一角。

12-11

196

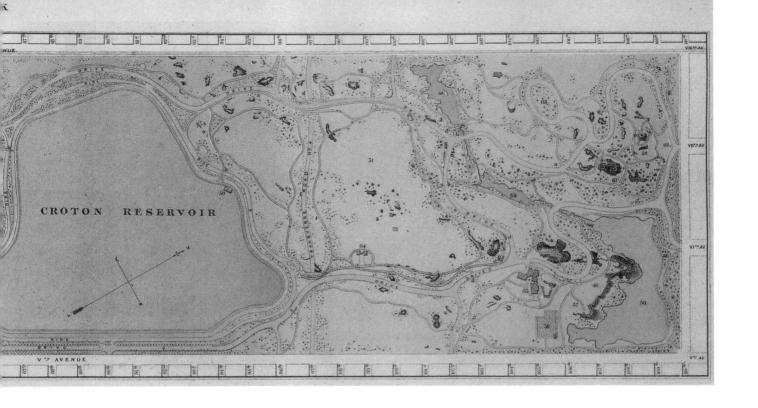

图 12-12　纽约中央公园洛克菲勒中心的建筑群一角。

义发展带来的社会变化，在他们看来，私人财产——美国民主的一大基石——如果没有用于实现与自然有关的目标，是不道德的。他们认为，私人资产和财富的集中意味着对自然、法律以及道德伦理的否定。反映了广大小土地所有者利益的农业和集中了城市中资本和人力的工业化大生产代表了两个对立的世界：和自然紧密相连的农业是合理规范、充满活力的；而工业则排斥了自然中的美。两者反映了两个截然相反的社会和人类环境。

对大诗人沃尔特·惠特曼（1819 ~ 1892 年）而言，整个世界就是一个花园，自然之道体现在对土地的征服改造中以及与手工艺生产相关的全新职业道德观。拉尔夫·沃尔多·爱默生（1803 ~ 1882 年）则相反，他在多篇文章中指出了城市化进程的重要性："'丛林之人'有着强大的意志力，因而充满了活力，城市改造者即'城市之人'需要同样的意志力进行理解

12-13

和调控。这样看来，超验主义表达了一种崭新的'文明意识论'：自然教给我们自由、公正和公平的伟大理念，但只有在城市，这些才不再是空洞的理念，而成为了道德准则和社会民主。"[18]

正是在这样的环境下，产生了第一批以城市为背景的景观。美国的景观设计传统其实可以追溯到18世纪。当时，南方种植园里的宅第周围有花园、哈德逊河岸有安德烈·帕门蒂尔的作品、马萨诸塞州的塞林镇上有尼科尔斯花园，所有的花园都受到了英国园林的影响，尤其是约翰·克劳迪斯·路登和胡弗莱·雷普顿的作品。不过，使景观设计在美国占有重要地位的人是托马斯·杰斐逊。他设计了自己的房子——位于弗吉尼亚州夏洛特维尔附近的蒙蒂塞洛（1768~1782年，改造于1796~1809年）[19]，还为夏洛特维尔的弗吉尼亚大学设计了圆形大厅以及凉亭（图12-8）。在蒙地赛罗的新帕拉第奥式房子周围的土地上，杰斐逊在设计景观时强调了实用主义，以促进土地的开发和利用。而在弗吉尼亚大学，景观则是建筑构图的有机组成部分。开放空间和周围建筑的融合和城市形成了鲜明的对比。

首批园艺协会成立于19世纪早期。波士顿的园艺协会后来促成了最早的以城市为背景的拓展性景观规划。选定的地点和教堂周围拥挤的墓地之间产生了矛盾，最后形成了马萨诸塞州剑桥市的奥本山公墓。这是宗教目的和社会目标以及城市复兴有机结合的第一个典范，并从此开启了乡村公墓运动。乡村或花园公墓部分地模仿了英国风景园的做法："道路和小径是不规则式的，弯曲度经过了精心的设计，它们通向各个水池和树林。这和城市中刻板的网格状结构是完全不同的。在这样的环境中，人们忘却了城市生活中的疲乏，身心都得到了放松……"[20]奥本山公墓（1831年）和布鲁克林的绿荫公墓（1838年）都是如此（图12-9）。

图12-13　纽约中央公园一角。
图12-14　弗雷德里克·劳·奥姆斯特德和卡尔沃特·沃克斯，布鲁克林的东林荫道规划项目，1868年。
图12-15　1944年的布鲁克林东林荫道末端景象。

12-14

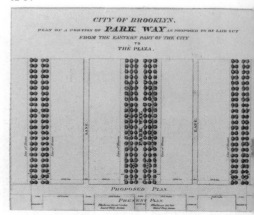

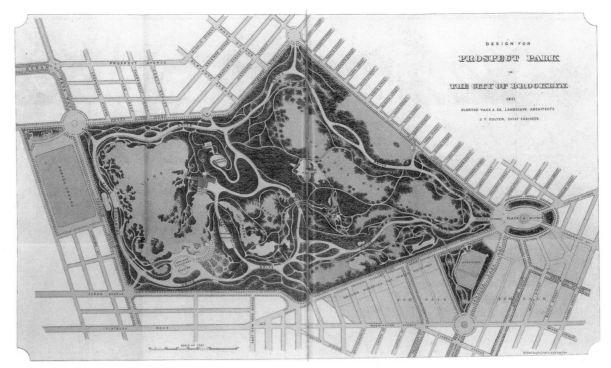

12-16

图12-16 弗雷德里克·劳·奥姆斯特德和卡尔沃特·沃克斯，布鲁克林展望公园的平面图终稿，1871年。

12-15

1840年后发展起来的公园运动促进了风景式园林的迅速扩展，在这种园林里，经过改造的自然打破了美国城市的网格状构造。弗雷德里克·劳·奥姆斯特德（1822～1903年）是公园运动的主要倡导者，他在美国和其他各国都被尊称为风景园林之父。奥姆斯特德周游了欧洲，安德鲁·杰克逊·唐宁也是如此。唐宁是杂志《园艺师》的编辑，他的著作是研究美国风景史最杰出的作品之一。[21] 在著作中，他将英国风景园的浪漫主义和自己作为植物学家、园艺师所用到的科学方法进行了完美结合。唐宁把英国建筑师、园林设计师卡尔弗特·沃克斯（1824～1895年）邀请到了美国，而奥姆斯特德则在他漫长而多彩的景观设计师生涯中一直将英国式公园作为范本。

1851年，纽约市政府通过了"第一公园法案"，批准购买曼哈顿中心的一大块长方形地带，即后来成为中央公园的地方（图12-10～图12-12）。两年后，为了在此处建造一个公园，市政府任命了第一个委员会，并于1857年举办了一次公开竞赛，奥姆斯特德和沃克斯以他们的"草坪规划"胜出。然而，这一伟大的城市公园设计遭到了纽约保守派们的攻击，他们认为它是一个大怪物，让人产生愤怒。到那时为止，除了乡村公墓和少数公共空间种有树木外，在美国从未有过城市公园。在房地产开发商和持自由主义态度的政客看来，该公园是旧式贵族主义的化身，因为它占地广阔、无利可图，而且维护开支巨大，又无法进行房地产开发。不过，奥姆斯特德和沃克斯的方案最终克服了这些障碍，成为后来每一座城市公园的典范，同时也是现代大型公园的首个范本。

当时形成的一些原则现在仍然是城市规划的基本守则，比如公园边界的不可侵犯性。中央公园将一大片原本无用的沼泽地改造成不同凡响、具有自然风貌的景观，既有英国风景园的特征，同时也保留了规则式园林的

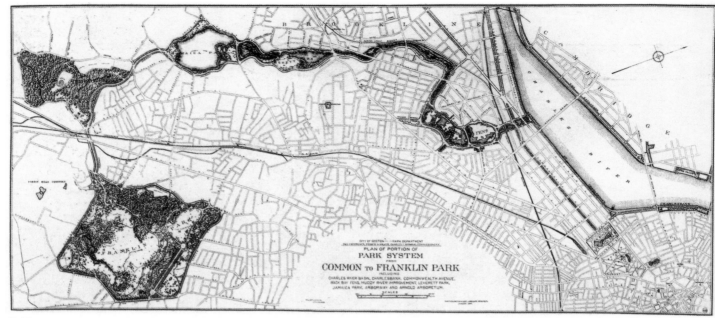

12-17

传统：1000 多英尺（360 米）长的林荫大道两旁种了 300 株美国榆树，从贝塞斯达平台望过去，实在是美不胜收。此外，中央公园的独立道路系统至今仍有借鉴意义，它有步行道、马车道、骑马道、连接各街区的地下通道，互不干扰，也没有破坏公园特有的野趣。在这块巨大、脱离城市网格束缚的长方形地区，奥姆斯特德和沃克斯——深谋远虑，充分考虑到周边地区的发展——搭建了一个无限广阔的自然平台，在整个不断变化的风景中嵌入了自身的景观特质。不过，他们并没有把中央公园打造成和城市毫无关联的虚幻绿洲，像以前的某些大型花园那样。中央公园和城市关系密切，它注定会成为"美国城市规划史上的里程碑。它颠覆了乡村公墓的建造趋势，这些公墓一律位于城市外围——给人世外桃源的氛围，与充满混乱、物质至上的城市文明相对立。"[22] 奥姆斯特德的规划体现了他对城市的深厚情感和坚定的信念，他认为中央公园不仅仅是城市中的一块绿地，而且还代表了民主参与和平等观念（图 12-13）。公园对所有人都免费开放，没有阶级差别，这样有助于让人们意识到应该共同努力为自己和他人谋福利。这样的理念确保了中央公园不仅仅是一个公共开放空间："奥姆斯特德提出了一个观点——要创造性地运用景观。通过让自然都市化，他使都市自然化了。"[23]

亨利·詹姆斯在 1904 年返回美国时对中央公园进行了有趣的描述，强调了游客的无阶级差别性和景观设计的多样化："它必须考虑到每个人，因为每个人心里都充满期待；它不得不一遍遍地重复，用夸张和忽悠的手法把一切一下子呈现在所有地方，堆砌得让人喘不过气来，湖泊、溪流、瀑布、林地、花园、平台、小丘、树丛、山谷，或粗犷，或繁杂，或广袤，或庄严，或轻快，种种诸般都只为制造所谓浪漫的氛围。"[24]

内战后，奥姆斯特德和沃克斯在后期的规划中重新提出，在进行符合自然和道德规范的规划时，应该重点考虑城市公园，正如曼哈顿方案中体

12-18

12-19

图 12-17　弗雷德里克·劳·奥姆斯特德和查尔斯·艾略特，公园系统：从波士顿公园到富兰克林公园，以及马萨诸塞州波士顿翡翠项链（1894～1902 年）平面图。

图 12-18　波士顿富兰克林公园里平静如镜的湖面。

图 12-19　波士顿富兰克林公园里的网球场，约 1900 年。

现的那样。1865 年，布鲁克林展望公园由沃克斯设计，但由奥姆斯特德完成，该公园位于一个高楼林立的区域。公园设计清晰地表达了另一理念，即注重建造通向公园的道路，并使其成为城市道路的有机组成部分，这就是林荫大道的前身。这一理念在后来美国景观的发展中起到了重要作用。奥姆斯特德在呈给布鲁克林公园委员会的报告中卓有远见地预想了布鲁克林人口往南扩张的情形，因此他强调了道路建设的必要性，指出应该绿化道路，为当时和以后的居民提供方便并且促进健康。他写道，在现有的道路体系中必须加入"一系列的小径，用来散步、骑马、驾车；人们可以休闲、娱乐、小憩和社交。"㉕ 这就意味着把道路系统延伸到公园以外，就像中央公园那样，用发散式将自然引入城市。因此就有了东林荫道，从展望公园延伸到居民区（图 12-14 ～ 图 12-16）；1873 年，纽约河滨公园也用同样的方式把位于 72 号和 125 号街之间、沿着哈德逊河陡峭河岸的大片区域进行了改造，建成了一个长条形公园，并和河滨大道接壤。

从这时起，在众多的公共开放空间设计方案中出现了地域式的城市公园综合体系，作为公园和林荫道的合成体。波士顿翡翠项链是一个卓越的长条形绿色空间，好像设计师有意将它设计为纯粹的自然保护区——以超现实的手法插入一个楼群众多的地带——始于波士顿中心的公共花园区，止于 7 英里（11 公里）之外巨大的新富兰克林公园（图 12-17 ～ 图 12-19）。翡翠项链之所以成为在概念和手法上具有重要意义的方案，不仅仅因为各个部分都设计得很精巧，而且因为各组成部分集合起来构成了城市的延续性。这样，花园、林荫道和绿色空间就成为延续性城市系统的一部分。这一设计实践产生了一个新的理念，即规划应该具有全局性，在广义上和城市设计联系起来，花园和公园应该成为城市的必要组成部分而不是可有可无的附属部分：

规划者可以继续追求他的民主和自由的理想，同时他的作品并非空洞

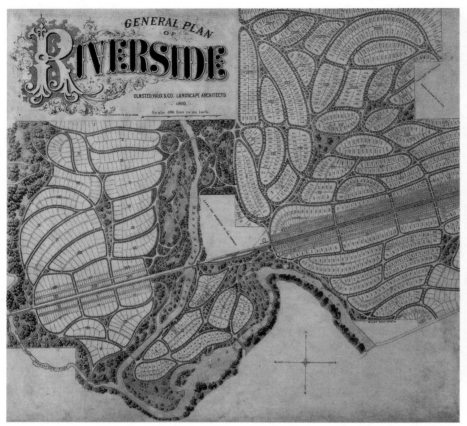

12-20

12-21

或脱离社会现实，而是对现实的一种回应；而且，他的作品也具有教育意义。通过追寻和教育人们尊重民主，首先就是对自然的热爱和关注，规划应该确保人类环境不会破坏自然，而是成为自然的建设性有机组成部分。㉖

图 12-20　弗雷德里克·劳·奥姆斯特德和查尔斯·艾略特，芝加哥河滨总平面图，1869 年。
图 12-21　芝加哥城郊河滨的绿色风光。

为少数人服务的公园和花园：别墅花园和郊区住宅花园；庭园法和形式主义；意大利式花园的复兴

　　美国景观设计师将自然——经过改造——引入到城市后，又往前迈进了一步：他们为大型住宅提供了公园般美丽的环境："公园不再是'附带物'，不再是城市中的另类项目。公园是城市环境不可缺少的组成部分，这是美国民主的典型表现方式。"㉗一种新的生活方式呈现在未来买主们面前，他们发现房子周围都是植物，而且距离城市中心并不太远。另外，郊区住宅理念要求公园由所有住户共享，这种新型的居住区模式有助于消除由城市化带来的城乡间的两极分化。从 1857 年开始，位于新泽西州西奥兰治市的卢埃林公园——由亚历山大·杰克逊·戴维斯（1803 ～ 1892 年）和其他建筑师比如沃克斯等共同设计——就处于离纽约只有几英里的一个树木丛生的居住区，它让住户有机会在城市和乡村之间找到位置安定下来。虽然在景观公园里，私人住宅取代了公共园林里的亭子、娱乐和社交设施，但是这一绿色郊区模式——发展至今就成为设有门禁的社区——推进了典型

12-22

美国城市的产生，市区周围或者市区里的绿地被改造成低密度住宅区。

基础设施——铁路、公路等——在居住区公园的发展中举足轻重，因为它们连接着各个城市。1869年，奥姆斯特德和沃克斯在芝加哥为河滨改善公司设计了河滨公园（图12-20、图12-21）。这实际上是浪漫主义规划师的一个宣言。河滨公园清晰地表达了一个信念，即绿色郊区住宅模式应该是城市生活的一个持久性特征，将新的住宅楼建在风景优美的公园中有助于加强周边城市和乡村的联系。在这点上，奥姆斯特德[28]的景观理念对城市规划尤其贡献巨大，而公园，无论它服务公众还是小范围人群，都是有效改善受工业化影响的人类生活环境的良好手段。和其他这时期众多的公园一样，卢埃林公园和河滨公园都受到了英国景观园的影响，不过前者是浪漫式城郊的典范，它远离尘嚣，几乎是世外桃源，而河滨公园则相反：换言之，它是城市在邻近地区发展的范本，它和城市密切相关（图12-22）。

花园、景观、城市周边地区和自然之间的密切联系也反映在私人空间，而且随着时间的流逝一直延续。美国汽车之父亨利·福特提出的建议就是一个很好的例子。1920年年初，他设想了一个长条形城市，超过75英里长（120公里），四周是花草树木，让员工们居住，确保他们的健康和福利。福特想建造的城市位于亚拉巴马州田纳西河上的马斯尔肖尔斯，这个方案从未提上设计议程，它包括一个位于农村的住宅区，分成很多小的区域。十年后，福特重又提出该方案的基本理念，提议在底特律地区建造5万个花园，他宣称在密歇根铁山工作的员工必须在花园里耕耘，为自家提供一部分食物，否则他们将被解雇。在福特看来，"如果有人在闲暇时懒得在花园劳作的话，那他根本不配拥有工作。"[29]因此，美国花园又一次不仅仅是为了欣赏美景，而且是为了生产。它重新恢复了拓荒者家里的菜园功能；就像杰斐逊在蒙蒂塞洛设计的花园那样，既有美学价值又有生产意义；也像摩门教徒的室内花园那样，种植和培育植物属于道德需要。

在公园里的新居住区让人们从家里望出去就能欣赏到浪漫的景致，此外，19世纪后半叶，欧洲规则式花园的理想典范——尤其是意大利式花园，有着剧院形的绿色地带——从中衍伸出来的模式在大型乡村住宅周围

图12-22 奥姆斯特德兄弟，罗兰帕克局部总平面图，位于马里兰州巴尔的摩罗兰大道和瀑布路之间，1901年。

图12-23 弗雷德里克·劳·奥姆斯特德，比尔特摩庄园（1895年）里的古典园林，位于北卡罗来纳州的阿什维尔，1925年。

12-23

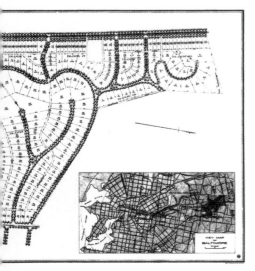

12-24a

12-24b

出现。几乎所有这些住宅的花园布局从风格上都和公共园林不同；后者对自然的改造是浪漫式的，和前者精心设计的几何造型截然不同，前者是围合式的，受到了法式和意式园林复兴的影响。

在这样的大背景下，唯有一个特例，即奥姆斯特德于 1895 年为乔治·华盛顿·范德比尔特在北卡罗来纳州阿什维尔的比尔特摩庄园所做的景观设计，这是一个重要的景观保护项目（图 12-22）。这是伟大的奥姆斯特德做的最后一个项目，他决定保留房产四周森林中的树木，他把它们嵌入了和房子相邻的规则式花园中，因为"通过这种方法，可以建成一个全世界最好、最有教义的植物园，世界各地的自然学家都可以受惠。"㉚

意大利式花园的复兴是规则式花园回归的一个现象，部分的原因是人们认为富有的美国家庭在 19 世纪后半期生活在乡间住宅，这样的生活方式反映了文艺复兴时期意大利贵族的生活方式。前者坚决地把自己和后者等同起来，认为自己是身处半文明乡村的高雅文明鉴赏家和保护人（弗兰克·劳埃德·赖特显然也有这样的认同感。他排斥都市模式，他的家塔里埃森位于威斯康星州的斯普林格林，他在家举办派对时，要求来宾身着 14 世纪意大

图 12-24a、图 12-24b　亨尼维尔花园里的修剪艺术，位于马萨诸塞州的韦尔斯利，1851 年有立体感的照片，摄于 1894 年。

图 12-25　迪亚戈·苏亚雷兹，迈阿密维斯凯亚庄园（1912～1922 年）的规划图，1971 年。

图 12-26　葛里庄园的植物剧院透视图，1930 年 9 月。

图 12-27　丹尼尔·伯纳姆和爱德华·本内特，芝加哥平面图（1908 年），包括芝加哥滨水区、格兰特公园、大道乐园和芝加哥大道之间的布局。

12-25

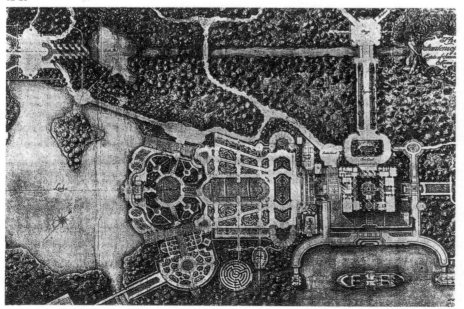

12-27

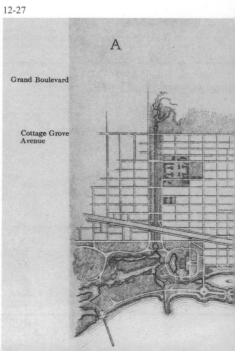

利服饰）。有趣的是，意大利式花园的某些典型特色，比如藤架和剧院形绿地[31]，在当时的花园建造中广泛使用，和喷泉、雕像以及依照修剪法修剪出来的篱笆、树木一起成为某种入门标志。沃特·亨尼韦尔植物园位于马萨诸塞州威尔斯利附近的慰冰湖岸，它包括一个松树园，园中有美国最古老的树木造型花园。植物园由大银行家、铁路金融家霍雷肖·霍利斯·亨尼韦尔于1851年开始建造，他对园艺学有着浓烈的热爱。一直延伸到湖边的台地上种着250种常绿树，都修剪成了简单的几何形状（图12-24a、图12-24b）。

另一方面，大实业家詹姆斯·迪林在迈阿密（图12-25、图12-26）的房子维斯凯亚（1912～1922年）受到了来自西班牙和意大利的影响：后者对花园设计的影响更为明显——这要归功于哥伦比亚风景园林师迪亚戈·苏亚雷兹——从比斯坎湾的海岸往上依次借鉴了位于维泰博附近巴格纳亚的朗特庄园和卡普拉罗拉的法尔奈斯庄园、佛罗伦萨附近的科尔西尼庄园和刚贝里亚庄园（借鉴了秘密花园）、帕多瓦附近斯特拉的比萨尼庄园（借鉴了迷宫）以及皮斯托亚附近的葛里庄园（借鉴了剧院形绿地）。意大利园林的影响也表现在华盛顿特区敦巴顿橡树园里的花园中，它们由贝特丽克丝·琼斯·费兰德（1872～1959年）于1920年设计。她借鉴了罗马帕拉西奥森林公园中的圆形剧场，著名的"逸尘"文艺学会就在此聚会；她淡化了原剧场的巴洛克风格，使之更具有浪漫主义特色，比如，她用水池取代了凝重的椭圆形草坪。20世纪初美国古典主义的主要倡导者菲利普·特拉梅尔·舒茨（1890～1982年）的很多作品都是受到了葛里庄园的启发，包括亚特兰大詹姆士·古德勒姆别墅周围的剧院形绿地（1929年）。

在设计花园中的房子时，美国人也向历史借鉴。不过，伊迪斯·沃顿指出，

意大利花园热从英国传到了美国，很多人以为，这儿摆个大理石凳那儿放个日晷就能产生"意大利"风味。花了大量财力，费了不少脑筋，结果却不尽如人意。有些评论家因此推论说意大利花园不适合美国，因为地方不同、时代不同。其实，古老的意大利花园有很多值得学习的地方，不

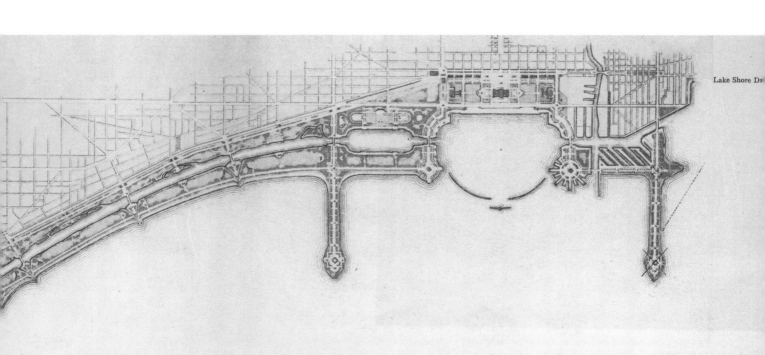

Lake Shore Dr

过首先我们得明白，如果我们想从中得到灵感，就必须模仿它们，不是表面，而是从本质上。㉜

从公园到景观规划：芝加哥和华盛顿
丹尼尔·伯纳姆和城市美化运动

公园运动未能将理论运用到对城市及其周边的有效改革中。不过，它对自然的浪漫和文学情怀加强了城市发展规划理念。戴尔·科写道："公园运动未能达成对构造的空间掌控。换言之，风景园林师提出的城市规划手段深度不够，不能在环境和建筑相互关系方面对城市的结构进行控制。这一复杂的空间掌控并非由美国城市规划先驱完成，而是后来由'城市美化运动'的建筑师们完成。"㉝

1893 年，哥伦布纪念博览会在芝加哥举办。博览会的建筑，包括被称为"白城"的 5 个展馆，均由丹尼尔·伯纳姆（1846～1912 年）协调完成（图 12-27、图 12-28）。没过多久，他又完成了芝加哥总平面图——美国城市规划中毫无争议的杰作之一。伯纳姆监管博览会的总体布局和建筑设计，奥姆斯特德则负责外部景观。这些雄伟的、新古典主义风格的白色建筑群（虽然很快毁于大火）和当时的折中主义风格截然不同，奥姆斯特德的杰克逊公园作为它们的背景，起到了延伸的作用，这证实了城市美化运动准则在有效掌控城市中心的规划和景观方面的成功，也是 1908 年芝加哥规划对整个市区有效掌控的成果。哥伦布纪念博览会的"白城"具有重大历史意义，这不仅仅表现在建筑风格上——这些建筑是古典主义的复兴，被认为是古代民主理想的化身，就像托马斯·杰斐逊的设计和高校建筑那样——而且还体现了建筑师和景观设计师合作的重要性。正是这样的团队合作产生了对项目的综合掌控：事实上，1893 年哥伦布纪念博览会的成功很大程度上归功于对景观的合理规划。

1901 年，城市规划和其他学科间的合作始于芝加哥，随着议会公园委

图 12-28　丹尼尔·伯纳姆和爱德华·本内特，芝加哥平面图（1908 年），包括芝加哥滨水区、格兰特公园、芝加哥大道和威尔米特之间的布局。

12-28

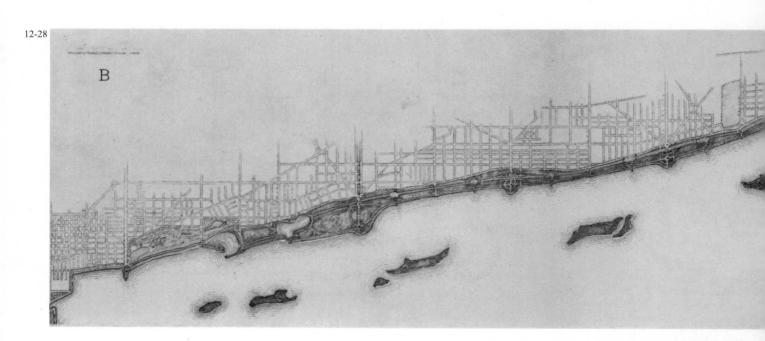

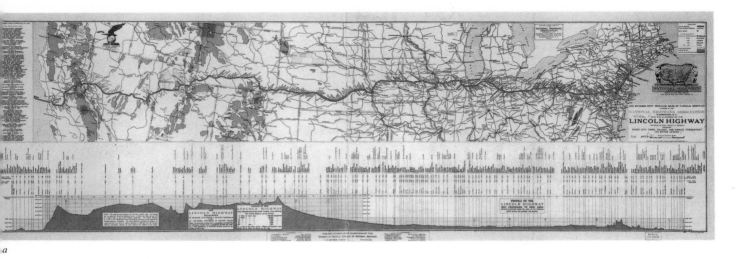

a

29b

图 12-29a 圣弗朗西斯科和纽约之间的林肯
公路路线概貌，1923 年。
图 12-29b 美国的林肯公路。

员会（通常称为麦克米兰公园委员会）的成立，城市规划和其他学科间新一轮的合作在华盛顿得到了加强。伯纳姆、查尔斯·弗伦·麦金（1847～1909 年）等建筑师和奥姆斯特德的儿子小弗雷德里克·劳·奥姆斯特德（1870～1957 年）合作，对华盛顿中心区域进行设计规划。皮埃尔·查尔斯·郎方（1754～1825 年）在 18 世纪受到乔治·华盛顿的任命，为新首都制定了规划。伯纳姆等人将这份规划重新解读，借鉴了凡尔赛宫的"绿地毯"，在国家广场中轴线种上草坪，两边种上一排排参天大树，将国会大厦、华盛顿纪念碑和位于波多马克河岸用来建造林肯纪念园的地方连接起来。这实质上是一个将建筑和园林设计统一起来的宏大方案，整个方案在公园里得到了展现，建筑和绿地相映成趣，极具象征意义。

城市美化运动最显著的成果是在 1909 年的芝加哥规划中。湖畔的景观美化直接得益于奥姆斯特德为 1893 年世博会设计的系列公园。芝加哥商业俱乐部丹尼尔·伯纳姆和爱德华·本内特努力将绿地和湖畔一起构成城市和周边地区重组全局中的有机组成部分。在该规划的印刷版里，由朱尔斯·格林所作的水彩鸟瞰图呈现了城市的全貌，在这里，绿色空间和繁华地带相得益彰，一直延伸到地平线，代表了周边地区在建筑和景观上的延续。不过，整座城市最具公园特色的地带在湖滨；格兰特公园可以被看成芝加哥规划总平面图的心脏，也是通向整座城市的大门。作为绿地和湖滨道路设计的一部分，有两个伸展到水里的码头，街道和林荫道从码头之间的内湾呈放射状向城市内部延伸；这些街道通向城市最远的地带和周边农村，这样，该城市公园就成为第一批以整个大都市为尺度的公园之一。

公园和花园：为全民而建的景观
走向现代

19 世纪后半期的公园运动寻求将自然引入都市，使都市与周围农村密切相连，同时，国家级公园的建设是为了让每一位公民都有机会欣赏美国本土壮丽的风景——尤其在私家汽车普及之后。正如本章开头所提，人们认为

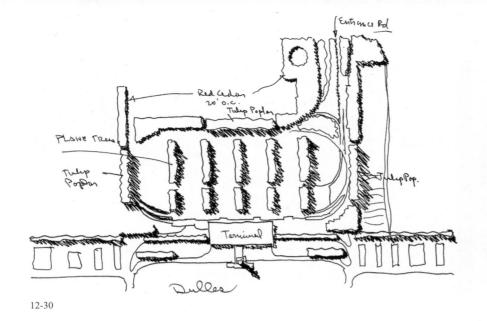

12-30

12-31

西部是未被工业化染指的待开发之地。1916 年内政部发布的一份报告指出，一些自然奇观仅在几年前被发掘作为旅游胜地，现在突然变得很火爆，吸引了众多游客。这是因为一战期间（1914 ～ 1918 年）人们无法去欧洲旅游。尽管铁路四通八达，能到达大部分国家公园，但人们能够游览国家公园主要还是因为全国各地新公路的建造。第一条贯穿美国的公路设计于 1913 年，主要由现有公路改造连接而成，从纽约市通向旧金山市。这条粗糙的主干道被命名为"林肯公路"，以纪念美国第 16 任总统。这项工程由帕卡德汽车公司总裁亨利·乔伊发起，他在 1915 年亲自测试了新的 12 缸 1-35 型号房车，沿着新建的林肯公路从底特律开往西海岸（图 12-29a、图 12-29b）。

　　继林肯公路之后，又有其他的旅游公路被开发出来，比如太平洋公路、常青树国家公路等。这些公路让人们领略到原野风情，明白了"世界公园"的含义，懂得了何为国家的自豪以及为什么 100 多年前众多的空想社会主义者和幻想家会被吸引至此。同时，公路促进了汽车的使用，人们发现驾车是最适合游览祖国的方式，他们沿着第一批拓荒者的足迹，自由地安排行程。除了长距离的旅游公路外，乡村林荫道也建设起来了，使得郊区居住者能快速抵达城市，也使城市居住者有机会游玩风景区、海滩和公园。在富兰克林·德拉诺·罗斯福（1882 ～ 1945 年）新政期间，这些地区在国家和其他机构的推动下得到了很大发展。这一时期有很多倡议，旨在革新和重建景观，美国花园的公共性功能看上去得到了大力加强。只有一个例外——美国最杰出的建筑师之一弗兰克·劳埃德·赖特，作为一个特例——将在下一章讨论，到时候我们会考察现代主义的倡导者们如何设计花园。

　　在众多的美国风景园林师、从事大地艺术的艺术家和从事花园、绿地设计的建筑师（对他们的介绍详见下一章）当中，丹尼尔·厄本·凯利（1912 ～ 2004 年）脱颖而出，继承了奥姆斯特德、沃克斯和他们的拍档查尔斯·艾略特的思想（图 12-30 ～ 图 12-32）。无论是规划私家花园还是公共用地，凯利都会因地制宜，而不是把预设的风格强加上去。他的目标是在现有条件下通过整合和大幅改变来打造新的景观。凯利写道：

12-32

图 12-32　丹·凯利，加利福尼亚奥克兰博物馆（1969 年）的屋顶花园。

图 12-33　菲利普·约翰逊，纽约现代艺术博物馆的洛克菲勒雕塑公园（1953 年）。图为谷口吉生设计的美术馆新馆中的花园景象（1995 年）。

12-33

我认为景观设计就像在自然中漫步。感觉就是如此，真的……漫步自然是一种全新体验、别具一格、让人兴奋，就像穿过一片密林，比如山毛榉林，走进空旷的草坪，爬上小山，然后来到糖枫林……你从密密的树干间挤穿而过，一路上，你不停地走动，空间不断在变化。这是个动态的过程，从一开始就让我兴奋和痴迷。我在工作中一直努力寻求的就是创建一个具有上述特点或特征的人造场景。㉞

他的作品受到了传统的欧洲规则式园林尤其是安德雷·勒诺特作品的影响，同时又结合了美国丰富的景观。比如，旨在强调远景效果和指示方向的林荫道模式是他许多大型规划中的主要特征，如建于 1947 年（与埃罗·沙里宁合作）的圣路易斯拱门公园（杰斐逊国土扩张纪念园）；位于弗吉尼亚州尚蒂利的杜勒斯国际机场的景观规划（1963 年）；位于新泽西州普林斯顿的汉密尔顿住宅花园（1963 年），那里，树木排列规则、栽种齐整，打造出号称"户外之屋"的空间，和室内的房间相映成趣。凯利为加州的奥克兰展览馆设计的室外公园（1969 年）中也运用了规则式花园的做法。三叠层建筑和全景阶地、高过主干道的屋顶花园有机地结合在一起，浑然

图 12-34　菲利普·约翰逊，位于新迦南的玻璃屋（1949 年）。
图 12-35　菲利普·约翰逊，位于新迦南的图书室（1978 年）。

一体。这是一个能挡风遮雨的场所，到处点缀着几何造型、精雕细琢的灌木、五颜六色的花朵和草地周围郁郁葱葱的树木。

　　盖瑞特·埃克博（1910 ~ 2000 年）和托马斯·丘奇（1902 ~ 1978 年）的作品更接近于艺术性的创作——为大地艺术的尝试开拓了道路。在埃克博设计的花园里，他运用了大量不同的材料进行搭配。而丘奇则摒弃了花里胡哨的自然主义和规则式园林的风格，他深深地受到当时文艺运动的影响，在园林中运用植物构图，用花卉和灌木组成弯曲、不连续的线条，形成简洁的色块。位于加州索诺马的艾尔·诺维耶洛花园（即唐纳花园，1947 ~ 1949 年）就很好地体现了上述特征。

　　美国博物馆花园的主题丰富多彩，让人神往，值得专门著书立传。在这短短的篇幅中，除了凯利设计的博物馆花园外，值得一提的是菲利普·约翰逊（1906 ~ 2005 年）在 1953 年为纽约现代艺术博物馆（图 12-33）设计的洛克菲勒雕塑公园。这是纽约最著名的公共空间之一，它的总体布局充满了现代性，而整个风格是规则式的。约翰逊作为风景园林师，首次对景观进行了干预，他创建了一个安静的庭园，里面是一系列简洁的水池，

12-36

图 12-36　洛杉矶盖蒂艺术中心中央花园里的杜鹃花迷宫（1977 年）。
图 12-37、图 12-38　洛杉矶盖蒂艺术中心的中央花园一角。图 12-37 为深秋时节位于高处步行道的悬铃木；图 12-38 为广场一侧的叶子花藤架（1977 年）。

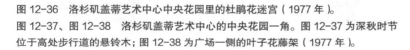

12-34

12-35

12-37

12-38

白色大理石是水槽，简朴的石头作为表层，环绕着现代雕塑群。树丛石头表层长出来，构成整体环境的一部分。不过，约翰逊在为11座建筑设计室外景观时，摒弃了洛克菲勒雕塑公园中运用的纯粹规则式风格。这些建筑包括著名的玻璃屋，这是他经年累月建造或改进位于康涅狄格州新迦南的房产而成的（图12-34、图12-35）。

另一种艺术花园指的是装置艺术家罗伯特·欧文于1992年开始建造的洛杉矶艺术中心的中央花园（图12-36 ~ 图12-38）。盖蒂艺术中心（1997年开放）由理查德·梅尔设计。欧文设计的花园色彩斑斓、造型别致，引人注目，和艺术中心建筑的单一材质——石灰华覆层——形成了鲜明对比。欧文认为中央花园应该是一个集声音、形状和色彩于一体的复合体，并且处于不断变化中，等待着游客去发现和探寻。这是一次感官的体验，在各个花坛周围，有迷宫、花架、水池、几何状的草坪以及各支撑结构：换言之，中央花园是一件用植物制作的杰出艺术品，是城市艺术殿堂的一部分。

回归自然：参与其中即为实现每日救赎
纽约东边的"游击花园"

有这样一种花园——大的占地一个街区，小的仅有一个花床大小——由邻里或附近居民自发建成，意在为衰败的都市增添生机，但后来却被遗弃，或者仅仅因为发起人的兴趣改变而被遗忘。这样的花园在曼哈顿一个很小的街区路易塞得就有很多，种类繁多、富有创意，它们是默默无闻、前所未有的隐形城市绿地，有的充满乡土气息，有的洋溢着异域风情，但它们最重要的特征是边缘化、匿名性和地方性，而且它们都是不稳定的。[35]

纽约路易塞得区域——即"东城"，在那儿居住的大多为西班牙裔居民，他们把东城念作路易塞得——那些自发性花园就像一个存在已久的都市生活方式。这是一个分享的过程，是一个联结居民的社交活动。这些居民原本毫不相干，但他们共同承担了将空地改造成花园的工作。刚开始是机缘巧合，随着时间的推移，这些花园成为了民间绿地系统，和官方绿地系统——由各级城市机构管理的公共园地和花园——相互补充、相互映衬。

路易塞得的自发（抑或"游击"）花园源于美国的社区花园（图12-39 ~ 图12-41）。[36] 不过，后者主要致力于果蔬的种植，而自发花园里都种有能抵抗污染和恶劣气候并且不太需要关注的观赏植物——除了波多黎各人的自发花园，他们种植香料、草药以及典型的拉美蔬菜。因此，自发花园其实是由特殊的委员会建成和管理的沉思型花园："在破旧的楼房和拥挤的街道旁，这些孤立的小片自然为人们提供了片刻的宁静和安逸。城市中充斥着钢筋混凝土，霸道而张扬，距此一步之遥便是通往'想象中的自然世界'的入口，它生机勃勃、富于变化，和刻板的城市规划形成了鲜明的对比。"[37] 这些小花园有多种多样的装饰材料以及观赏植物——有的是

12-39

图12-39 ~ 图12-41 纽约路易塞得区域内的各种游击花园。

12-40   12-41

临时的，有的因为园主人一年或十年的租房合同而得到长期的呵护——它们形式多样，而且随着季节的变化而变化，它们在周边居民的生活中起到重要的作用；很多自发花园位于学校附近，它们是休闲和社交的中心，为居民们提供相识与交流的场所。这些花园实质上是由周边的楼房围合而成，但却充满了野趣，在绿色植物丛中点缀着朵朵色彩绚烂的鲜花，形成一个与众不同的小小自然界。毋庸置疑，这些花园因其多变性和短暂性而难以用景观构成和植物群丛的一般标准来衡量。

路易塞得的自发花园是另一种形式的绿地，是一种马赛克式的花园，风格多样，相对而言不太稳定，但它的理念却和城市公园的理念是一脉相承的。和奥姆斯特德设计的中央公园一样，自发花园旨在改善城市居民的生活环境——将废弃遗忘的角落加以改造利用，就像奥姆斯特德改造曼哈顿中心地区的废弃沼泽地一样。当然，自发花园的改造规模要小得多。两种改造的目的都是构建安全、洁净、绿色的区域，为各阶层居民提供相识、相交的场所。简言之，它们都是民主的象征，对所有民众开放，绝无限制。马西莫·梵图里·弗拉尔洛写道："在这个多民族的城市，花园成为人类保卫环境的阵地、人们的交流场所、文化领地，体现了人类作为自然一分子的本质：和社会文化遗产以及所有重要传承一样，值得守护。"[38]

BAVHAVS-SIEDELVNG.

13-1

第十三章

20世纪的园林

公共设施和私人空间：现代公园和花园

20世纪初期，无论是公共绿地，还是私人绿地，都是现代社会的一个热点话题。公园和花园的规划与城市本身直接相关，因为城市的变革涉及各个不同领域，包括工业生产、建筑、美学、诗歌和文学等。同时，作为实验场所，公园和园林或呈现新的艺术形式，或再现过去的经典构造。事实上，公共场所已经发展成为城市艺术，关注的是对城市生活的日益渴求以及不断涌现的社会需求。因此，在所有新城市的规划中，公园是不可或缺的，这体现了美国风景园林师早已引入城市规划中的理念。

普遍认为，19世纪的公园是新兴中产阶级的专属园林，他们对公园的享用堪比以往的贵族阶级，那时候只有土地所有者和他们的宾客才能进入公园。慢慢地，公园的概念发生了转变。其中最重要的一点是，公园是社会共有的设施，里面的场所和建筑不再是审美理想和构建原则的体现，而是具体功能的承载者。长期以来，这种观念的转变使人们把公园设计当成规划的标准，只一味强调设计的数量，而忽视了设计的质量；人们把绿地看作抽象实体，因此经常遗漏"绿地"这一设计元素；而且人们考虑最多的仅仅是公园的大小。在20世纪初期，除了建造公园之外——公园根据功能和实用原则分布在城市的各个区域——产生了新的想法：花园城市理念。埃比尼泽·霍华德[①]最先提出英国花园城市的模型，在此基础上，欧洲国家——尤其是德国、荷兰和英国——提出在大城市边缘建造一系列花园城市的构想。在这些国家，公园和花园遍及城市地区，但城市空地的景观美化以及建筑区之间的规划都受到更加严格的管理。同时，在这些欧洲国家，城市与自然间的关系产生了新的变化，公园不再是城市里唯一的自然环境。

公园和城市

公园仍然是自然与城市对抗的产物。20世纪是新电气时代。为了满足城市居民的需求，有相当一部分复杂而离奇的景观设计方案遭到摒弃，取而代之的是更加常规的设计方案。因为这些设计方案能够为人们的社会娱乐活动提供大面积的空地以及大量功能各异的设施。

1903年，因苏格兰裔美国工业革命家安德鲁·卡内基的资助，在苏格兰东南部城市邓弗姆林，一场公园设计竞赛拉开了帷幕。[②]从这一事件，我们可以了解到公园既符合了景观设计的重点，也满足了应用社会学

图13-1 瓦尔特·迪特曼所绘，魏玛的包豪斯住宅区（彩色平面图），1920年。

提倡的城市设施观，而这正是公园在城市里的新角色。卡内基为苏格兰的慈善事业捐助了大笔资金和市中心附近的一大块土地。这块在捐赠前一年才购进的土地就是众所周知的比登格里夫庄园。他希望这块土地能够被设计成一座宏伟的城市公园，为人们提供教育和娱乐设施。"邓弗姆林卡内基信托基金机构"全权负责公园的设计和建设，采纳了托马斯·H·莫森（1861～1933年）和帕特里克·盖迪斯的提议（图13-2～图13-4）。托马斯·H·莫森是一位风景园林师和生物学专家；帕特里克·盖迪斯是一位城市规划理论家和生物学家，对社会学有着浓厚的兴趣，他们从不同的视角诠释了新公园的主题，反映了当时不同设计方法之间的竞争。莫森认为要把专业技术与整体的正式构造和建筑方法中的景观精确设计相结合。这种单纯的组合视角以一种无序的方式，把各种景观的主题相结合，并与规则式园林相呼应。恰恰相反，盖迪斯的设计方案与之相比，更加复杂。为了使邓弗姆林人民能够在城市公园内享受到尽可能多的设施，盖迪斯采用了跨学科的方法。他在解决地理和社会问题时，不仅考虑到了物理和地质层面，还借鉴了历史和文化。除了这些针对公园设计（1904年）所提出的各种建议，另一具有深远意义的方面在于莫森和盖迪斯的设计方案都试图将公园的结构与周围地区和市中心的历史建筑结构融为一体。

在公园设计方案中，莫森把游戏区和运动区排除在外，但他又遵循了花园风格创始人约翰·克劳迪斯·路登（详见第七章）提出的原则，特别重视树木以及其他植物的挑选和种植，因为植物和园艺的质量需要得到保证。[③]新的广场和大道从公园向城市延伸；在整个设计中，各种意义非凡的建造星罗棋布。沿着一个蜿蜒曲折的原生态峡谷，莫森把植被覆盖分成两部分：在峡谷溪流的东部，用自然主义手法，尽可能地保持原有风景的特点；在另一边，则采用规则式的布局，设计了笔直的小路和大道，以及大面积空地。莫森为邓弗姆林做设计时所运用的一系列原理在他几年后出版的《城市艺术——关于公园、空地和林荫大道等城市规划项目的研究》（1911年）中得到完善。在这部著作中，莫森描述了景观园林的四种基本设计方式。"建筑式风格"完全采用几何图案，适用于大型空间以及靠近纪念性建筑的场地。"规则式风格"从"建筑式风格"演变而来，主要运用于小型园林。第三种设计方式，即综合式或英国自然风景式，适用于城市公园，例如邓弗姆林的比登格里夫公园。在这些公园中，规则元素与自然景观融为一体，直线、曲线相互交织，建筑师的个人喜好决定着整体的形式以及各部分的重要程度。这种似乎为莫森所提倡的设计方式反映出当时的建筑师们都渴望在各种园林设计中能够自由地规划。最后一种是用于精心保留或模仿自然风景特色的自然式设计。这种设计方式主要适用于边陲地带，以及用于保护或改造自然风景区。基于邓弗姆林比登格里夫公园的设计建造，莫森写道：

在人们看来，一个成功的公园必须能够融入城市，成为其中的一部分；这正如一个贵族的园林和庄园在他的建树中是必不可少的。不仅如此，公

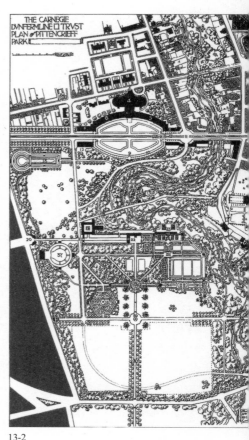

13-2

图13-2 托马斯·H·莫森，苏格兰邓弗姆林的比登格里夫公园平面图，1904年。

216

园还必须是一个恬静的地方，可供休息和沉思。但我从来没有这样的好运，因为我从未有机会设计这样的场所；或者更确切地说，我从未有机会设计已经具备上述条件的场所……真希望没有人会花费力气在公园里布置那些世俗的硬件设施，例如舞台、喷泉、喷泉饮水器、花瓶、便池和体重计；也希望没有人会大兴土木，建造所谓的田园式建筑，因为这种所谓时髦的廉价结构已经把不列颠群岛一半的公园弄得俗不可耐。[④]

由此可见，莫森的公园设计沿袭了约瑟夫·帕克斯顿、爱德华·肯普和亨利·欧内斯特·米勒等风景园林师的设计传统。约瑟夫·帕克斯顿以设计柴郡的伯肯黑德公园而闻名，那是英国最早的公园之一。莫森的公园精美雅致、富有文化气息，迥异于那些受民主化进程影响而必须向大众开放的公园，因为这些公园是缺乏美感的妥协品。

盖迪斯设计的公园超越了原有的设计，呈现了完全不同的景象。它与背景环境有机结合，抓住了城市居民社交和文化活动的核心，形成城市绿肺，提供了互动活动的场所，吸引了大量居民。在设计方案中，工艺村、花园以及博物馆位于公园东部，围绕着哥特式大教堂，它们起到了连接公园和城市的纽带作用。在公园的中心地带，盖迪斯建造了大量哥特式建筑，而且预留了许多空间用于建造动物园、湖泊、露天房屋历史博物馆；其他还包括空地、假山、水生植物园、松树园、体育馆、茶馆、游乐场、户外剧院、温室、喷泉以及亭子。交错相通的蜿蜒小路以及西北走向的林荫大道连接了各个场所。在整体布局上，这一公园设计比较独特；设计师考虑更多的是不同空间的用途，而不是总体布局。人们将该公园视为尘世中的圣地，其主要用途是向大众开放，提供社会服务，帮助人们提高公民意识。完成公园设计之后，盖迪斯发表了《城市发展：公园、园林和文化机构的研究》（1904年）。在这部著作中，盖迪斯运用跨学科的研究方法分析和设计了一个指定的区域，这一方法后来成为城市规划的基础。他明确指出了比登格里夫公园

图 13-3　帕特里克·盖迪斯，邓弗姆林的比登格里夫公园平面图，1904 年。

图 13-4　帕特里克·盖迪斯方案中的比登格里夫公园、竞技场、音乐厅、卡内基广场以及城市道路，1904 年。

13-4

的设计标准，从方法上看，这一标准适用于所有类似的项目：

在欣赏各类风格时，我们不能局限于单一的标准，而是要把各个标准灵活运用于相应的地方。有的地方强调的是自然之美，有的地方则尽量创造有序的规则之美；但最终一切都和谐有致而又充满变化。只有做到"因地制宜"，我们才能够吸引来自不同文化背景的各年龄人群，满足娱乐教育功能的需求，适应个人喜好和社会文化。因此，我们找到了园林设计的原则，它高于已有的建筑设计原则——既不能为了眼前的利益而完全否定过去的成果，也不能因过于守旧而受制于过去的设计标准，而是应当借鉴过去的精华，尽现在所能，创造一个更加美好的未来。⑤

盖迪斯肯定了过去，重新解读了 19 世纪的传统，他的设计更具社会意义：新世纪城市公园的娱乐、陈列和教育功能和城市密切相关，并且通过延续和提升公园的传统含义，使之成为城市的一部分。

尽管盖迪斯的设计方案从未实现，但正如意大利历史学家卡洛·金兹堡⑥提出的，比登格里夫公园可以作为某种符号来帮助我们理解 20 世纪；而且从现代建筑学的发展和公园、园林之间的关系来看，公园的发展历程对私家园林的发展也产生了一定的影响。从风格上看，公园和园林设计在处理古典主义和浪漫主义的矛盾时，都采取了艺术园林的标准：公园是历史的传承，打造纪念性的建筑，反映的是民主或者独裁；而园林则是对未定自由形态的一种现代性回应。伊格纳西·德·索拉·莫拉莱斯写道，"具有平衡感的构图、自然空间的融合和并存、对原生态自然的模仿，加上层次、几何和透视的运用，这才是对大多数园林最好的描述，也是艺术的定义。"⑦在 19 世纪末 20 世纪初，园林在美国和欧洲不断得到发展。

在 20 世纪的前几十年，法国出现了两种截然不同的园林设计方式。在让 - 夏尔·阿道夫·阿尔方、让 - 皮埃尔·巴里耶和弗朗索瓦·约瑟夫·杜维

13-5

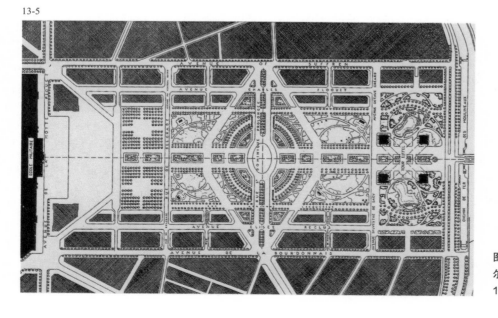

图 13-5　让－克劳德·尼古拉斯·福雷斯蒂尔，战神广场花园，位于巴黎埃菲尔铁塔脚下，1908 年。

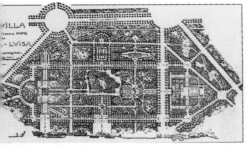

13-6

图 13-6 让－克劳德·尼古拉斯·福雷斯蒂尔，位于塞维利亚的玛丽亚·路易莎公园总平面图，1911 年。

图 13-7 让－克劳德·尼古拉斯·福雷斯蒂尔，贝济耶市的一座园林设计方案，1918 年。

13-7

耶的影响下（见第九章及第十一章），爱德华·弗朗索瓦·安德烈与于勒·瓦舍罗（1862～1925 年）大力提倡法兰西第二帝国时期的园林设计手法。与此同时，亨利·杜舍纳与他的儿子阿希尔受命修复 17 世纪一些著名的园林，比如维康府邸花园。父子俩参考了安德烈·勒·诺特尔的设计作品，重新提出规则式园林的理念，回归有序、重现经典。在这样的文化背景下，1889 年，风景园林师让－克劳德·尼古拉斯·福雷斯蒂尔（1861～1930 年）与阿尔方合作，共同设计了阿尔方的最后一件伟大作品：1889 年巴黎大学展览会。福雷斯蒂尔作为文森森林、布洛涅森林和巴黎西部所有公共空地的指定负责人，将自然式风景园和规则式园林结合起来，大力提倡符合场地特色的古典主义设计标准，他还特别重视公园的舒适度。福雷斯蒂尔在 1908 年受命改建埃菲尔铁塔周围的园林，针对以中心轴线为准的对称菱形（图 13-5）两端，分别采用了不同的设计风格。在埃菲尔铁塔矗立的一端，福雷斯蒂尔运用了自然式风格，使其呈中心对称；在朝向巴黎军校的一端，福雷斯蒂尔种上了两片树林，整齐地环绕着空旷的中心广场。凭借在研究美国城市公园时获得的灵感，福雷斯蒂尔于 1908 年发表了《大城市和公园系统》。他在书中明确阐述了规划和管理大规模绿地体系的理论，这些绿地从乡村一直延伸到城市。弗雷德里克·劳·奥姆斯特德曾清楚地解释了风景大道的概念，后来福雷斯蒂尔在书中将豪斯曼大道理解为线形公园，"它既是城市主干道，又连接了各个公园、自然保护区以及郊外乡村，人们可以便捷地穿梭往来，同时又欣赏到了沿路的风景。"[8] 这些"绿色射线"模仿奥姆斯特德设计的波士顿翡翠项链，始于自然界的森林，渗入城市的各个区域，连接起大大小小的各个树林。弗朗哥·潘兹尼写道，"福雷斯蒂尔也认为欧洲应该转而以区域性规模规划绿地，因为虚构的行政界线已经无法适应城市和都市文化的扩张。城市应该向周围的郊区完全开放，才能调和乡村和城市的环境状况差异。"[9] 福雷斯蒂尔负责的各类海外设计项目中[10]，从设计方法和总体设计来看，为 1914 年西班牙美国博览会设计的塞维利亚公园（由于战争，建造工作推迟到 1929 年）是意义最深远的一个（图 13-6）。福雷斯蒂尔保留了原本杂乱的树丛，设计了一个几何形整体布局——特点在于互相垂直的林荫道——以秩序为主，美感为辅。对应于原生态的树丛，林荫小径两旁是修剪美观的小树，各式灌木和鲜花排列整齐，在光影的变化下，恍若阿拉伯的园林。福雷斯蒂尔借鉴了安达卢西亚的摩尔式园林——他特地运用了独特的工艺品和材料，比如摩尔式喷泉、雕花瓷瓶、彩色瓦片和沁人心脾的各色鲜花——因此，整个公园是自然风景式的，但又具有法国规则式园林的特点（图 13-7、图 13-8），二者有机结合、相辅相成，表达了这样的理念：公共园林是社会的共有空间，旨在"传承和融合不同的风格，打造让人惊艳的造型，培育郁郁葱葱的植物。"[11]

法国人对园林中的规则性重新产生了兴趣，把园林作为实验和重新解读历史的场所，同时也是对当时艺术界强烈要求革新的回应。从阿希尔·杜舍纳的作品和安德烈·维拉（1881～1971 年；图 13-9、图 13-10）设计的

13-8

装饰主义花园可知，私家花园将沿着这样的趋势发展。阿希尔·杜舍纳于 1935 年发表了《未来的园林》，这实质上是他的理念宣言。下文将会讨论有关维拉的革新。不过有一点需要强调，1925 年在巴黎举行的 Exposition Internationale Arts Décoratifs et Industriels Modernes（装饰艺术和现代工业国际展览会）上，维拉的设计手法标新立异，他利用新的造型和材料使花园充满了丰富的情感，布局也达到了至高的水平，为当代园林的原则和内涵起到了启示的作用。

人民公园：公共园林与花园

在 20 世纪初的德国，城市公园的设计成为一种新型的社会工具，从根本上重塑城市与乡村的关系。这一发展更全面地批判了占主导地位的工业城市化现象。卡米洛·西特与乔瑟夫·司徒本共同设计的城市规划[12]，于世纪之交推出的自然主义研究，再加上丰富了德国浪漫主义哲学与文学的自然概念，这三者共同促进了这一发展持续前进。与英国和美国一样，德国改革浪潮的根源在于需要超越 19 世纪城市公园的概念。19 世纪的城市公园是城市中产阶级的象征，正如德国哲学家赫什菲尔德（详见第七章）在 1785 年首次提出的，"人们在这里见面，一起散步，一起娱乐。"[13] 1913年，Deutscher Volksparkbund（德国公园协会）的创立者路德维希·莱瑟（1869 ~ 1957 年）概述了改良后的新型德国公园所具有的特征，并以此来抨击公园"毫无意义的娱乐性"问题：

图 13-8　让－克劳德·尼古拉斯·福雷斯蒂尔，里昂酒店的花园，1918 年 7 月。出自福雷斯蒂尔所著《园林笔记：平面图及布局图》（巴黎，1920 年）。
图 13-9　巴黎布洛涅森林的巴甲泰拉花园。
图 13-10　爱之园中的黑耀松，出自安德烈·维拉的《论各花园》（巴黎，1919 年）。

13-9

13-10

在未来"建造新公园"时，不应该把大部分空间甚至全部空间用于散步区域的建设，而使其他的活动场所无处可寻。若要实现公园最基本的功能，建筑师们必须在所有的公园里留出足够的空间以供人们开展各类活动，只有这样公园才会真正成为德国人生活的一部分……林荫大道沿着运动场而建，并且通往池塘或者湖泊。人们相聚于此，共享欢乐。尽管房产开发与工业发展吞噬了大片的乡村，但人们在公园却能够找到宁静的乐土，它们能够抚慰人们心灵的创伤，缓解他们工作的压力。⑭

实际上，莱瑟心目中的 Volksparken（人民公园）早在 1906 年就有了雏形：卡尔·海克设计了美茵河畔法兰克福的东方花园；莱瑟设计了柏林弗洛诺的运动娱乐公园；1909～1913 年间，弗里德里希·鲍尔在弗洛诺设计了席勒公园，一排排的树木围绕着大草坪，人们可以在里面开展公共活动和娱乐活动。福里兹·恩科在科隆设计的沃尔伯格公园（1909～1911 年）也是如此，绿地周围的树木郁郁葱葱，如屏障一般。

除了满足娱乐和运动的需求之外，"人民公园"还象征着人与自然之间关系的复苏：从广义上讲，作为活动的场所和情感的寄托，"人民公园"再现了德国文化的自然之本。这种设计方式的产物就是城市森林，替代了蜿蜒着浪漫式小道的景观公园。人民公园里的植物都是德国自然景观中常见的——主要是橡树和针叶树——加上大片的草地，旨在提醒市民勿忘本源以及何为自然之美，同时，它也倡导了新型的模仿自然之道。

可以说，德国"人民公园"最终成形的原因恰恰是为了建造汉堡城市公园而进行的一系列设计竞赛（图 13-11、图 13-12）。⑮ 由于在 1908 年举办的设计竞赛中没有产生任何令人满意的结果，设计任务便落到了汉堡首席建筑师福里兹·舒马赫（1869～1947 年）的肩上，他确立了最后的方案。1909 年方案开始实施，历时 20 年才完成，之后的细节设计由建筑师麦克斯·罗杰完成。奥托·门泽尔设计的水塔是整个布局中的支撑点，也是显著的地标。设计师们把中心对称线设计成大小不一的空地，也就是"人民草坪"。公园的另一边有一个巨大的入口，面向椭圆形的湖泊，与水塔遥相呼应，入口靠近城市建筑：一条主干道和一个铁路枢纽。水塔后面有一个运动场，公园里有一个游泳池、一个马术活动场、若干规则式花园以及一个农场。农场里有一个牛奶场，里面养着奶牛，挤出来的奶可以做成黄油和奶酪。整个农场，包括它的最细微之处，都模仿了汉堡东南部郊区维尔兰的典型农场，并将它的浪漫式和生产性引入城市。阿那尔达·维尼尔写道：

这是致敬人类的本源——自然界、大地母亲以及原始因素中各种力量的平衡和共存。舒马赫在农场里重新阐释了传统的家庭空间划分。传统的 *Wohnraum*（居住区）成为了公共区域，与牛栏只有一墙之隔。这就是回归本源，回归自然界、大地母亲以及原始因素中各种力量的平衡和共存。舒马赫在农庄里重新阐释了传统的室内空间划分。传统的 *Wohnraum*（卧室）转变为公共区域，和其他区域之间仅隔一墙。⑯

图 13-11　汉堡的城市公园入口航拍图，约 1932 年。公园由弗里茨·舒马赫设计。
图 13-12　奥托·门采尔，汉堡城市公园里的水塔。

13-11

13-12

　　它和凡尔赛宫的 *Hameau de la Reine*（女王的哈姆雷特）截然不同——那是玛丽·安托瓦内特委托理查德·米克于1783年设计建造的。在太阳王的花园里建造一个浪漫式农场表达的是对如画式品位的喜爱，旨在将田园牧歌式的农家风味引入充满规则式和象征主义的凡尔赛宫。与之相反，舒马赫的牛奶场寻求的是在建筑和生产方面复兴 *Bauernkultur*（农场文化），从而唤起大众的集体记忆，因为农场文化在城市生活中已渐行渐远，另一方面也是为了使工人阶级和中产阶级联合成团结的 *Volk* "人民"，齐聚人民的大草坪。

　　年轻的风景园林师莱伯里切·米吉（1881～1935年）正是在这样的背景下不断成长的。在两次世界大战期间德国产生了"绿色革命"，米吉支持这项运动，他认为城市绿地源于家庭花园，反之也与生活空间的变革紧密相关。想要重建城镇与乡村在物质以及食物供给方面的平衡，必须确立绿地的核心作用。米吉参看了美国在这方面的许多革新。*Kleingärten*——位于市郊的城市小花园，闲暇之余，人们可以在里面种植蔬菜——是德国园林改革的关键因素，后来就发展为城市公园（图13-13）。米吉的设计涉及了家庭和公共领域。马可·德·米凯利斯写道：

　　他方案的原创之处在于他以开发园林作为改革的基础。当城市摆脱对乡村的依赖时，它便成了"园林之母"，也可以免遭达尔文主义者和优生学家的批判。世界大战带来的灾难很大程度上促使了这一改革的进程。"回归自然"似乎是都助德国人解决贫困问题的唯一方法，也是对工业化和机械化引起社会不平衡而造成的战争的补救。[⑰]

1919 年 2 月，米吉用笔名 "*Spartakus in Grün*"（绿色的斯巴达克斯）在月刊 *Die Tat*（《真相》）中发表了 *Das grün Manifest*（绿色宣言）。在文章中，他指出古老的城市在中产阶级手中消失殆尽，坚信乡村是城市乡村化转变的起点。他认为回归土地，

> 是 12 世纪的主流……城市必须与土地相结合。现有成千上万亩的土地尚未开发：建筑用地、营房用地、道路建设用地以及其他荒地。现在是时候该做些什么了。公共园林应该为受城市束缚的青年而建；小型花园应该为困在城市住宅中的居民而建；*Siedlungen*（住宅区）里应该种上树木，为城市里的苦力而建。[⑱]

在米吉提出的设想里，城市周围是一圈圈蔬菜园，使得新发展和现存的城市建构相融合。而这与英国和美国的花园城市截然相反，它们的花园城市和原先的城市体系毫不相干。米吉首先与马丁·瓦格纳合作设计了 *Jugendparken*（青年公园，1916 年），旨在通过配有娱乐设施的公园来纪念战争。之后，他又为许多城市 *Siedlungen*（住宅区）设计了绿地，包括布鲁诺·陶特在柏林布里茨设计的著名的 *Hufeisensiedlung*（马蹄形庄园，1926 年）以及由恩斯特·梅在法兰克福设计的庄园（1926～1928 年）。在绿地设计过程中，米吉打造了一系列用于彩图设计的模型（图 13-14～图 13-16），从小型菜园到专门的蔬菜农场，从运动公园到烈士陵园不等，在宏大的总体规划中，它们最终会形成集创新、复合和功能为一体的乌托邦式城市公园。

荷兰的阿姆斯特丹森林（Amsterdamse Bos）是一个地区公园，受"人民公园"的启发，设计师将它设计成服务于阿姆斯特丹的林地，供周边居

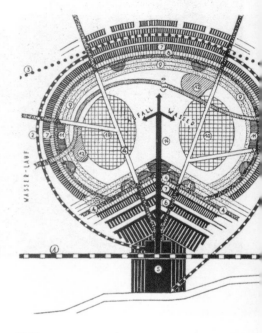

13-14

13-13

图 13-13　位于柏林威丁的小型蔬菜园（*Schrebergärten*），1925～1931 年。
图 13-14　莱伯里切·米吉，城市开拓式公园，1928 年。

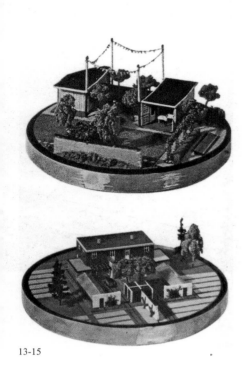

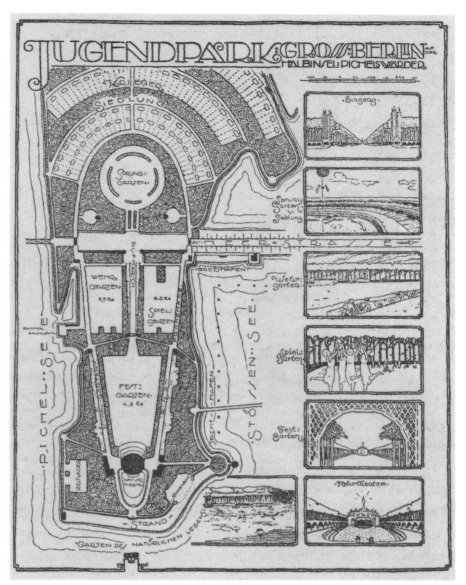

民使用。阿姆斯特丹市政府的意向始于 1928 年；三年后，一个由不同学科专家组成的小组开始规划一个面积达 900 公顷的市郊公园，并于 1934 年正式开始建造，最终打造成为欧洲最宏伟、最成功的跨地区公园，里面的休闲娱乐设施一应俱全。

　　在有的地方，人民公园是住宅区里大型住宅楼的一部分，包豪斯的学生瓦尔特·迪特曼于 1920 年在魏玛设计的人民公园便是如此。该公园的构造和色彩运用手法预示了立体主义花园的产生。但是由于纳粹的出现，人民公园的社会功能和目的被扭曲了。1934 年，致力于尝试各类新型建筑和工业设计的 DeutscherWerkbund（德意志制造联盟）从根本上发生了改变，联盟的成员由民族社会主义党（纳粹）挑选。从纳粹对公园以及对理想中自然的理解来看，不难发现第三帝国的集权主义意识形态体现了反工业化、反都市化的非理性主义趋势。这一趋势是对父权制和农业时代德国的怀念和神话般的"回忆"。纳粹的反城市化意识形态吸收了多种理论成

图 13-15　莱伯里切·米吉，园林模型，1926 年。上图为小型蔬菜园。下图为农民用园
图 13-16　莱伯里切·米吉和马丁·瓦格纳，柏林一青年公园之平面图，1916 年。

225

果，特别是奥斯瓦尔德·斯宾格勒在其著作 *Der Untergang des Abendlandes*（《西方的没落》，1918 ~ 1922 年）中的机械文明批判理论。"回归土地"这一想法带来了具有浪漫情怀的爱国主义式建筑风格，同时也形成了建筑与自然的联系。建筑师保罗·休尔兹 - 瑙姆布格（1869 ~ 1949 年）在其建筑指南《建筑二三事》中指出，真正的德国住宅"就像大自然的产物，从泥土里生长出来，如同一棵树一般，深根扎入泥土并与之融为一体。家[Heimat] 的真正含义不仅仅在于血缘的连接，还在于和大地的连接。"[19] 带有菜园的单门独户流露着民间传统的痕迹，属于小型城市规划方案的一部分，体现了每个居民应自给自足的观点。这种小型城市规划方案把公共用途的空间和建筑排除在外——20 世纪 20 年代的 Gartensiedlungen（花园区）就是这样的。第三帝国通过建造新的 Kleinsiedlungen（小型住宅区）大力推行这种"自给自足"的政策。慕尼黑郊区拉姆斯多夫的农村住宅区（1934 年）就是一个典型的例子。在那儿，150 间左右的单门独户沿着蜿蜒的街道而建，富有特色的斜屋顶和小菜园让人想起了风景式花园的建造准则以及带有神话色彩的回归自然总体构思。街道的尽头是一座公园。和农村住宅区相对应的是为工人设计的城市规划，它深受埃比尼泽·霍华德理论的影响，但是不久后的世界大战使它永远无法付诸实践，只停留在图纸上或者半途而废。Hermann-Goring Stadt（现萨尔茨基特）就是如此。

在法西斯统治下，意大利新住宅区的建设更加本土化，完全依赖于设计师的经验，没有任何理论支持，也没有任何历史渊源，更不用提什么城市建设模式（图 13-17、图 13-18）。在法西斯意识形态的影响下，到处都是地中海风情和田园风光式建筑，体现了农村优于城市的见解以及墨索里尼的想法。墨索里尼认为法西斯主义扎根于农村。自 1925 年起，法西斯主义对园林设计的影响在实践中越来越明显，主要是 *battaglia del grano*（粮食生产）和土地开垦两方面。这两方面是一个规划项目的组成部分，目的在于实现粮食的自给自足、沼泽地的利用以及原先疟疾肆虐地区的重建，同时也是为了改造人类。难怪墨索里尼曾声称："拯救地球，拯救人类。"[20] 1928 年彭甸沼泽开垦法得以通过；早在 20 世纪 20 年代初农业经济学家阿里戈·塞皮尔瑞（1877 ~ 1960 年）就已精心准备了这一开垦项目。除了法西斯政府的大肆宣传，塞皮尔瑞的参与也起到了相当大的作用，他不仅帮助排干了沼泽地，还构思了一个涉及面更广的设计方案来提升庄稼的品质，重新分配农业用地，种植出更高品质更多数量的有机作物。同时，道路网建设和偏远地区拓荒的方案也产生了：包括农场、村庄甚至新城镇的建设。不过，回归土地这一总体构思以及墨索里尼的想法（哪个民族背离土地，哪个民族就将没落）还包含了 *Strapaese* 运动那咄咄逼人的反城市化立场。这一运动提倡回归农村生活和传统价值观，作家、艺术家米诺·马卡利主编的周刊 *Selvaggio* 对此十分支持。[21]

这一总体规划虽然非常现代化，但其乡村特色在意大利及海外的新型城镇中也有所体现。[22] 这些城镇的雏形是村庄，刚开始是有着意大利传统

13-17

图 13-17 和图 13-18　利比亚巴蒂斯蒂乡村酒店和埃塞俄比亚巴里乡村酒店鸟瞰图。
图 13-19　由蓬蒂内沼泽改造而成的农庄区块，位于利托里亚（现拉蒂纳）附近。

13-19

13-18

农业景观的乡村聚落，后来慢慢发展成为城镇。它们合理地融合了各种地中海元素和适用于新形势的古城传统特色。城市中心有着固定的模式（广场各有用处，有的民用，有的具有宗教功能，还有的用作集市）；住宅区房子是单门独户的，带有小花园；在更偏远的地区，一排排的房子都有着各自的菜园。然而，和美国与一些欧洲国家的情况一样，在新的城市规划中，园林设计并没有占据主导地位，无法融入规划或成为整体构造的必要部分。意大利的园林文化根植于19世纪的装饰艺术。比如，在利托里亚（今拉蒂纳）就有一个很好的例子，几何形状的花坛分布在圆形喷泉的四周，在主广场的中央有一个球体，这是由建筑师奥利奥洛·费索迪设计的（图13-19、图13-20）。皮特洛·英格劳曾在诗中歌颂过利托里亚，他在1934年法西斯蒂格鲁皮大学举办的诗歌竞赛中脱颖而出。在诗中，他把利托里亚描绘成"森林中的大教堂、大海中傲立的岛屿"。后来，皮特洛·英格劳成为了意大利共产党的领导人。

优格·欧杰特在撰写1931年在佛罗伦萨举办的 Mostra del Giardino Italiano（意大利花园展）的介绍目录时，强调了这些花园和意大利历史上曾有花园之间的密切联系。他用好战的民族主义的语气写道："我们征服了世界，但我们的艺术却被其他的所谓时尚艺术所掩盖，或是被冠以莫名其妙的名字，因此我们特地举办本次展览，目的在于恢复我们独有艺术的荣光。"花园展上的历史建筑模型都是遵循传统打造的，尽管托马索·巴兹设计的隆巴德新古典主义花园（图13-21）天马行空、充满了奇思妙想。这一作品是米兰"意大利二十世纪"流派的代表作。不过，它未能体现托马索·巴兹的创造力和高雅品位，而这两个特点在巴兹其他的设计尤其是私家花园的设计中清晰可见。在视觉效果和整体构造的结合方面，巴兹最成

13-20

图 13-20 利托里亚中央广场，奥利奥洛·费索迪设计，1932 年。

13-21

VEDUTA PROSPETTICA

功之作就是对拉斯加佐拉的改造。拉斯加佐拉位于特尔尼附近的蒙泰加比奥内，原先是一个圣方济各会修道院，改造工作始于 1958 年（图 13-22）。在拉斯加佐拉的园林设计中，花园融合了雕塑作品的建筑碎块，产生了新的卫城，同时也体现了皮拉内西的视觉效果，用个性化和新奇的手法诠释了维泰博附近博马尔佐的 Bosco Sacro（意为圣林。——译者注）中"构建而成的梦想"（1525 ~ 1538 年）。

比意大利花园展中的模型更有趣的是 Concorso del Giardino Italiano（意大利花园竞赛）[23] 的结果，两个获胜作品均来自米兰，该竞赛借由佛罗伦萨展举行。一个获胜作品出自费迪南多·雷杰力之手，另一个则是 Regia Scuola Superior di Architettura（皇家建筑高中）一群三年级学生的作品。

显而易见，在建造罗马南部边缘地区的 E42 住宅区时，新城镇规划中的装饰用途绿地不如法西斯政府用于庆祝的纪念性建筑重要。现在著名的郊区 EUR（罗马世界博览会。——译者注）最初用于在 1942 年举办庆祝法西斯成立 20 周年的世界展览会。尽管设计师借鉴了欧洲其他国家的建设特色，试着把景观区域融入广阔的几何布局中，并使各景观区域互相垂直，但是由于各种原因，EUR 的建筑与空地并未如设计师所愿那样相互融合。[24] 马西莫·德·维柯·法拉尼写道："从根本上说，这反映了一种态度，其实质是 19 世纪的，加上博览会的主办方对花园的狭隘理解，导致了这一设计的失败——建筑师马尔切罗·皮亚森蒂尼勉为其难参加了该设计——他们对花园的评价在于数量和装饰，只希望有一大片毫无瑕疵的绿色区域。"[25] 因此，印在 *Relazione Illustrativa del Piano Regolatore per la sistemazionearborea e floreale della zona dell'Esposizione*（《博览会花卉、树

图 13-21　托马索·巴兹，隆巴德新古典主义花园的透视图，意大利园林展（佛罗伦萨，1931 年）。
图 13-22　托马索·巴兹，拉斯加佐拉，朝东的外墙。
图 13-23　托马索·巴兹，安维尼兹别墅的水之园，位于米兰附近的特兰扎尼西奥。

13-22

13-23

木布置设计说明》，1938 年 6 月 29 日）上的博览会公园和花园设计指南似乎能让人更清楚地了解："公园与花园是典型的意大利式，其中的建筑风格特色鲜明。建筑、街景、水域、林荫道以及花园的四周装点着大量的草木，根据全局的需要，打造和谐的景象，加上大面积花卉的栽种，产生了明快的颜色和明暗对照的效果。"

花园：从内部环境到艺术尝试

正如我们所见，20 世纪早期的现代主义观也涉及到了园林艺术。这是 Gesamtkunstwerk（总体艺术）的核心概念，受到前卫运动的大力支持。艺术、自然、新型行为方式以及多样的新文化刺激因素在其中相互融合。花园运用不同的表达形式、材料与风格，摒弃了自然风景式，采用一种本质上是建筑的手段来设计私人绿地。这种花园和住宅紧密结合，以冬景园、花卉点缀的门廊和飘窗的形式向户外自然延伸，或是转移至房屋内部。在这样的花园中，"自然"虽然经过设计，但是它的功能在于作为主流思想与建筑形式的补充。现代主义到来之前，即 20 世纪初的几十年，在欧洲园林

13-24

13-25

的历史上兴起过一段为时不长却意义深远的尝试时期。

　　例如，我们可以在奥地利、德国看到"新艺术"花园：将上述风格的几何装饰性主题运用于植物的形态上，同时把它的功能用精确而正规的布局表现出来。花园分成美学与实用两块区域，乔木与树篱、围墙与露台、花坛与树荫作为各个元素构成了总体的几何形态，同时，花园也吸引了人们关注其多元的特征。有一批风景园林师，如弗朗茨·乐碧慈（图 13-24、图 13-25）、乔瑟夫·勒皮尔曼、阿尔贝特·利林法因以及维也纳分离派的拥护者们非常喜欢用成行的乔木或者成排的树篱构成几何布局，勾勒出远景和小径（图 13-26、图 13-27）。维也纳分离派的拥护者中有一群建筑家，如乔瑟夫·霍夫罗与约瑟夫·马里亚·奥别列兹，前者为位于布鲁塞尔的斯托克雷特宫设计了几何形花园（1905 ~ 1911 年），后者在自家位于达姆施塔特的住宅内有一个花园（1901 年）。比伊特·沃曼曾写到，"通过植物的栽种和建筑的手段来凸显不同的层次从而强调三重维度，这其中的一个目的是为了让小型园林显得宽敞和广阔。"[26]

　　在 20 世纪头几十年里的法国，一系列涵盖私家花园与临时性景观的实验体现了园林与象征性艺术之间的关系。园林设计师安德烈·维拉是第一个概括出园林新美学的人，他的观点和艺术界的新观点基本一致，有关他的介绍在本章早前部分里曾提及。他对阿希尔·杜雪耶的复古主义以及自然风景园均持批判态度，在他看来，自然风景园对自然的模仿实在太虚假了。维拉撰写了 *Le Nouveau Jardin*（《新花园》，1912 年）与 *Les Jardins*（《论花园》，1919 年）。在《论花园》中他提出设计师的园林设计必须符合代数和几何学的原理，想要达成这一目标，他们可以借助黄金分割与正方形和三角形之类的简易图形。在 *Jardin au soleil*（《阳光下的花园》，1919 年；图 13-28）一书中，维拉阐释了新型建筑式花园的特征，包括基于正交轴的几何布局，通过树篱、花坛以及树木突显总体构造的线条和纯粹的形式。

图 13-24　弗朗茨·乐碧慈设计的花园，1909 年。
图 13-25　弗朗茨·乐碧慈设计的花园，1906 ~ 1907 年。

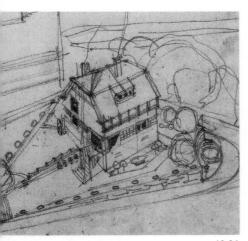

13-26

13-27

13-28

维拉在圣日耳曼昂莱市拥有一处房产。1920年，他在为自己的住房设计花园时，与兄弟保罗一起将它打造为古典与现代相融合的综合体。花园的整体呈现一种严谨的对称，是对自然环境的几何解读，维拉细致地运用了几何元素，将自然雕刻并塑造成显而易见的图形。值得一提的是维拉对园中植物采取了类似绘画式的配置，各种植物有着不同的色彩，就像一块色彩斑斓的大油画布，园中还使用了诸如钢筋混凝土的现代材料，看上去别具一格。艾伯特·拉普拉德（1883～1978年）在他的装饰艺术花园中采用了类似的方式，将大量对比强烈的单色植物并列栽种，间隔以颜色柔和的花圃，并用几何形的花坛提升总体布局的线条感（图13-29、图13-30）。

葛特鲁德·杰基尔（详见第十章）的设计也受绘画的影响，但绘画的构图是不同的。她在《花卉园的配色方案》（伦敦，1908年）一书中概括出"绘制"花园的技巧：园中打造各式花坛，种上色彩对比强烈、芳香各异的鲜花。这就是所谓的色彩边界，受威廉·罗宾逊观点的影响而成。威廉的理论关注的是花卉与植物，而非抽象的几何构图，目的在于创建自然、景观与花园的延续性关系。风景园林大师杰弗里·杰里科（1900～1996年）是20世纪园林艺术方面的领军人物之一。他的事业生涯错综复杂并且变幻莫测（见第一章和第九章）。杰弗里·杰里科的作品具有强烈的象征内涵，同时又反映了他的坚定信念，即必须保留作品所在地的历史连续性。比如，在他晚年为位于英国萨里的萨顿庄园设计新花园时（图13-31～图13-34），他对该地区的历史与现存花园给予了极大的关注，对它们加以重新评估，而不是复兴。这个项目可以说是他设计技巧的集大成者。乔治·普兰普特在萨里写到，"这些花园具有十分重要的象征意义，从一个区域到另一个区域，其中的连续性蕴含了人类存在的寓意：从呱呱坠地到寿终正寝，这就是人的一生。"[27]

图 13-26 约瑟夫·马里亚·奥别列兹，其达姆施塔特住宅内的花园设计草图，1901年。

图 13-27 阿尔贝特·利林法因，位于斯图加特一所别墅内的花园。

图 13-28 安德烈·维拉，Jardin au soleil（阳光下的花园。——译者注），1919年。

13-29

13-30　　　13-31

　　在 20 世纪的最初几十年，法国具象艺术影响了园林艺术。罗伯特·马莱 - 史蒂文斯[28]（1886～1945 年）是建筑界的装饰艺术派代表人物之一，他同样受到法国具象艺术的启发。早在 1914 年，他在为位于多维尔的 Les Roses Rouges（红玫瑰）别墅设计的花园中，根据自己对维也纳式设计风格的理解，在四边形的几何布局中增加了一座下沉式的中央水池。在建造园中的绿地时，他使用了一系列不同寻常的材料，让花园呈现出户外沙龙的效果，和别墅互为补充，但又充满野趣（图 13-35、图 13-36）。水池边框由若干片嵌有镀金马赛克的玻璃组成，标示出方形池塘的边缘；四周用黑白相间的方格图案铺成。水池的外部是草坡，连成一片，四个角落里是常绿树篱，打造成几何块状，用来强调空间布局，并且形成高大的建筑立柱。在上方空间，白色长椅沿着四边拜访，它们有着宽大的半圆形靠背，长椅周围是玫瑰墙，强化了这座新奇小花园的几何特征；在其中一边的中央有一个半圆形露天建筑，里面放置着一件黑、白、金三色相间的陶瓷雕像，直接面对着主入口。1913 年在巴黎举办的 L'art du Jardin（园林艺术）展上，这种早期尝试性的形式革新得到了展示，玛丽·路易·苏的"法国工作室"的支持者也有作品在会上展出。

　　和上述的新型表达形式相反，阿基利·杜歇纳设计的私人花园似乎采

图 13-33　杰弗里·杰利科，舒特庄园的花园中马蹄莲水道，多塞特郡，1969 ～ 1990 年。

图 13-34　杰弗里·杰利科，舒特庄园的花园设计图，多塞特郡，1988 年。

13-32

33

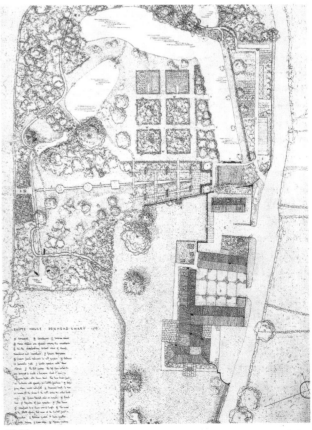

13-34

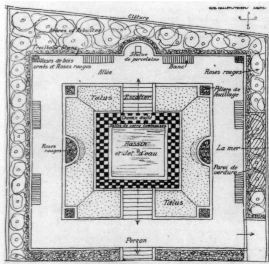

13-35   13-36

取了不同的方法来吸收几何学精神，杜歇纳注重学习安德烈·勒·诺特尔
（见第六章）的作品，同时又结合建筑式园林的新风尚。*Le jardin de demain*
（明日花园，1927 年）是为一个艺术家之家设计的（图 13-39），别墅房顶
有一个直升机停机坪，传达出一种现代感，和花园的设计密切相关。花园
是一座巨大的花坛，和别墅位于同一轴线，包含一个长形的中央水池。花
坛尽头是一排爬满玫瑰的双拱门，通向一座草木打造的剧院，让人感觉仿
佛置身一个意大利花园。两个长藤架将花园的中央区域和其他部分分隔开：
有些区域用于休闲，有些区域则专门用来种植农产品。藤架上面长满了玫
瑰，两旁是成排的柏树。在一系列的 *Les jardins de l'avenir*（未来花园）中，
有一座为现代幼儿园设计的花园（图 13-37）。在这个花园中，以几何构造
为总体布局，其中心元素依然是草木主题，通过装饰艺术的形式得以表达。
杜歇纳在 1935 年出版了一本书，名为《未来花园》。

图 13-35 和图 13-36　罗伯特·马莱－史蒂文斯，
为红玫瑰别墅设计的花园透视图与平面图，多维
尔，1914 年。

图 13-37　阿基利·杜歇纳，一所幼儿园的花园，
1935 年。

图 13-38　阿基利·杜歇纳，为一户艺术家之家
设计的 *Jardin de demain*（明日花园），鸟瞰图，
1927 年。

13-37   13-38

13-39

图 13-39　加布里埃尔·古埃瑞克安，
Jardind'eau et de lumière（光与水的花园），水
彩画，巴黎，1925 年。

　　不过，这类园林被打造成一种真正的 *Gesamtkunstwerk*（总体艺术。
——译者注）是在 1925 年于巴黎举办的 Exposition Internationale des
Arts Decoratif et Industriels Modernes（装饰艺术和现代工业世界博览会。
——译者注）上。*Jardind'eau et de lumière*（光与水的花园）由年轻的亚美
尼亚移民加布里埃尔·古埃瑞克安（1900 ~ 1970）设计。他曾在乔瑟夫·霍
夫罗的工作室实习，世博会期间他正与马莱 - 史蒂文斯共事。"光与水的花
园"是现代园林史上的里程碑，也是以运用多样化材料为主的当代设计作
品的先驱（图 13-39）。当时的媒体把这座花园称作"波斯花园"，不过"立
体派"才是对古埃瑞克安作品最好的诠释。这座花园呈三角形，不对外
开放，是属于园主的私人冥思场所。四周是矮墙，由三角形玻璃搭成，可
供路人往里观望。园中有一座三角形的混凝土水池，里面分成了四个小型
三角形区块。每个区块的底部绘有红、白、蓝色圆圈，水池上方则是一个
嵌有镜片与彩色玻璃的可旋转多面体球，球体内部闪闪发光。理查德·卫斯
理写到，该设计是"将园林设计的美学提升到现代绘画水平的首次尝试……
就像一幅鲜明的立体主义绘画，以大地、花卉以及水体为画布，由画家
将它们抚平、构图、分解并且尽可能地鲜艳夺目"。[29]

　　马莱 - 史蒂文斯为 1925 年的世博会设计了 Jardin Jean Goujon（让·古

戎花园。——译者注），它位于巴黎中心区域的 Esplanade des Invalides（荣军院广场。——译者注）（图 13-40）。他制作了一张非常传统的平面图，图中的花坛是几何形的，呈对称状，位置低于小径的路面，并与花园外部的边界相连；花园的边界由规整树篱围成，园中还有缓坡与陡地。马莱-史蒂文斯与雕塑家简·玛蒂尔以及居尔·玛蒂尔合作，用钢筋混凝土在花园里"栽种"了四棵树，树干是十字形的，树叶由斜板打造而成。建筑师马莱-史蒂文斯本人强调了这座花园的建筑特征："经过修剪和制版的树篱或灌丛可以达成设计师预先设定的轮廓与体积，但它们和混凝土树木一样，都不够自然。园林艺术将要开启一个新的层次：原本是无法领先于建筑的，但如今它已充分确立，新型园林即将产生。"[30] 混凝土树木受到了意大利未来主义者们的赞扬，他们甚至宣称是他们最先提出这一想法的；当时正值贾科默·巴拉的 *futurfiori*（"未来之花"）盛行的时候——由多彩木制成的"未来之花"——多少为巴黎的混凝土树木提供了样板。评论家罗伯特·帕皮尼称他们为"艺术怪才"。不过，马莱-史蒂文斯并没有在其后续作品中发展人造树的理念。一直追寻现代园林主题的人是古埃瑞克安，室内设计师与图书装订商皮埃尔-埃米耶·雷格莱恩（1889 ~ 1929；图 13-41）提出的许多抽象性建议都是由他付诸实践的。1925 年，古埃瑞克安受委托设计夏尔·德·诺阿耶子爵别墅里的花园，这位子爵对现代艺术青睐有加；他的别墅由马莱-史蒂文斯设计，坐落于日安半岛，邻近法国南部的耶尔（图 13-42、图 13-43）。花园仍然是三角形的，不过这是因为它的地形独特。花园的布局也采用了易辨识、分解的几何构造，并结合特殊材料的使用。从这点来说，它与安东尼·高迪设计的巴塞罗那桂尔公园（1900 ~ 1914 年）相似。

整体产生于自然和人为的结合。维多·卡皮耶洛写道：

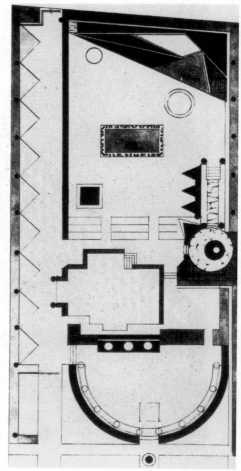

13-41

13-40

图 13-40　罗伯特·马莱-史蒂文斯，*Exposition Internationale Arts Décoratifs et Industriels Modernes*（装饰艺术和现代工业国际展览会）上的让·古戎花园，巴黎，1925 年。
图 13-41　皮埃尔-埃米耶·雷格莱恩，为珍妮与安德烈·塔察儿设计的花园平面图，位于巴黎拉塞勒圣克卢，1924 年。

236

13-42

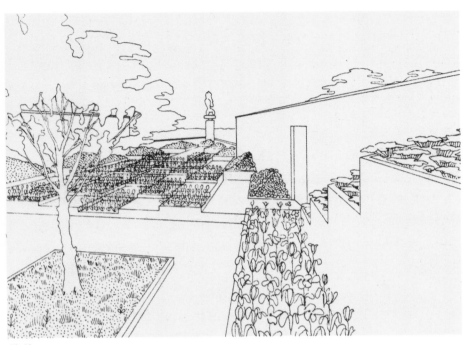

13-43

不断强调使用非自然的材料意味着不再将园林与城市对立起来。通常，花园象征着自然的主导地位，而城市代表着石材的主导地位——正是这样的观点才有了"上帝造了伊甸园而该隐（Cain）建了第一座城市"一说。也就是说，自然和人为的区别不再像从前那样显著。两者间的区分度已变得模糊，无论是城市语言还是园林语言的运用都充分说明了这一点。[31]

对待城市的态度——无条件排斥或是重建式接受——就是花园和现代主义运动之间复杂关系的核心，而现代主义运动的不同表现手法和其代表作品的价值则决定了人们不同的理解和诠释。

现代主义运动：城市中的公园与花园

由于篇幅所限，这一重要主题无法在此细论。不过，我们必须强调，在投身现代主义运动的建筑师中，有两位大人物对造园理念中存在的不同观点和视角，尤其是绿地在城市中的作用等进行了最恰当的概括，他们是：弗兰克·劳埃德·赖特（1867～1959年）以及查尔斯·爱德华·让雷内-格里斯，即大家熟知的勒·柯布西耶（1887～1965年）。在现代主义运动的建筑设计中，由于建筑占据了主导地位，因此绿地通常只是背景，无论在哪里，都毫无差别，或者只是代表了外在的自然，框在长长的带状窗户之中，好像电影镜头一样，用来让人们从新造的建筑中观望而已。在生活用地的新布局与自然风光的关系中，后者被视为还未得以设计改造的区域。不过，从这些有关城市的理念中——赖特反对城市环境，而勒·柯布西耶则主张重建现代城市——我们可以发现有关公园与花园设计的某些观点至今仍然适用。

图 13-42 和图 13-43　加布里埃尔·古埃瑞克安，诺阿耶别墅花园，位于耶尔，1928 年：从上往下拍的照片与透视图。

我们在前一章中提到，美国的两大对立组成——城市与农村——在20世纪20年代仍旧共存，但是作为推动力的土地神话和杰斐逊式民主基础成为与城市环境抗争的工具，这也被视为社会邪恶势力滋生的反面教材与温床。美国的两大社会阵营一直处于争斗之中，一方是禁酒主义者、新教徒以及农民团体，另一方则是天主教徒、反禁酒主义者以及市民团体。一些经济学家和支持"返璞归田"运动的理论家们，如拉尔夫·柏索迪（1886～1977年）既不赞成先驱式的自给自足思想，也不支持乌托邦主义[32]，这个背景是大家在欣赏赖特作品时应该考虑的。赖特寻求的是一种建筑与绿地、园林（在广义层面上可以解读为从森林到荒漠的风景）之间的新型关系，他排斥城市，希望回归田园和进行家庭生产，在他看来，这是可以达成的理想。赖特在橡树园（邻近芝加哥西面的一个村落。——译者注）进行早期实践摸索时，就已经通过建筑手法表达了他反对城市的立场。橡树园叠翠环绕、远离城市，赖特的设计使它和自然之间产生了一种直接而浪漫的关联，自然既是独立的实体，又与村落互为补充、相辅相成。从在橡树园设计的房子可以看出他对自然情有独钟，对大都市及其所有则是冷漠无感。橡树园周围的公园和花园反映了有闲阶级的品位。此外，赖特还故意拒绝参加1893年举办的哥伦比亚世界博览会。

图 13-44　弗兰克·劳埃德·赖特，塔里埃森综合体，位于威斯康星州的斯普林格林，1932 年。

13-44

13-45

赖特最初的实践是在塔里埃森（1911 年），那是他从欧洲回来后在威斯康星州斯普林格林附近建的房子以及工作室（图 13-44），后来他又设计了位于亚利桑那沙漠中的奥科蒂罗沙漠营地（1927 年）和西塔里埃森（1938年），最后他提出了广亩城（1943～1945 年；图 13-45、图 13-46）的构想。奥科蒂罗沙漠营地和西塔里埃森都是意义非凡的设计作品。这一系列的作品和构思似乎在提醒人们："即使在城市居住区，一旦基本信息无法传递，唯一的救赎便是建造一个能体现以下精神的避难所：杰斐逊的蒙蒂塞洛、梭罗的瓦尔登湖、爱默生的康科德以及惠特曼的荒野。"[33] 赖特通过塔里埃森，从理论以及实践两个方面清晰地表达了对城市的厌弃。不过，即便赖特排斥城市环境，想要推倒重来，但他从未放弃有关城市建设的理念。在广亩城构想中，他将土地神话与城市形式、建筑与自然相结合，而且无论在何种情况下，他都一直在为他心目中的城市建造和设计建筑。从赖特关于塔里埃森的经验之谈中我们可以理解他一直追寻的建筑形式与自然环境的关系：

必须有一个原生态的房子，倒并非像山洞和木屋那般原生态，这份原生态在于它的精神核心和建造过程……要建造那样的房子还只是个不成熟的想法。不过正是由于这样的不成熟想法，才让细枝长成了一片果林，让葡萄藤长成了一座葡萄园，让小树苗长成参天大树，为人遮挡阳光、提供阴凉。这个不成熟的想法到处播种，并且生根发芽、开花结果！在我眼里，屋后的山顶就是一片苹果树，香气阵阵，弥漫整个山谷，紧接着，树枝上

图 13-45　弗兰克·劳埃德·赖特，广亩城，从上往下拍的模型照片，1934 年 /1935 年。

239

13-46

挂满了红色、白色、黄色的果实，沉甸甸的，都快垂到地面了，这样的苹果树和橘子树一样光彩夺目。[34]

　　在赖特看来，房子的花园其实是环绕着建筑的景观，精心打造而又十分自然：因此，在他为亚利桑那州设计的项目中，沙漠成为一种理想的园林，未经污染的美国自然之地。如他所言，"人类正从沙漠中得到越来越多的乐趣。"[35]

　　从奥科蒂罗沙漠营地（赖特与其员工在 1927 年的冬季临时总部）到西塔里埃森，每一个设计都充满了先驱精神。赖特还将不毛之地改造为花园，这也是保罗·索列里联同科桑地基金会以及阿科桑地实验小镇（始自 1970 年）在 20 世纪 50 年代中期开始一直到现在都在从事的工作。始于 20 世纪 30 年代的广亩城项目集中体现了赖特对独立社区的构想即自然的再生。当时美国正在资助土地重组项目，例如完善住房政策以及实施惠农举措。赖特认为回归城市是解决美国城乡问题的方法。换言之，广亩城很大程度上是基于杰斐逊自治基础上的安居工程。它寻求的是城市设计方案、

图 13-46　弗兰克·劳埃德·赖特，生活之城，1958 年，广亩城图解。

13-47

13-48

图 13-47　勒·柯布西耶，马赛公寓楼顶的幼儿园，1946 年。

图 13-48　勒·柯布西耶，巴黎贝斯特古公寓的屋顶平台，1930 年。

道路与绿地的分层以及能够应用于各个区域的网格平面，使城市用地与农业景观之间密切相连，同时为如河流和山丘等蜿蜒形态的自然元素预留空间。赖特极力提倡把乡村景观作为救赎地，在那里自然和人类环境是一致的，这与金钱至上的城市截然不同。对梭罗而言，只有与世隔绝地生活，譬如居住在湖畔小屋，才能感知和理解原生态的自然，而赖特的新型城市观则强调，人们凭借最先进或者未来的技术，通过建筑的手段可以复兴荒野。[36] 梭罗建议孤独的城市居民在自然中寻找存在的理由，赖特在其工作室与避难所——塔里埃森——身体力行这一观点，但现在投身自然的不再是孤独的城市居民，而是身处神话般自然中的乡村居民，他们将会在广亩城发现新型城市的好处，这种城市占地很广，并将现代视野融入农业社会。赖特在 1935 年公开展出了广亩城的大型模型和令人瞩目的一系列图纸。具有讽刺意味的是，展出的地点是洛克菲勒中心，正好位于他嗤之以鼻的纽约中心区域（他后来在 1943 ~ 1959 年间纡尊降贵地在那里设计建造了古根海姆博物馆）。广亩城的提出表明他已成为一名高智商的建筑师，与保守的土地所有者持相同梦想，唾弃新政提出的发展愿景，他的有关景观与环境的使用与解读理念带有些许晚期浪漫主义和先锋理想的色彩。

勒·柯布西耶对于绿地与建筑之间关系的看法更是别具一格，他的立场和重建现代城市的观点密切关联。在其作品中，由于参照物的不同，他有时候会把绿地作为城市和区域的要素加以运用，有时候则把园林中的新要素引入室内空间（图 13-47 ~ 图 13-51）。勒·柯布西耶在其著名的《新建筑五要素》中提到，要在现代城市的绿地里营造现代感，必须要：使用 *pilotis*（立柱：将建筑物的地基加高至地面以上的柱子）、提倡使用 *fenêtre en longueur*（长条形窗户）以及建造 *toit-jardin*（屋顶花园）。立柱解放了建筑的地基，使建筑和周围的园林以及开放空间之间形成了视觉和实体两方面的连贯性；长条形窗户能够框定景观，并从美学的角度将景观与建筑设计相融合。[37] 屋顶花园源自古代的空中花园，它的功能不再是最重要的，它代表的是房子在宇宙中的故事——苍穹是顶棚，而屋顶是地面。屋顶花园加强了自然与人为、内部与外部之间的联系，具有雕塑的特征，有时候还具备了超现实主义的特质。比如，位于马赛的一处 *Unité d'Habitation*（住房单元。——译者注）（1946 ~ 1952 年），里面有一个混凝土打造的花园，其中的点缀形式繁多，还有大型的 *objets à reaction poétique*（诗意物件），勾勒出地平线。另一个绝好的例子是可以俯瞰巴黎香榭丽舍大街的贝斯特古公寓（1931 年），这一私人公寓更富有艺术气息。诚如建筑评论家、历史学家肯尼斯·弗兰姆普敦所言，屋顶平台成为一处炼丹之所、宇宙一角，在这儿苍穹就是顶棚，屋顶就是地面，上面铺着绿色的地毯。法国首都附近一处较高的地方有一座私人城堡，四面白墙围绕，从里面看不见地平线，但可以观赏到凯旋门、圣心大教堂与埃菲尔铁塔的上半部。它处于城市之中，但外墙连绵的线条又将它隔绝于城市环境，凯旋门、圣心大教堂与埃菲尔铁塔的上半部则成为它总体布局中的 *objets trouvés*（拾得之物）。鲍

241

拉·格里高利写道：

　　建筑与景观之间的界限一直在变动，通过规模的变化和超现实的处理手法将外部空间改造为内部空间 [例如假洛可可式壁炉（还有壁炉上方的圆镜，壁炉突出在墙的上方，家居饰品，假的混凝土间壁以及雏菊盛开的人造草坪）]，用人造代替天然，改变构成元素的功能与规格，不再是装饰性背景，这些都使得建筑与景观的界限更加模糊。然而在一个明晰且复杂的空间里，其真实的建筑构成在实际操作中却成了一种自相矛盾的烟火游戏。[38]

　　1922 年，在勒·柯布西耶 35 岁之际，他用一种按部就班又带有挑战意味的方式表达了在新建城市中绿地与建筑师之间的关系，并上升到城市规划的层面。他规划的 *Ville Contemporaine*（现代城），目标人口为 300 万，整个布局超级理性，其中的几何网格与一个大型城市公园紧密结合，这个大型城市公园即为城市入口：

　　设想我们取道大公园进入城市。在特殊的机动车高架轨道上，快速行驶的汽车驰骋于雄伟的摩天大楼之间……整个城市就是一座大公园。露台伸展于草坪之上，通向果园。处于同一水平面的低矮楼宇将人们的目光引向成片的树林…在这座城市里，成千上万的居民生活在安宁之中，空气清新，在绿树掩映之下，噪声也消失殆尽。这里没有纽约的纷繁嘈杂。这是一座沐浴在阳光中的现代城市…站在任何一处极目远眺，都能望见天空。平台屋顶的方形轮廓在天空的映衬下格外鲜明，屋顶花园里草木繁盛、青翠欲滴。[39]

　　在其巴黎瓦赞计划（1925 年）中，勒·柯布西耶继续他的城市梦。瓦赞计划充满了幻想和决心但又模棱两可。他用著名的蒙太奇照片集为他的计划提供图解，他提出要将这座历史悠久城市的一半拆除。随后，他开始务实，设计了 *La Ville Radieuse*（光辉之城，1935 年），那里有广阔的绿地，几乎不进行人工打理——法国风景园林先驱吉尔·克莱芒的"动态花园"——对这座现代城市的发展起到了不可磨灭的作用。设想中的新城数据——"灵感来源于宇宙运行与人们社会的法则……城市规划的基础材料包括太阳、天空、树木、钢铁以及水泥，严格按照重要性的程度排序"[40]——表明建筑占总城市面积的 12%，剩下 88% 的可利用土地，其中的大部分将用于绿地、带有特殊设施的花园、私家园林以及蔬菜种植园。

　　这些原则被记录在 *La Charted'Athènes*（《雅典宪章》）内，勒·柯布西耶在 1941 年对该宪章做了修改，随后在 1943 年匿名发表。他在当中概括了城市规划宪章的原则。1933 年在马赛驶往雅典的圣帕特里斯二号轮船上举办的第四届现代建筑国际会议（Congrèss Internationaux d'Architecture Moderne）上已着重强调了该原则。可能就是在那个时候，绿地、花园和城市公园有了一个必要的标准，成为区域分块量化的工具，主要的构成和设计特征不再加以考虑。然而，这导致了大家不再关注规则式的特质，在勒·柯布西耶看来这些特质对满足多样景观要求以及建立各地不同的城市

13-49

图 13-49　勒·柯布西耶，巴黎瓦赞计划的蒙太奇照片图集，1925 年。

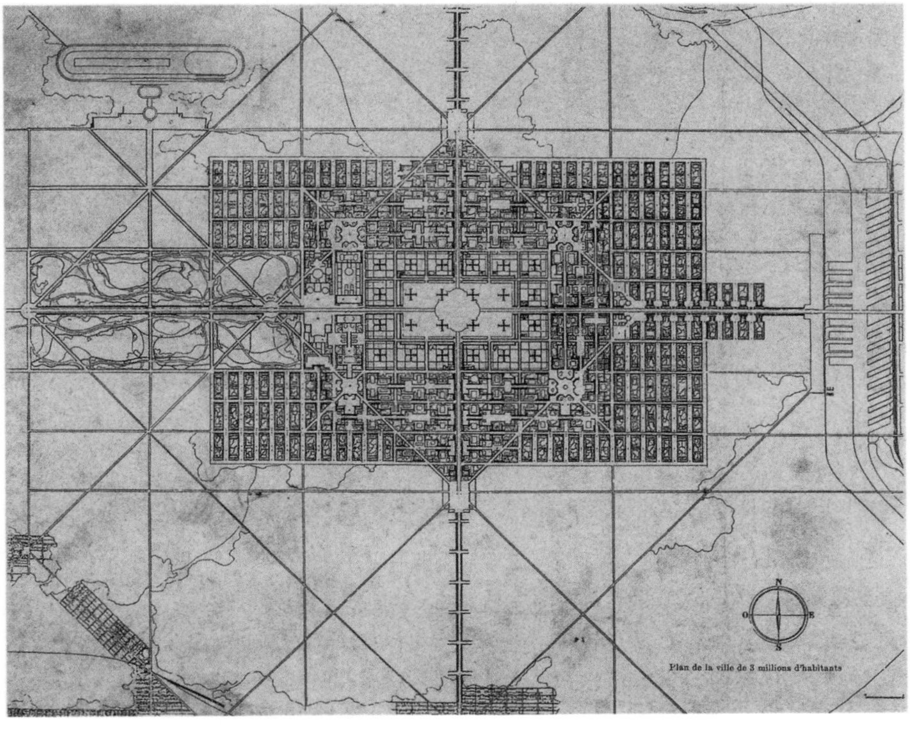

图 13-50　勒·柯布西耶，一座容纳 300 万居民
的城市中高层公寓楼平台上看到的景致，1922 年。
图 13-51　勒·柯布西耶，一座容纳 300 万居民
的城市，总平图，1922 年。

13-52

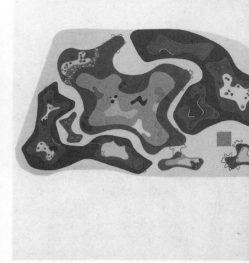

图 13-52　罗伯特·布雷·马克斯，奥德特·芒太罗住宅花园，位于邻近里约热内卢的科雷亚斯，1948 年与 1988 年。

13-53

13-54

标准十分必要。雅典宪章里标题为"我们必须要求"章节中的第 37 段解释了他的这一观点：

> 与建筑体群紧密相连、与住宅楼融为一体的绿地不应该只是用于装点城市。首先，绿地必须实用，绿地的草坪上摆放的必须是公共设施…绿地是居住区的延伸，必须如居住区一样受"土地法"管制。[41]

让公园与花园重新承担重要角色的任务——允许它们的诗意、公用功能先行，为当代园林的新形式铺平道路——分别落在了三个大人物的肩上：墨西哥建筑家路易斯·巴拉干（1902 ～ 1988 年）、巴西园林设计师罗伯特·布雷·马克斯（1909 ～ 1994 年）、美籍日裔雕塑家野口勇（1904 ～ 1988 年）。他们没有意识形态上的偏见，创造力非凡，大胆尝试各种颜色、形态以及材料的运用，他们摸索出来的风格至今受到全球园林设计师们的青睐。布雷·马克斯在设计中运用五彩斑斓的植物丛，显示出他受到绘画与雕塑尤其是汉斯·阿尔普作品的影响。通过将植物学与艺术相结合，他成功地使花园成为了建筑的重要补充成分，而不是可有可无的附属成分（图 13-52 ～图 13-54）。在巴拉干设计的花园中，他通过使用一些以亮色系为特征的建筑元素，寻求绝对真理：以表面为基本几何图形的水墙或水幕，与自然环境的强烈背景形成鲜明的对比。他先于简约主义，提出建筑式园林新概念的标准，在建筑式园林中，自然与抽象的纯几何构图相互交融，因为他深信从墙后探出的树冠能给人带来极大的神秘感（图 13-55）。在某些方面，如在园林的雕塑方面，以及有时在选取单一的材料方面，野口勇可以说是紧随巴拉干的步伐，他将园林与艺术形式密切关联，将设计转化

图 13-53　罗伯特·布雷·马克斯，普拉卡·塞纳多·萨尔加杜·菲柳酒店，桑托斯杜蒙特机场，邻近里约热内卢，彩色平面图，1938 年。

图 13-54　罗伯特·布雷·马克斯，里约热内卢的拉果达卡里奥卡，1981 年与 1985 年。

13-55

图 13-55　路易斯·巴拉干，弗基·埃格斯特拉姆别墅中的马池，位于墨西哥城，1966～1968年。

图 13-56 和图 13-57　野口勇，纽约大通曼哈顿银行广场喷泉雕塑花园，从上往下拍的照片和平面图，1959年。

图 13-58　野口勇，下沉式干石花园，位于纽黑文市耶鲁大学的百内基珍本和手稿图书馆，模型图，1960～1964年。

为一种装置。他设计的花园有的是冥思型的（例如位于纽约大通曼哈顿银行广场的下沉式喷泉雕塑花园，1961～1964年；图13-56、图13-57），有的则由石材建成（位于纽黑文市耶鲁大学的百内基珍本和手稿图书馆内，全部由白色佛蒙特大理石建造的干石下沉式花园，它构造了一个雕塑空间，1960～1964年；图13-58）。野口勇的花园作品以自然与技巧作为主题，在形式和材料的运用上非常坚决。他在作品中还使用大石块与耙砾石，将日本风味融入来自世界各地和不同时期的艺术形式与文化（例如位于联合国教科文组织总部内的花园）。

13-56　　　　　　13-57　　　　　　13-58

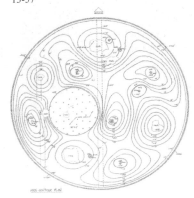
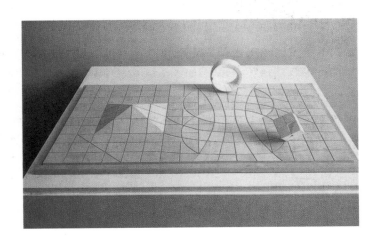

14-2

14-1

第十四章
走进新世纪

园林走向世界：范例和新方向

当代园林为人们进行创新和在环境设计这个大范围内进行学科合作提供了最好的机会，这是有目共睹的。乍一看，它的主要特征好像是折中主义，但仔细研究后，人们会发现有两大参考体系将不同环境、气候以及国家中大量多样的表现形式和它们的发展史以及传统联系了起来。皮耶鲁吉·尼可林写道：

我们的解读不在于指出不同之处，而在于借鉴 20 世纪伟大的风景园林师（罗伯特·布雷·马克斯、路易斯·巴拉干、野口勇），并且指出当今环境问题的紧迫性，这是一个全新的事件……在基因工程领域进行的科学探索引起了我们的不安，我们关心地球的未来环境、关心一切导致新环境意识产生的事情比如可持续性发展的理念，我们对动植物物种的消失、大气污染感到担忧，这一切都改变了我们对自然的审美观。[1]

人们对环境问题越来越重视，于是想方设法地干预景观，以期保护和重建景观。同时，在新的城市和郊区公园里，用景观来表现对大自然的感悟的做法比比皆是，这些景观即艺术品，包括建筑小品和花园，还有临时或长期的陈设，部分地是为了回应美国大地景观晚期的作品。[2] 所以，现在有很多造园项目可能没有直接的使用者，或者有向更多民众开放的绿色空间，它们通常是城区复兴中的"连接要素"。有时候，这是为了鼓励人们的参与，比如，大家自觉照看公共花园，退休人员养护公共空间里的菜蔬园[3]，学生参加有关植物学的理论和实践活动。当代园林走出了旧围栏，为人们提供了新用途，正如尼可林所写，它已成为"一个极其合适的场所来或直接或象征或喻示地表达我们时代的情感和诉求。"[4] 园林在一个小空间反映美学因素，它是一道风景，展现广泛的美学特征，除了规划好的开放空间，还有象征、结构和符号。

巴黎的拉维莱特公园（图 14-3）是一个绝好的例子。1983 年，公园委员会在全世界范围内开展了设计方案大赛，最终，瑞士出生的建筑师伯纳德·屈米（生于 1944 年）拔得头筹。他的方案提出，公园不应是传统的城市"绿肺"，而应该是都市生活中充满生机的新中心。方案要求公园应该通过一系列和谐而形象的联想和视觉的变化使之充满活力。公园建成后非常受欢迎，不过奇怪的是，在屈米的规划中，留给植物尤其是大树的空间却少得可怜，反而是建筑承担了搭建大块绿地的功能。公园整体空间的质

图 14-1 野口勇，位于巴黎的联合国教科文组织总部花园，细部一角，1956 ~ 1959 年。

图 14-2 路易斯·巴拉干，墨西哥城弗朗西斯科·吉拉迪住宅的露台，1976 年。

14-3

14-4

图 14-3 巴黎拉维莱特公园里的小品，1983 ~ 1997 年；伯纳德·屈米设计。

图 14-4 ~ 图 14-6 巴黎安德烈·雪铁龙公园，1986 ~ 1992 年；帕特里克·贝尔热、吉尔·克莱芒、让－保罗·魏基尔、让－弗朗索瓦·热德力和阿兰·普罗沃合作设计。公园细节、园中小径以及温室内部。

量并不在于有机和谐的美学构成，而在于创建一个尽量多的反差、碎片和结构的体系，比如公园里的小品系列——以立方体的解构和重组为基础的大红色亭子——放置在栅格上，以揭示简单的主题。荷兰园林设计的领军人物之一、西8景观和城市设计公司的创始人阿德里安·高伊策曾写道：

> 大部分设计师在设计公园时是出于对城市的极度不满，而屈米并非如此。他设计的公园不是城市的对立面，不是孤立的绿洲，而是和城市融为一体，尽管城市是那么无序和粗野。他的作品是一首欢乐之歌，献给城市，献给对城市充满赞美之情的20世纪初的结构主义者。他的公园努力想保留城市的独特性，保留那五光十色的喧嚣。那么公园究竟能引导什么样的活动呢？答案是无穷无尽的。⑤

拉维莱特公园是一个极端的例子，不过后来的很多项目仍然以它为范本，尤其是隐含在其中的新绿地设计方法。充满活力的法国风景园林流派在欧洲的绿地设计方面是占据主导地位的。

漫步巴黎

"人类任何的古怪念头、离经叛道的想法都可以归结为一个词：花园。"⑥法国诗人、小说家、超现实主义运动的发起人路易斯·阿拉贡（1897 ~ 1982年）用这句话作为《巴黎农民》（1926 年）的开场白，该书的主要内容是巴黎绿地，也是对当时法国首都的文学描述。阿拉贡强调了巴黎公园的悠久历史、奥斯曼男爵创建的林荫大道、著有自传性作品《漫步巴黎》的让-查尔斯-阿道夫·阿尔方在19世纪的巴黎建设公园、花园以及林荫道中所起的作用（见第十一章）。阿拉贡写道："今晚，在城市中心，花园里那些朦胧、

14-5

高大的树木就像在野外露营。它们有的在窃窃私语，有的在默默地抽着烟斗，在心中思念着远方的恋人。有的拥抱着洁白的围墙，还有的用肘去触碰傻乎乎的高速公路，蛾子在它们那长满了金莲花的帽兜里飞舞。"⑦ 这样看来，20 世纪初巴黎的城市里有很多不同类型的花园，不同的类型具有不同的特点：道路、树木、风景以及花坛；每一座花园都有自己的故事，但它们都是完整的空间，和周围的城市空间毫无瓜葛。每一个故事，或者说每一个复杂而又多变的"绿色巴黎"故事体系随着时间的流逝而日渐丰富，历史园在不断革新，荒废的土地、废弃的铁路沿线出现了新园林，或者被新的公共建筑包围，比如多米尼克·佩罗设计的法国国家图书馆（1989 ~ 1995年）。绿地和公园已成为建筑整体不可分割的部分，也是城郊建筑的更新和发展必不可少的要素。关于这一点，弗朗西斯科·瑞比史堤曾写道：

花园也可以被看作一个能够提供多种不同选择的空间，用来充当建筑和城市之间的媒介：它甚至可以让建筑相互间产生联系，因为它们无法再指望有一个真正的公共空间。⑧

1972 年，曾经生产过著名的 2CV 和 DS 系列汽车的巴黎雪铁龙制造厂停止了生产，为城市腾出了一大块空间。市政府决定建造一座新公园，并为此开展了全球范围内的设计竞赛。公园将占地 14 公顷（35 英亩），以雪铁龙汽车公司的创始人安德烈·雪铁龙命名。只有与建筑师合作的景观设计师才有资格参赛，这也许是吸取了拉维莱特公园设计竞赛的教训，因为从理念上来说，拉维莱特公园是以建筑手法设计的，大大盖过了景观和植物设计。这是一个被人遗忘的区域，而且这块区域曾经是汽车工业中心，现在政府希望将它重新打造。公园位于塞纳河左岸，是新区的中心，它集合了两个优秀项目（1985 年）的理念，它们分别由帕特里克·贝尔热和拍档吉尔·克莱芒、让 - 保罗·魏基尔、让 - 弗朗索瓦·热德力和阿兰·普罗沃合作完成（图 14-4 ~ 图 14-6）。

原先的工业大厦已被夷为平地，取而代之的是一座公园。它的形式完整，总体布局和所有细节都表明它是崭新的。这些都表明了它的现代功能，尤其表现了自然是如何被驯服、被城市化以及被保护的，比如，那两个由木头和玻璃搭建的大型温室将城市和塞纳河的尾端分隔了开来。一个大大的长方形草坪形成中心开放空间，在它周围是布置好的区域——代表了园艺世界——每一区域在组成和景观上各不相同。克莱芒和贝尔热负责设计公园的北部区域，包括白色花园，他们以完整和独立的方式将景观和绿地设计延伸到了城市建筑。那两个大型温室也是他们设计的，分别位于一块倾斜的铺装地两侧；铺装地那儿有一处水景，里面有 80 个可变喷头，这是对历史上著名园林的致敬——尤其是凡尔赛宫园林。克莱芒和贝尔热设计的区域一直向西北边延伸，建有 6 个主题花园，以小型温室和水渠而著称。这些花园形成了户外"绿房子"，人们可以在此逗留，享受一份安宁；它们基本上是私密的，和那个公共的中心大草坪形成鲜明对比。魏基尔和热德力负责设计公园的南区，起自黑色花园——一个被高楼环绕的绿色广场——这是公园的入口处，非常引人注目。他们还在不同的平面上设计了双边水渠，水渠间是小小的连接塔，它们形成了一系列的地标，游客可以在那儿看到周围的景致，面对塞纳河的假山附近有一座小型瀑布，公园南区就到此为界。安德烈·雪铁龙公园是微观和宏观的有机结合，含有多种格局、多样化的地形、尺度和植物，搭建了 4 个基本区域，分别对应自然主题、潮流主题、建筑主题和艺术品主题。克莱芒正是在这儿以城市公共空间的尺度实践了他的"动态花园"理论（图 14-7），在他的家乡克勒兹他曾根据这一理论花了 7 年时间打造了他自己的花园——山谷花园：

14-6

　　动态花园在场地中吸收和培养能量，并且尽可能地顺应自然，和自然保持和谐。它指的是植物种类的变化，造园师对此可以自行理解……动态花园建议人们尊重自发生长的植物。这些原则打破了之前将花园全权交给造园师的观念。花园是不断变化的，花园设计不是图纸的结果，而应该是养护者辛劳的成果。⑨

　　在安德烈·雪铁龙公园对面，有一座贝尔西公园，在一个名为 ZAC 贝

14-7

14-8

14-9

图 14-7 吉尔·克莱芒，"动态花园"，位于法国科勒兹省的拉瓦勒，1977 年至今。

图 14-8、图 14-9 贝尔纳·于埃、玛莉莲娜·费兰德、让－皮埃尔·富葛、贝尔纳·勒·罗伊、若·勒·凯思纳、菲利普·雅固安，巴黎的贝尔西公园，1993～1997 年。在原有参天大树间的新建小径；中心运河两旁的林荫大道。

尔西（综合开发区）的公共再开发项目中，它占有重要地位，而且它在巴黎东区的城市改造总规中也是主要内容之一。在原先的场地中有很多树木，而且在 19 世纪，那儿有很多葡萄酒和烈性酒仓库，在巴黎城中形成了一个独立的村庄。在 1987 年举办的设计大赛中脱颖而出的是以贝尔纳·于埃为首的一个建筑师团队，成员包括玛莉莲娜·费兰德、让－皮埃尔·富葛、贝尔纳·勒·罗伊以及风景园林师若·勒·凯思纳（1991 年勒·凯思纳去世，菲利普·雅固安接手了他的工作）。他们的设计非常关注场地的背景、历史以及所在区域的形态（图 14-8、图 14-9）。经过仔细地计算和创造性地运用历史，设计师们将绿地重新设计，保留了原来的参天大树，但重修了小径、打造了不同的景致，沿着塞纳河新筑了堤坝，既阻隔了河边大马路上的噪声，又提供了一条林荫步行道。根据重写设计原则——在原有内容的基础上重新创作——设计师将贝尔西公园分为三个部分，每一部分的空间和功能都相互联结，但每一部分都布局不同，各有特色。第一部分是几个大草坪，上面点缀着参天大树，还有凉亭和藤架，它在巨大的贝尔西体育馆后面，一边是贝尔西电影院（曾经是弗兰克·盖瑞设计的美国中心园），另一边是塞纳河的新堤坝。第二部分是整个公园的中心区域，这里的场景让人回想起曾经在此处的私人别墅花园：药草园、玫瑰园、迷宫、芳香园、小型葡萄园和果园，它们围绕着中央水渠而分布，形成了绝佳的拼贴景观艺术，每一个都好像在讲述自己的故事。约瑟夫·凯索尔大道（原第戎大道）

斜穿过公园，在它的另一边就是公园的第三部分，两座人行桥是第三部分的尽头。这儿有一座充满现代感的浪漫式花园，不过看得出，设计师并不是想复兴浪漫主义。中央水渠在这里变成了圆形池塘，池中央的小岛上有一座复原的老式乡村建筑（湖之厦）。附近区域也有一些具有典型浪漫主义园林特征的景点：小山丘、圆形剧院、山谷、哲学园和观景园。观景园就在巴黎14号地铁线圣埃米里昂庭院站的后面。

塞纳河对岸矗立着雄伟的法国国家图书馆，由多米尼克·佩罗（生于1953年）设计，他的设计方案因在国际设计大赛中胜出而获得采纳（图14-10）。这里的花园——确切地说，是绿地——由佩罗和戈尔·劳瑞罗-普雷沃合作设计而成，是图书馆不可分割的组成部分。园中的植物被当作"野性自然"供人们观赏，就像在过去的动物园里，动物被关进笼子里一样。所以，游客从木质台阶走向通往图书馆的大平台时会看到拦在铁丝网后面的灌木丛。它们形成了一道道植物墙，和城市分隔开来，同时也是图书馆内部和外部的分界线。图书馆由四个L形的建筑组成，它们看上去就像四本翻开的大书。在这四座大楼之间有一个大大的中央庭院，它那浓浓的诗意和充满力量的布局着实让人惊艳不已：在一个规整的长方形空间里，大批苏格兰松屹立着，它们的生长和排列就好像在大自然中一样，这样就重现了曾经在此处的原始森林一角。移植到城市中的树林好像关在笼子里的野兽，只可远观，不可亲近，这片绿地的象征意义就此突显。林中的树木生机勃勃、充满活力，和周围的高楼大厦形成了强烈的反差。设计师有意忽视了周围环境，无论从功能还是特征上来说，绿地都和周围环境背道而驰，产生了梦幻般的效果，这就排斥了公共开放空间概念，故意选择了和环境的格格不入。

14-10

景观反差的观念在克莱芒的另一个作品里也有体现。亨利·马蒂斯公园位于里尔，在TGV（高速列车）站（1989～1992年）上方，公园里有一个植物岛，由克莱芒设计。公园的中心是德布朗斯岛，岛的基础比公园高23英尺（7米），表面面积为37657平方英尺（3500平方米）。它的外观很像新西兰南部的安蒂波德斯岛，该岛的位置正好处于里尔的相对极，它的名字出自瑞士的德布朗斯森林（瓦莱州）——现在是自然保护区（图14-11、图14-12）。这个人工岛上覆盖着建造附近里尔购物中心时剩下的材料，游人无法上岸，园林养护员每年只登岛两次观察并记录它的变化，其他时候他什么也不做，尽量不去干扰它。这块"处女地"刚好位于城市中心，种上

14-11

14-12

第一批乔木和灌丛后，植物自然就遵循克莱芒的"动态花园"法则生长了。

在法国，还有两位风景园林师——米歇尔·戴斯维纳和克里斯廷·道尔诺基——的作品值得一提。无论是设计公共园林还是给诸如公路、铁路等基础设施做景观设计，无论规模大小，他们都试图将绿地设计从模仿自然中解放出来。他们写道：

> 我们不想模仿自然。大自然中有太多地方让我们沉醉，那丰富的地形让我们叹为观止，无法描绘：泄湖、三角洲、沙丘、河岸、海滨和溪谷。这些景致美得很精确：它们的造型都符合一定的规律。沙丘很美，因为它们符合热力学原则，是空气和风流动作用而成的。照搬这样的形式注定只有失败的下场：一旦被固定，它们就失去了活力，只剩下没有生命力的空壳。因此，我们设想用浓缩的方式来呈现自然中的现象，将其中的特点展现出来。我们不模仿，但仍然可以创造。[10]

戴斯维纳和道尔诺基设计的项目包括伊苏丹城市公园（在安德尔省，1997年；图14-13），它根据原有的地形地貌设计；汤姆森友达光电厂的绿地规划，光电厂位于巴黎附近的基扬古尔，由伦佐·皮亚诺设计（1991年）；阿维尼翁高铁站（2001年）。这些只是众多项目中的几个：

> 我们认为它们是绝佳的实验场所：它们就像封闭式实验室，里面有一块土地，我们的移动式实验班以风景为背景，同时也成为一道风景。虽然我们抓不住当代园林，但我们可以从那些实验中总结出范本，从而进行参考和借鉴。[11]

变废为宝

21世纪，在巴黎、纽约、首尔和鲁尔，很多项目都采用了新方法来进行城市和地区更新，于是，废弃的铁路高架桥、填埋的河流重新被发现，

图14-10　多米尼克·佩罗和戈尔·劳瑞罗－普雷沃，法国国家图书馆中央大庭院里的下沉式花园，1989～1995年。
图14-11、图14-12　吉尔·克莱芒，法国里尔亨利·马蒂斯公园里的植物岛，1989～1992年。
图14-13　米歇尔·戴斯维纳和克里斯廷·道尔诺基，伊苏丹德奥拉河岸上的城市公园，位于法国安德尔省。

14-13

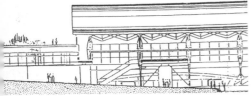

钢铁厂被改造成公园。重塑城市构造、对城市风景中的历史痕迹和符号进行新解读，这些已成为城市规划的基础，产生了新的园林手法，表现出当代园林的新趋势，而这些新手法有时候和过去的手法是完全不同的。

在过去，主要的城市更新项目一般都要进行大面积的毁坏，把建筑遗迹、历史残留全部拆除，建造全新的、更适合居住的楼房。后来，情况发生了改变，个体建筑以及城市的整个区域都得到了重新利用，在原有构造的基础上进行革新和添加。这样的例子在码头区更新项目中比比皆是（比如伦敦港口住宅区和旧金山码头区），废弃工厂改建成住宅、办公大楼以及艺术馆（规模小到单个阁楼，大到纽约的城市建筑群），不过这些改造仍然强调了建筑原来的功能特征——生产性或者居住性，当然，有时候它会被改造为博物馆或展览室。不过，在大量当代的例子中，建筑的功能特征已完全被改变，它们被当成"拾到的失物"，根据美化和形态原则而被完全改造，这表明，在园林艺术史上，一个新的篇章开始了。

在 20 世纪 90 年代末的法国，一群风景园林师和建筑设计师——帕特里克·贝尔热、菲利普·马蒂欧、雅克·韦尔热利等——赢得了设计大赛，从而承担了位于巴士底广场南边的多梅尼大道高架桥改造（图 14-14、图 14-15）。该项目涉及一座铁路高架桥的维护和改造，这座高架桥在停用之后面临被摧毁的命运。它由一系列砖石结构的拱洞组成，从巴黎环城公路通往市中心，途经夏龙、勒伊和 19 世纪留存至今的街区。它是一个典型的 19 世纪交通设施，是巴黎的地标性建筑，也许是考虑到它的纪念价值，这个庞然大物才免于被拆毁。贝尔热设计小组将它的功能完全改变，这在当时引起了全世界的瞩目。铁轨从高架上拆除后，一个带状花园就形成了，高架人行道上每隔一定距离就有电梯和台阶，人们可以通过它们进入花园。高架人行道在勒伊花园处就降到和街道一个水平线了。这条高架人行道又被称为"绿荫步道"，砖石结构的拱洞里面是形形色色的工艺品店、艺术馆和各种店铺，建筑的两个立面都很光滑，为商店提供了良好的照明。

法国的变废为宝实践使得纽约的"高线之友"深受启发，该组织旨在维护和利用一段建于 20 世纪 30 年代的废弃高架铁路，当时是为了从大平原运送货物到曼哈顿的西切尔西区。有了高架铁路，105 个地面铁路道口就拆除了（这大大提高了市民出行的安全性，在这之前，这些道口曾是事故高发地带。译者注），它穿过 22 个街区，总长度约为 3 英里（5 公里）。后来，肉类市场转移了，20 世纪 50 ~ 80 年代期间，这个区域被重新开发，高架铁路失去了作用，最终在 1980 年关闭，面临被拆的结局。起初，一位名为彼得·奥布勒兹的铁路爱好者发起了一场维护该高架铁路的公共运动，后来，"高线之友"在约书亚·大卫和罗伯特·哈蒙德的带领下接手了这一活动。2002 年，"高线之友"举办了一次国际竞赛，广泛征求如何保存和改造这个铁家伙（图 14-16 ~ 图 14-18）。⑫ 他们一共收到 720 个方案，这促使他们与迈克尔·布隆伯格为首的纽约市政府合作，共同举办了一次新的竞赛，旨在吸引个人投资和进行总体规划，对高架铁路进行重新利用。

14

14-

图 14-14、图 14-15　帕特里克·贝尔热、菲利普·马蒂欧、雅克·韦尔热利等，巴黎巴士底广场南边的多梅尼大道高架桥改造，1996 年。长廊的拱洞现已成为商铺；长廊上面便是由高架桥改造而来的公园。

14-17

14-18

14-16

图 14-16　纽约的高线。改造工作开始之前的废弃铁路高架桥。
图 14-17　纽约的高线。竞赛项目，2003 年，申请食品特许权。
图 14-18　纽约的高线。竞赛项目，2004 年，斯蒂文·霍尔申请延伸至第 19 大街。
图 14-19　迈克尔·冯·沃肯伯格，纽约布鲁克林桥公园规划，2003 年，鸟瞰图。

14-19

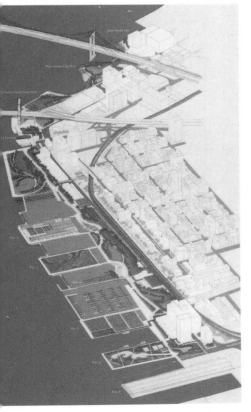

最后入围的是几位明星建筑师，他们的方案除了重新利用高架铁路外，还增加了新的内容，他们打算结合建筑设计和园林设计，将高架铁路打造成壮观的城市地标性建筑。斯蒂文·霍尔、哈格里夫斯设计事务所和 HNTB 设计公司一起联合设计了一座融合了建筑元素的园林：高架人行道上有一个公共空间，里面有绿地也有建筑，人行道的下面装有红色和绿色相间的灯，到了晚上，灯光闪烁，十分惹人注目。普利兹克奖得主扎哈·哈迪德与 SOM 建筑事务所、MDA 工作室以及巴尔莫里建筑师事务所合作，他们认为该高架是一个可塑性很强的形体，应该有花园和人行道，还有公共空间、电影院和集会点。澳大利亚特拉格莱姆设计公司以迈克尔·冯·沃肯伯格事务所为首，与 D.I.R.T 工作室以及 BBB 建筑设计与城市规划事务所合作，他们把高架铁路看成现代废墟，将绿地设计成半公园、半苗圃的场所，在铁路的起点搭建架空结构以示强调，而高架铁路则被改造成种满花卉和植物的步行道，在城市上空穿过，产生超现实的感觉（图 14-19）。最后胜出的小组由詹姆斯·科纳风景园林事务所领衔，迪勒·斯科费迪欧和伦弗罗建筑设计事务所和其他一些专项设计师共同参与。他们提出将高架铁路改造成一个带状多功能公园，在最初的方案中，公园里有露天剧院、泳池、沙滩、花园和池塘，最后还有一个玻璃建筑，在入口楼梯的上方，作为起点的标志。

和改造后的高线区域相邻近的地方也进行了综合规划，这就提升了此次废物利用的价值和意义。毫无疑问，这个带状公园必将提高西切尔西区域的房产价值。原先位于苏荷（在美国的曼哈顿，是纽约的老工业区。译者注）的艺术馆纷纷开放，接着是国际时装店，变化越来越大，越来越多。

14-20a   14-20b   14-20c

14-21   14-22

　　带状公园的营造是城市更新内容中的核心部分，这一点推动了"回归未来"项目的开展。该项目是在2004年第九届威尼斯建筑双年展上提出的，在韩国由首尔市政府推动展开。首尔市中心的清溪川从20世纪50年代至1978年间渐渐地被一条10车道的地面道路所覆盖，道路上方是一条4车道高速公路（当时的清溪川被改造成暗渠。译者注）。将清溪川重新恢复，让它呈现在地面之上，这已经不是城市规划的范畴，而是具备了强烈的象征意义。整条河流长约为6公里或3.7英里，将它复原需要拆除高速公路、重建首尔那些丢失已久的历史建筑（图14-20a～图14-20c）。城市、水体和园林之间的联系就这样重新建立了，同时也唤起了市民的集体回忆，新的步行道沿着河流建成，河上有22座桥，形成了一道新的城市风景。古老的桥梁修复了，大片绿地将河流两岸打造成带状公园，附近的区域都从中受益。河边区域的总体规划除了建造和修复之外，还增加了许多其他功能。在这个例子中，河流的周边地带也同样因为房产价值的提升而受惠，公共利益和个人利益就达成了一致，这个项目也因此成为21世纪城市规划的典范（图14-21、图14-22）。

　　还有一个"变废为宝"的例子是德国的北杜伊斯堡景观公园（图14-23～图14-25），这是一个地区级的公园。该项目涉及的是如何处理一个在鲁尔的废弃钢铁厂，在20世纪90年代的埃姆歇公园建筑展上该项目得到了推广，最终由拉兹伙伴工作室承担了设计任务。从1990年代初期开始，北杜伊斯堡景观公园经过了十几年的慢慢打造，终于呈现在人们面前：原来的炼钢厂现在变成了钢铁博物馆，它同时也提供娱乐和休闲活动，

图14-20a、图14-20b、图14-20c "回归未来"，清溪川复原项目，2004～2009年。位于首尔的清溪川从20世纪50年代至1978年间渐渐地被一条10车道的地面道路所覆盖，道路上方是一条4车道高速公路。这三幅图展示了高速路和地面道路被改造为清溪川河岸带状公园的过程。
图14-21 "回归未来"。首尔市中心的带状公园模拟鸟瞰图。
图14-22 "回归未来"。公园透视图，沿清溪川河岸的人行道。
图14-23～图14-25 拉兹伙伴工作室，德国北杜伊斯堡景观公园，1991～1999年。废弃钢铁厂的改造以及公园的建设：总平面图和园内景致。

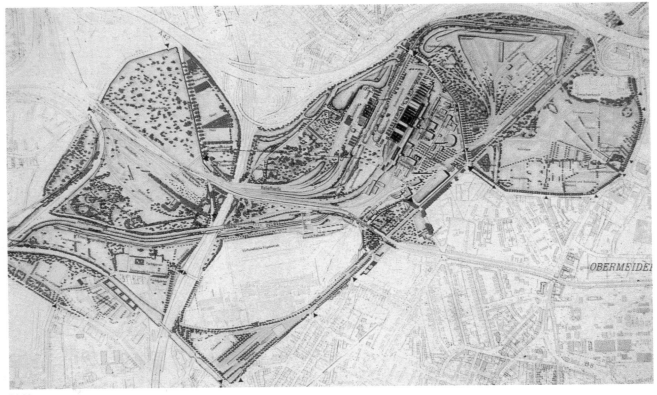

14-23

14-24

14-25

比如（在几个垂直平面）免费攀爬，和新设计的整体景观统一和谐。原来的车间被改造为合围的花园，充满了中世纪的风味，里面种着形形色色的植物，摆放成各种图案。炼钢厂里原来的结构得到了保存和改造，比如，高层走道现在变成了高架步行道，游客可以在这儿俯瞰整个公园。考珀广场（大型活动和集会的场所，里面的树木按照一定的间距栽种）和金属广场（这是公园的中心，它的中心区域用铁板铺装而成，这个区域以前是用来覆盖铸造模具的）强调了该项目的意义，展示了自然和技巧的关系：风景中的工业伤痕可以——起码是部分地——通过公园的自然发展而得到愈合。所以，这个景观公园是一个慢慢成长的地方，植物的生长表现了动态的变化，从衰败到新生再到转变。

花园和风景：创新和城市

当代园林的趋势是走出围栏——旨在创建新的景观或者强调小型城市空间的完整性，这类城市空间往往是不完整或者需要完善的——不过这一趋势并没有破坏传统的园林观，即园林是一个完整的微观世界，通常和豪宅或别墅密切相关。这一类型的园林，种类繁多，在意大利的园林发展史上意义重大，因为它让我们明白园林设计和风景设计的关系，风景设计一般指的是将周围环境进行开发利用。布拉曼特设计了梵蒂冈的贝尔韦代雷宫廷，皮埃尔·里戈瑞奥在 16 世纪中期设计了蒂沃利的埃斯特庄园。在意大利文艺复兴时期，庄园的理念得到了加强，于是帕拉第奥在威尼斯陆地上建造了帕拉第奥庄园。以上种种说明，在建筑和自然之间产生了一种新型关系——在设计和特定建筑相关的花园时，设计师采用的是全新的设计手法——而且在花园和风景之间也产生了一种新的辩证关系。马瑞佐罗·维塔写道：

自然是几何造型的植物，是石质的雕塑和艺术品，是小池、小溪和喷泉中流动的水。人为的风景和自然的风景形成了鲜明的对比，但它并没有干扰后者，而是与率性的自然互为补充，这和古老的合围花园中的人为风景是完全不同的。[13]

这样的关系一直在持续，并以多种形式存在。这一理念启发了众多杰出的意大利风景园林师，比如皮耶罗·波契奈（1910～1986年），还有园林艺术的实践者，他们认为绿地是无法"设计"的，人们必须辛勤劳作，看护植物的生长，了解树木、花卉的种类、特征以及生长方式，这样才能建成绿地。伊波利托·皮泽蒂（1926～2007年）、保罗·佩吉荣和安娜·斯加拉维拉的作品就属于这一类。

皮泽蒂的先进性在于他意识到，对于想要获得园林精髓的人而言，园艺技术只是个起点。他的设计手法总是那么高超：浪漫、哲学、诗意以及充满艺术感。本科期间，皮泽蒂主修的是文学，他清醒地意识到造园是需要想象力和智慧的人类体验。他明白艺术——包括造园艺术——并不总是纯粹情感或激情的结果，它还反映了持续的艰苦工作、长期积累的实践经验、对美学和哲学的探讨以及对各种复杂因素的意识。对皮泽蒂而言，不同的花园里配置的植物不同、层次不同、色彩不同、花期不同，但它并非只是树木和花卉的集合体：懂得这点，人们才能真正开始进行研究。造园艺术还包括在造园过程中对世界、人类、自然和造园师本人循序渐进的认知。皮泽蒂写道：

在设计花园时，我总想创造一个奇观，它是不断变化、相互交融的四个部分，或者也可以称之为四个场景——春、夏、秋、冬——我尽量确保每个场景中的主景都能发挥作用。有时主景可能没有出现于场景中，但它们绝对存在于自然风景中，而花园则是这自然风景的一部分：所以说，花园中的主要元素以及主景不但存在于园中，更是存在于自然之中。[14]

风景园林师保罗·佩吉荣1941年出生于都灵，在他的作品中，最显著的是他在不同的场合中运用了灵活多变的设计手法。他的作品对场地、风景、植物的配置、气味以及颜色似乎并不十分在意，他并不打算创建一种特定的风格，而是不拘一格、自由自在。这是一种全方位而又重复出现的设计方式，打造出微观风景，将其和谐地融入周围的大环境中。在他设计的园林中，有自然式的，比如位于马尔恰纳厄尔巴岛的花园，紫色的非洲爱情花和日本金松、迷迭香丛搭配在一起（图14-26）；也有规则式的，其中的植物本身构成了空间，比如科西嘉齐利亚花园里的藤架，还有斯宾诺拉-班纳庄园里几何图形的花圃，该庄园位于意大利西北部皮埃蒙特的波

图 14-26 保罗·佩吉荣，意大利厄尔巴岛的马尔恰纳公园一角。

图 14-27 保罗·佩吉荣，斯宾诺拉－班纳庄园里的花园一角，位于意大利皮埃蒙特的波伊里诺。

14-26

14-27

14-28

伊里诺（图 14-27）。阿根塔里奥半岛上的建筑由拉泽利尼·皮克宁建筑事务所设计，都灵建有当代雕塑，对它们进行景观配置挑战性很大，但佩吉荣应对自如，并且产生了绝佳的效果。他的花园总能恰如其分地将园艺家的情怀和场地的实际情况结合起来。

安娜·斯卡勒维拉设计的公共性园林反映了她的学术背景——她本科时的专业是森林科学——看得出，她对规则式园林非常喜爱。她曾就职于日本建筑师宫城春树位于布里安扎（米兰附近）的工作室，当时她就致力于规则式花园的设计。她的技术性手法表现在每一个作品里，她讲究树木品种的选择和搭配，特别重视树木的色彩、体积以及形状（图 14-28）。对花园进行规则式设计适用于各种已有的环境和建筑，这样的花园通常可以被看成是一系列绿房子，其特点是"几何构图或者是曲线构图，面对景观或者和景观完全隔离。对树木品种进行精心选取，运用黄杨属植物的灰色基调，在不同植物的交界处仔细搭配好颜色。"[15]

在西班牙，费尔南多·卡伦科重新运用了规则式园林的传统手法，他经常使用不同寻常的植物，比如他用非凡的技艺在安普尔丹城堡里设计了一个麦圃（1995 ~ 1997 年；图 14-29、图 14-30）。他喜欢自称为园艺师而不是园林设计师，他认为花园是一个改造和升华人类精神的场所。在私家园林的设计中，还有很多其他的专业人士。私家园林总是充满了创新和活力，它是当代园林的重要形式之一。

在私家园林的层面上还有另一种理念，它是一个人工打造的场所，用来逃离纷繁的都市生活，它创建的是一个艺术世界而不是植物世界。弗朗西斯科·热皮西迪写道：

在大部分优秀的当代园林中，都要求运用技巧打造一个理想的场所（或者是一个避难所，可以让众人远离不安定的现代社会）。就算这个园林原

图 14-28　安娜·斯加拉维拉，阿尔伯塔别墅花园里的长条形泳池，位于意大利克雷马的伦巴第。
图 14-29、图 14-30　费尔南多·卡伦科，西班牙安普尔丹城堡中的麦圃，1995 ~ 1997 年。

14-29

14-30

本是人和自然和谐共处的乌托邦式的欢快场所，现在转变为一个只遵循艺术原则的充满诱惑和逃逸的地方，那也关系不大。[16]

　　风景园林师在设计工作中尽力做到超然和自我，不过在美国，他们的设计活动有效地结合了艺术运动比如大地艺术、极简主义、抽象表现主义以及波普艺术，他们从这些运动中汲取营养，激发自己的灵感，在设计中创造了很多范式、结构以及模式。

14-31

　　美国风景园林师彼得·沃克的作品就是这种创造性结合的绝佳例子。彼得·沃克在 50 年的设计生涯中沿袭的是一条值得后人学习的典范道路，他的设计都是城市或者地区级别的，他作品中的园林艺术和视觉艺术的发展是齐头并进的。沃克作品的重要特征是注重情境，追求艺术，园林的基本布局、园中小品以及对环境影响很大的艺术体系都是基于这两点才得以构建。沃克曾说他受影响于艺术家唐纳德·贾德关于建筑的著作，也被弗兰克·斯特拉、罗伯特·史密森和卡尔·安德烈的作品深深吸引，不过他又补充道："现在有很多评论都着眼于这些艺术家和所谓的'极简主义'艺术运动（其实很有可能这是个错误的称谓），但是我想强调，我是通过接触作品本身和我的直觉来感悟该运动和园林设计之间潜在的关联，而不是任何有关历史含义的艺术争论。"[17] 达拉斯附近的索拉纳（图 14-31、图 14-32）——集生活、娱乐、购物于一体的商业中心，它还包括 IBM 公司和 MTP（马奎尔·托马斯伙伴工作者）的办公楼——由沃克提供绿化设计，这里就清楚地展示了他的独特设计手法。索拉纳（最终它包括了 700 万平方英尺的办公区域，里面有 2 万多员工）初建于 20 世纪 80 年代初，它的特点是不确定性：它既不算都市也不算郊区，也算不上乡村。从总平面图和建筑规划来看，索拉纳的主题是传统的带有围墙的西南部大庄园，里面没有耸立的高楼大厦；"这样的话，从远处看来，起伏的大草原就是主要的风景线。"[18] 该项目分为几个风景区块，从高速路出口一直延伸到综合区域。沃克写道：

14-32

　　最后形成的是一种有点超现实的拼贴艺术，一系列几何造型飘浮在神秘的空间里。长而笔直的道路、水渠和林荫大道从各建筑群的合适角度延伸出来，它们以不规则斜线的形式朝向大草原，显得各个花坛非常平坦。和这些充满张力的线条相对的是一条两旁长满树木的蜿蜒小溪，从三角形池塘（象征着附近牧场中的池塘）流出来，流向一个不规则的池塘。这个池塘和小溪的功能一样，起到模糊花坛和大草原之间界限的作用。[19]

14-33

　　在这个人工风景和自然风景并存的环境中，还有一些象征元素，比如堆积成圆盘状的石头之间有蒸汽升腾；亚利桑那石上刻着不规则的放射状，然后堆成土包状；草坪上有一个由石头和低矮植物构成的下沉式花园，和草坪同一个水平面上有一个圆形喷泉。这些含义丰富的象征符号和大地艺术的手法很接近，形成一道崭新的风景线，和索拉纳的建筑相得益彰。

图 14-31、图 14-32　彼得·沃克，围绕 IBM 和 MTP 办公楼的索拉纳景观设计，位于得克萨斯州达拉斯附近的西湖 / 南湖，1984 年。
图 14-33　彼得·沃克，慕尼黑机场凯宾斯基酒店的花园，1991 ~ 1993 年。
图 14-34　彼得·沃克，日本埼玉市的空中森林广场，1994 ~ 2000 年。
图 14-35　玛莎·施瓦茨，纽约的雅各布贾维茨广场，1996 年。
图 14-36　玛莎·施瓦茨，麦克坦博格大地艺术美术馆，位于德国的盖尔森基兴，1999 年。

14-34

14-35

14-36

沃克为慕尼黑机场（1991 ~ 1993 年）附近的凯宾斯基酒店进行了园林设计，旨在通过景观打造一个壮观的场所，让旅客的心中产生仰慕之情（图 14-33）。四个不同的绿色空间形成连续的景观，重新诠释了规则式花园的传统，并且以强大的张力延伸至酒店的中庭。花坛中种着几排低矮的柏树，它们的形状和彩色砾石铺成的楔形图案形成了一个完整的复合体，和周围景致无关，从而创建了一系列的空间元素，起到参考点的作用。在日本（1994 ~ 2000 年）东京的崎玉市有一个空中森林广场（Keyaki Plaza），也是沃克设计的（图 14-34）。这个森林广场是一个大型的购物中心楼顶，大片的树木种在方格中，协调了周围环境，让人想起附近冰川神社周围种着的榉树（在日语里是 keyaki）。这一片绿树成荫的景象在城市中格外引人注目。

沃克的学生玛莎·施瓦茨在其作品中用一种更加明了的方式将典型的大地艺术手法和公共空间的搭建结合起来。通过波士顿的面包圈公园（1980 年），施瓦茨开创了都市空间的设计新手法，她将它打造为艺术尤其是雕塑的殿堂，同时也是园林和建筑的殿堂，后两者在需要时可以混搭。她设计的公共空间首先要表达的是一种充满情感的体验，让人们在穿过它们、驻足其中时感到意义非凡。在纽约的雅各布贾维茨广场（1996 年；图 14-35），"城市家具"的概念终于被淘汰了，这多亏了施瓦茨在设计中结合了大地艺术的最新发展和新城市空间的构建理念，它们为整个社区提供的功能体现了这样的创新性。施瓦茨的设计手法在此也一览无余了：之前，这个广场上立着理查德·塞拉的经典雕塑"倾斜的弧"，1989 年，雕塑被移走。民众普遍认为，把广场上的步行道改为雕塑的基座工程浩大，而且这一公共开放空间的规模和功能都被破坏了。施瓦茨富有创造力和幽默感，经她改造后的广场规模和总体布局都和原来的截然不同，她成功地将广场还之于民，在这个曼哈顿的中心区域，人们可以会面聊天、放松自己，享受生活的乐趣。

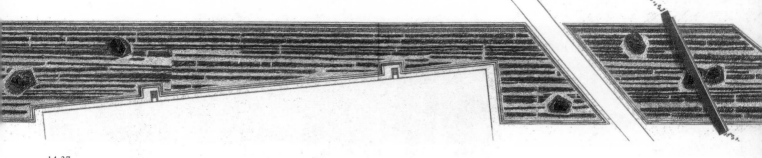

14-37

14-38

施瓦茨用重复的雕塑形式诠释了传统的公园板条凳。为了创建一个好似无限的座位空间，翠绿色的凳子成蛇形延伸，让人不由得想起19世纪浪漫式园林中蜿蜒曲折的小径和修剪成型的树篱。另一方面，绿色的草坡在不断喷出的水雾中若隐若现，而坐凳则在它们周围形成了立体的图案。

施瓦茨也设计了私家园林，将园林改造为雕塑——即改造成既抽象又极富艺术感的作品，从而将艺术和自然连接起来。文化地理学家丹尼斯·考斯格罗夫和史蒂芬·丹尼尔斯写道："风景是一个文化意象，一种用图形的方式来代表、构建或者象征周围的环境……（风景）可以用不同的材料呈现在很多平面上——绘画中的帆布，写作中的纸张，地上、石头上、水中和地表植物上，等等。"[20] 可以说施瓦茨在两个学科的中间占有一席之地：当代艺术和风景园林（图14-36）。

正是在这个中间点，艺术家的情感和设计师的理性相互作用，而我们则发现最近几年最有趣、最富创造力的园林艺术也是处于该中间点。由于篇幅关系，我们无法在此一一介绍当今的国际风景园林大师，不过，有几位领军人物还是必须提到的。

在建筑领域，荷兰是公认的富有激励机制和勇于创新的国家。阿德里安·高伊策在鹿特丹创立了西8景观和城市设计公司，他采用新的方式促进了城市和地区级风景园林设计的发展。他的作品始终将城市规划问题、基础建设项目、艺术实践和景观设计结合起来。举一个典型的例子：舒乌伯格广场（1990～1995年）是一个剧院广场，位于鹿特丹市中心，它的下面是一个地下停车场。"我们的设计方案应该被看成是一种休克疗法"，高伊策表示。[21] 放在推车上的盆栽棕榈可以顺着金属铺装地任意地移动，四座高高的水能照明塔（最开始是投币使用的，现在已经可以自动转向以产生新奇的效果），一排定制的长凳成为广场空位的参照点，同时也形成了一个边界。"广场好像是来自另一个星球，它从天边一直延伸下来，迎接游人的解读以及征服"，高伊策写道。[22] 位于乌特勒支郊区热金斯维得的荷兰斯帕尔银行（VSB）新总部大楼拥有一座花园，整齐的白桦树围绕着下沉式的花园，园中有黄杨树篱，红色的碎石上种着排成均匀长条状的植被，一个巨大的条形码图案就这样形成了（图14-37～图14-39）。另外，值得一提的是东斯凯尔特河风暴潮屏障上的施尔盆项目（1991～1992年），位于荷兰的齐兰省。用来建造屏障的中心小岛已经被整平，上面覆盖着一

14-39

图14-37～图14-39　西8景观和城市设计公司（阿德里安·高伊策创立），联合储蓄银行的花园，位于乌特勒支的郊区兰治维尔德，1995年。图14-37为平面图，图14-38、图14-39为花园一角：园中的抽象图案让人想到了条形码。

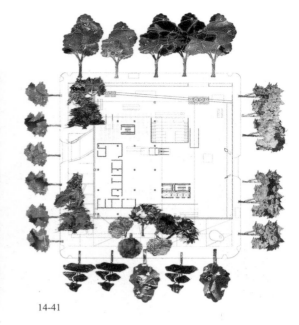

14-40

14-41

14-42

层海鲜加工厂丢弃的贝壳。整个区域由方形和条形组成，上面交替盖着深色和浅色的贝壳，这样就形成了一个巨大的几何图案。有趣的是，海鸟来此筑巢或者停下来休息时，会根据颜色的深浅来选择：浅色羽毛的鸟，比如普通燕鸥和银鸥喜欢白色的背景，而深色羽毛的鸟，比如翠鸟则会选择黑色的背景。这个"贝壳之园"和当地的动物群建立了紧密的联系，动物成为园子不可分割的部分。高伊策写道："这是世上最大的禅宗园：自然和市民一起展示了各自的理解能力。"[23]

佩特拉·布莱瑟创立了"内外空间"设计公司，致力于构建内外部空间之间的美妙关系。这位荷兰风景园林师的系列作品（图14-40、图14-41）主旨在于建筑和风景的交织、园林艺术的重现；特点在于不同寻常的材料运用以及出乎意料的规模变化。比如，西雅图中心图书馆由雷姆·库哈斯的OMA（大都会建筑事务所）设计，在这张放大了的照片中可以看到，馆内的地毯上有各种不同的植物造型。在西雅图，她选取当地的树木种在图书馆里的地面上，将植物从外部世界引入到内部环境，打破了大楼和外部之间的界限（作品名为打破界限，2000～2005年），为整座大楼的上上下下都打造了自然的环境。

20世纪80年代，时值西班牙巴塞罗那的创意复兴运动，其中有一段时间是著名的城市公共空间实验阶段。很多广场和空地得以重新设计和改造，对行人更加尊重，艺术性也提升了不少，还建造了大量的新公园，这些都为当代园林艺术的革新扫清了道路。其中，值得一提的有：新建的寇尔公园（1985～1987年），由何塞·马尔托雷尔、奥利奥尔·博依霍斯和大卫·马凯联合设计；塞西莉娅别墅花园（1987年），设计师为何塞·安东尼奥·马丁内兹·拉佩尼亚和莱亚斯·托雷斯·图尔，他们对原有庄园（图14-42）进行了扩建；让-克劳德·尼古拉斯·福雷斯蒂尔为1929年的世界博览会设计了一系列花园，在花园之外的区域，贝丝·加利设计了米格迪尔公园，也就是蒙特惠奇山的山坡景观设计；还有一些近期作品，比

图14-40、图14-41 佩特拉·布莱瑟，打破界限，2000～2005年。西雅图中心图书馆室内和室外的景观协调，该图书馆由OMA（大都会建筑事务所）设计。

图14-42 何塞·安东尼奥·马丁内兹·拉佩尼亚和莱亚斯·托雷斯·图尔，塞西莉娅别墅（1987年）。入口处。

14-43

14-44

14-45

如马纽埃尔·路桑舍·卡佩拉斯特吉和泽维尔·梵德雷尔·撒拉联手设计的波布勒努公园（1990～1992）年，公园位于城市北边，延伸1英里（约2公里），分为七大区域，都属于海岸综合系统的一部分，该系统为了奥运村（1992年）而重新设计。

在对角线大道和大海的交界处有大量的城市更新项目。恩瑞克·米拉莱斯和贝娜蒂塔·塔格利亚布（图14-43）设计了对角线广场公园，它位于一个全新的住宅区域。公园比住宅大楼早完工，因此成为了其他楼盘的光辉榜样——如果进展顺利的话，住宅区内不仅有道路和基础设施，而且还有花园。这个新建的城市公共园林很有意思，不仅仅在于它的总体设计、所用的材料和采取的设计手法，而且还在于，用园林设计的术语来说，它是一个放大版家庭式园林。它坐落在新住宅区的中心，园内零星点缀着塔楼，是城市和海洋的联结，各楼群之间有人行道、自行车道、儿童游乐区、观景点，还有专门设计的娱乐设施。公园的整体布局水平很高。硬铺装路和泥泞小路相间；巨大的水池里，连绵的管子构成轻金属雕塑，向上盘绕，并且喷出水雾，形成清凉的小气候。半兽形的金属雕塑和小广场上的金属雕塑遥相呼应。小广场上的金属雕塑就像恐龙骨架，它们形成了植物攀爬的藤架。细细的金属缆线向外辐射，以支撑植物，而另一个应用于公共空间的室内元素则是碎陶制成的花盆，它们随处可见，摆放的位置经过精心的考虑，里面种着植物和色彩绚烂的花卉。

除了对角线广场公园，巴塞罗那还在阿布拉斯和赫雷罗斯建筑公司设计的论坛大厦附近建造了东北海滨公园，作为城市的绿色入口，从而完成了城市海滨区域的大规模改造。

贾维尔·马里斯卡尔原来是漫画设计师，后来转而从事其他领域的设计，他在马德里附近的莫斯托莱斯镇设计了一座花园，围绕着米格

图14-43　EMBT（和贝娜蒂塔·塔格利亚布建筑师协会），巴塞罗那对角线公园，1997～2000年。北向视图。

图14-44、图14-45　曼纽尔·卢桑舍·卡佩拉斯特吉和沙维尔·本德雷尔·撒拉，巴塞罗那波布努尔公园，1990～1992年。大海和城市间的公共大道。

图14-46　SLA，哥本哈根夏洛特花园，2004年。细部图，植物形成了抽象图案。

图14-47　肯·史密斯，纽约三角公园，2006年。概貌。

图14-48　布列塔·冯·舒耐赫在格特鲁德·杰基尔的颜色边界理论启发下设计的花坛，位于伦敦泰特美术馆附近，2004年。

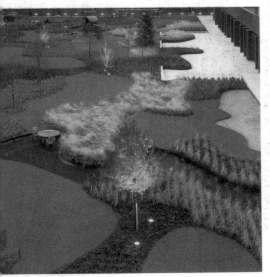

14-46

14-47, 14-48

尔·贝尔杜设计的新剧院。花园里运用了大地艺术、新型修剪术并且营造了强烈的城市空间感，因此极受欢迎。森林剧院位于莫斯托莱斯镇郊区，马里斯卡尔将花园称为"激进园"。花园的设计非常独特，总体看来就像巨大的植物雕塑，和欧洲的各个政府通常推行的传统公共园林大相径庭。该项目说明，就算在郊区，公共空间的设计也可以充满创新，成为吸引居民的亮点。花园和新剧院连接紧密，为它提供了不同寻常的露天大厅和通道，摒弃了用铺装地广场突显新剧院的老掉牙做法。剧院和绿地之间相辅相成，和谐而灵动。花园采用了欧洲传统式和文艺复兴式的绿地设计技巧，其中的景观有着强烈的设计感，和浪漫式园林对自然的模仿迥然不同，为剧院呈现了富有感染力的城市背景。花园就像一个固定的舞台背景，只是颜色会随着季节的变化而变化，庞大的剧院及其舞台和表演都直接融入到了都市生活中。为了区分绿地和剧院通道，设计师运用了几个鲜明的元素：有一处景致是长满青草的山坡，由人工搭建而成。山坡上有 16 座像树一样的塔和柱状物，还有网状的平行六面体，9 ～ 29 层不等，以支撑生长在不同高度的植被。其实，这就是一座几何森林，作为城市地标突显了剧院的存在。在面向广场的一侧，这一点尤为明显，那儿有两个巨大的植物修剪而成的狮身人面像，它们小山般的身躯由钢架搭成；这两只传说中的怪兽就像中国的石狮子一样，守卫着剧院的入口。

许多初露头角或者功成名就的风景园林师都将设计的敏感和艺术的自由结合起来，把园林设想为风景：1994 年史迪格·L·安德森在哥本哈根创立了 SLA 事务所，致力于空间设计的都市新体验。他在哥本哈根设计的夏洛特花园（2003 ～ 2004 年；图 14-46）重新诠释了罗伯特·布雷·马克斯的作品。花园围绕着一个全新的住宅区，不同种类、颜色各异的植物模仿作物栽培的形式蜿蜒排列，城市的一角仿佛变成了一幅抽象画，绿地、小径、坐凳和儿童游乐区尽入画中，错落有致。纽约风景园林师肯·史密斯（曾就职于彼得·沃克的工作室）和布列塔·冯·舒耐（一位常住伦敦的德国人）在格特鲁德·杰基尔的颜色边界理论启发下，将明快的颜色运用到城市的设计项目中，看上去颇具野兽派的风格。色彩浓烈的花卉交错穿插，各个小花坛上五彩斑斓，好似画家的调色板（图 14-47）。2005 年，史密斯还为纽约现代艺术博物馆的扩充建筑设计了两个屋顶花园（图 14-49）：那是一个供人冥想的空间，周围摩天大楼里的人们可以俯瞰它们。花园里用了多种不同的材料：有粗碎玻璃、白色砾石、再生黑橡胶，还有人造黄杨木和塑性岩石。这样的花园不需要打理或浇水，不过其中的景致不同寻常，寥寥的色彩加上蜿蜒的图案，让人联想到自然中的景致。迈克尔·范·瓦肯伯格也在美国进行了设计实践，由此出现了很多园林，将自然风貌和主干道周围的建筑结合起来：在达拉斯特特尔克里克的公园里，混凝土平行六面体堆积起来，看上去就像巨型的儿童积木（1999年；图 14-50）；纽约巴特雷公园城位于曼哈顿南端，其中的泪珠公园里

14-49

有着层层叠加的厚岩石（让人想起哈德逊河流域的景致）；在新泽西米尔本的塔哈瑞院落，刺槐木板非常随意地铺在草坪上（2003 年）。

柏林的托普泰克 1 号以马丁·瑞凯诺（1967 年出生于布宜诺斯艾利斯）和洛伦兹·迪克勒（1968 年出生于达姆施塔特）为首，在花园和城市广场之间种上了大量植物，它们和其他景观一起，形成了巨大的调色板。瑞凯诺和迪克勒试图探索景观设计的新领域，他们用多学科合作的方式，对现有的场地条件进行重新解读——"柏油马路意味着交通的便利。场地的外观不只是为了美观。"[24]——从而产生新方案。每一次设计都会采取不同的形式，这取决于场地位于城市还是郊区，在老工业园区、临时设施区域还是古园附近区域。对托普泰克 1 号而言，

14-50

地球的表面是人类活动的区域，劳作的源头。人类在地球表面进行彩绘、刻画、建造和书写，好像是因为上空有人欣赏似的。既然有人俯视，那么人类也会仰视，新石器时代、前哥伦布时期和巴洛克时代的文明都反映了这一点。地球表面不仅仅是画布同时也是画中的形象。[25]

如此说来，地球表面便成为人类重塑和干预景观的主要工具，目的是为了"实现自然和景观之间的对话"。托普泰克 1 号将地球表面当作最重要的设计元素，打造零体积建筑——这是当代设计中的一个手法，对景观和环境影响重大，却又不建造传统意义上的建筑。在零体积建筑中，拥有基础设施、网络设施、边界线和公共空间的地方不能根据传统的标准进行界定，比如广场、街道、公园和花园，需要一种更加广义的视角来解读；"集体公共空间"的概念消失了，取而代之的是"开放空间"。[26]

托普泰克 1 号的设计将景观解读为既是一种复合体又是复合体的反映。比如，在这个全新的、更有意识的设计手法中，一个普通的元素比如沥青，一眼看去，它的价值并非取决于我们所感知的客观世界：

沥青是一种雅致、美好的表面……沥青是视觉传递的方式。两层的沥青铺在路面上，它给了你场地最初的印象，并且让你遐想接下来的景致；

图 14-49 迈克尔·冯·沃肯伯格，得克萨斯州达拉斯特特尔克里克公园一角，1999 年。
图 14-50 肯·史密斯，纽约现代艺术博物馆的两个屋顶花园，2005 年。
图 14-51 托普泰克 1 号（马丁·瑞凯诺和洛伦兹·迪克勒），希腊大道幼儿园，位于柏林郊区的舒纳韦德，2007 年。
图 14-52 托普泰克 1 号，德国埃伯斯瓦尔德园展中连绵的长凳，2002 年。

它承载的其实是场所的形象。这一表面传递了意象、符号、标识等信息，带领、指导和吸引着你穿过空间。来来往往的车辆、随处可见的街景都是空间的语言。我们试着用这空间的语言进行设计，将布满交通的路面和图表转变成充满诗意的景观语言。㉗

通过对景观和道路的重新理解和观察，托普泰克 1 号得到了绿地设计的灵感，其中的很多设计理念和城市家具理念相去甚远：公园不只是玩乐的地方，城市场所也可以是户外活动的好去处。换言之，它们是美的，也是规则式的，除了本身的功能需要外，绿地的设计、场所和道路的形状都会对它们产生影响。希腊大道幼儿园（2007 年）位于柏林郊区的舒纳韦德，水泥打造的复合结构形成了现代封闭式园林；整个构造的功能从外部就一目了然。花园的一边是铺装地，上面有亮粉色的曲线（图 14-51）。对着街道的那面是关闭的，由一个水泥长凳隔开，作为自行车停放架，上面有一些小小的凹处，用来安放自行车的前轮。托普泰克 1 号运用道路表面表达了其设计理念，进行了一系列成功的设计，其中有一个是为柏林菩提树大街上一座庄严的办公大楼设计庭院（2006 年），进行城市美化。黑色的沥青路面上嵌入了巨大的巴洛克式花卉图案，就像无边无际蔓延的杂草。巨大的白色叶子——就像黑色沥青路上的人行横道——在阳光的照耀下变成金黄色，形成极富时代感的场景，这是对集体公共场所的重新诠释，人们身处其中，便会想起家中的美好回忆。

托普泰克 1 号的其他项目将临时景观设施作为 21 世纪的设计形式，强调其重要性：这样的设施无需建造新建筑，而是进行人为调整，根据具

14-51

14-52

体的情况确定目标，灵活、机动地引出独特的视角，以全新的方式呈现景致，引导人们。这些细微而目标明确的调整不会对特定的景观、公园或花园进行变动，而是改变人们欣赏、进入和享受其中的方式。沃尔夫斯堡城堡公园（2004年）中的沃尔夫斯堡州园艺展就是一个绝好的例子，它就像电影布景，用当代的视角重新解读18、19世纪的讽刺剧。该项目通过一系列固定装置组成三个花园——雕塑园、玫瑰园以及树木园——里面有各种构造，比如高出地面的木制小径，可以穿过草地，还有锃光发亮的不锈钢结构，零星点缀着，用来反射公园里古老的植物，另外还有一个十分有趣的临时游乐场，由充气的粉红塑料制品搭建而成。附近其他设施的色调中也有粉红色，比如马场的栅栏。两年前，埃伯斯瓦尔德用类似的方式举行了一次展览，地点在勃兰登堡门附近的一个新建公园。该公园是在一个旧工业园区内建造的，主要特点是园中有菲诺运河。景观"家具"强调了公园的整体布局和道路系统，比如一条连绵的长凳，由橘黄色板条做成，随着地形的变化而弯曲（图14-52），休息区都是填充垫（全都是同样的颜色），铺在草地上，形成几何图案。展园里独立的长方形区域是根据药草园和芳香园的传统布置的，看上去就像拼贴画，可以不断尝试改变，其形式和色彩的混搭反映了现代世界的复杂性。

临时花园和植物墙

临时花园是当前园林场景设计的另一重要组成。它类似于花卉节和园艺展，在小范围内进行园林设计。如今，它还和艺术摆设密切相关，有的艺术摆设是永久性的。安迪·高兹沃斯设计的"风暴王之墙"（1997～1998年；图14-53）是一道简陋但壮观的纯石墙，它蜿蜒穿过纽约奥兰治县风暴王艺术中心的森林，从而说明任何物品——一堵墙、一堆石头、河床上的一块彩色石头、不同颜色的叶子——都有可能成为一个基本要素，用来将一片景致打造为一座园林。

有一批艺术家和设计师的工作与此相关：丹麦艺术家米凯尔·汉森的创新主要在森林或小树林中；意大利的朱利亚诺·莫里（图14-54、图14-55）、俄罗斯的尼科·波利斯基、美国的帕特里克·多尔迪（图14-56）、美国的N设计师团队、以瑞士出生的马塞尔·卡尔贝勒为首的德国"杉福特结构"设计师团队（图14-57），他们打造的植物建筑不同凡响，委实让人着迷；奥地利艺术家阿曼·舒伯特的天然艺术品和"敏感小路"；法国艺术家吉尔斯·布吕尼和马尔克·巴巴利的景观标识，仿造并且突显了自然标识（图14-58、图14-59）；比利时的丹尼尔·奥斯特的雕塑式花坛。亚历山德罗·罗卡写道：

这些作品——至少其中的大部分——都不属于环保式或者生态式，但它们确确实实另辟蹊径地探寻了通往自然世界之路。它们并不华丽，而是在场地中运用了淳朴的自然元素，和自然达成默契，在大多数情况下这些

图14-53 安迪·高兹沃斯，纽约奥兰治县风暴王艺术中心的"风暴王之墙"（1997～1998年）
图14-54 朱利亚诺·莫里，意大利瓦尔苏加纳镇的"植物大教堂"，2001年。
图14-55 米凯尔·汉森，迪肯雕塑公园的"有机公路"，位于丹麦朗厄兰岛，1995年。
图14-56 帕特里克·多尔迪，"二加二"，枫树和柳树，位于威斯康星州沃索镇雷·约基·伍德森艺术博物馆内，2004年。
图14-57 德国"杉福特结构"设计师团队，Weidendom（柳树大教堂），位于德国罗斯托克市，2001年。

14-53

14-54

14-55

14-56

14-57

14-58

14-59

都是临时的……它们运用地域资源、场地特征、生长过程、自发和偶然现象，研究我们对自然的情感，观测我们的敏感度和成见，从而提出更温和友善、少对抗、多关注的方式来对待自然环境。㉘

即便是园展和花卉展中临时性的园林设施——它们在展览中往往是最吸引眼球的——也是具有重大实验意义的。比如，伦敦的切尔西花卉展（图14-60 ~ 图14-62）上的临时展园。2008 年英国著名风景园林师汤姆·斯图亚特 - 史密斯赢得金奖就是因为他设计的劳伦特巴黎园——它吸引了众多的民众和专业人士。

其他临时性花园包括英国艺术家托尼·海伍德的作品，比如钟罩里的微型风景（"超级草本"，2006 年在伦敦第 17 画廊的一个展览）；2005 年在贝尔法斯特植物园（"回声"）和爱尔兰金赛尔的查尔斯堡（"召唤"）中均出现的五彩缤纷的多媒体设施；还有法国的卢瓦尔河畔肖蒙花园节里的近畿 - 肯硕情色园（2002 年）。

曾就职于玛莎·施瓦茨工作室的加拿大风景园林师克劳德·科米尔用新

14-60

14-61

14-63

图 14-58　吉尔斯·布吕尼和马尔克·巴巴利,
"河道",设计师对河岸的装点突显了同一河床内
的共生情况对比,位于克莱姆森大学南卡罗来纳
州植物园内,1998 年。

图 14-59　阿曼·舒伯特,奥地利卢斯特瑙的"敏
感小路",2005 年。

图 14-60 ~ 图 14-62　伦敦切尔西花卉展,
2008 年。从左至右分别为:罗伯特·迈尔斯设计
的卡多根花园、菲利普·尼克松设计的萨维尔花
园、特伦斯·考伦爵士和迪尔幕德·加文设计的
欧勋尼科花园。

图 14-63　克劳德·科米尔,英国萨默塞特郡汤
顿市海斯特寇姆园内的"蓝棍花园",2004 年。

图 14-64、图 14-65　温斯特顿伯特树木节作品
"大都市",为临时花园设施,由大地一号设计公
司设计,位于英国格洛斯特郡泰特伯里镇附近,
2003 年。

14-62

型的多媒体概念进行园林设计，比如他的旅游作品"蓝棍花园"（1999 ~ 2006 年；图 14-63）。该作品由方形截面的棍子紧密排列组成，棍子的两面涂成蓝色，另外两面涂成红色，形成了强烈的视觉和空间效果。当人们按常规路线从绿色的草地上穿过来时，看到这样的场景，感到震撼不已。

花卉节和园展也吸引了年轻的意大利风景园林师，比如罗马的大地一号景观设计团队和米兰的安东尼奥·佩拉齐，2003 年他被选中参加两大重要的花园节（卢瓦尔河畔肖蒙的花园节和魁北克的梅蒂斯花园节）。他为临时性花园设计了两个作品，可以随着时光的流逝而变化，它们可以作为城市背景，也可以通过一定的方式成为一道风景（图 14-64、图 14-65）。这两个作品试图寻求土地使用规划和自由发展之间的关系，尤其在植物方面，人为的环境和自然的环境形成了鲜明的对比。一个名为斯宾纳斯帕卡的花园是为肖蒙节（图 14-66）设计的，它的主题是杂草——指的是城市中随意生长的植物，它们生长在人行道和花坛的缝隙中，生命力顽强，但也很危险，比如多刺植物和用来制作违禁药物的植物。佩拉齐和阿部雅世一起，共同关注普通材料和能够征服城市空间的植物，他们打造了一个水泥铺装地系统，中间故意留有裂缝，让杂草肆意生长。在各种道路之间的空白处覆盖着砾石和黑色的熔岩，象征着自然事件的无序性以及由此产生的空间感。这个设计的主题是探索人类和环境的可持续性关系，而名为"森林之绿"的加拿大节的设计主题则强调花园的条理性以及园中色彩和气味在白天的变化（图 14-67）。花园占地 3000 多平方英尺（300 平方米），由一系列 1 米见方的正方形组成，里面既有各种植物又有清澈的水塘。这些分散方格的布局既不是出于对空间的理性化理解，也并非和环境产生互动，而是介乎两者之间。方格的周围是干樱桃核堆成的路面，吸引着游客赤脚走上去，他们通过皮肤的接触体验到这奇特路面的温度变化。清晨时分是凉爽的，然后渐渐变暖，在阳光的持续照射下，到了傍晚仍然是温暖的。

建筑和植物之间关系的探索——即用传统的结构技术构建植物系统的一体化——自古以来就有，比如古巴比伦的空中花园和罗马的哈德良陵墓（圣天使堡），它的环形露台上种着参天大树。现代的例子包括勒·柯布西耶的名篇《新建筑的五个要点》中列出的 *toit-jardin*（屋顶花园）以及SITE（环境中的雕塑）建筑公司的埃米利奥·阿姆巴兹和詹姆士·怀斯设计的绿色建筑，后两位尝试着用植物代替建筑正面和屋顶。这一举措在伦佐·皮亚诺和马里奥·古西纳拉的大量设计作品中得以成功实施。总体来说，注重环境的可持续性、关心新建筑和结构管理技术的建筑师们都成功地实施了这样的举措。不过，他们做得有点过火：如今好像必须把所有的建筑都覆盖上植物，无论高层还是平房。所以产生了难度极高的垂直森林，天井变成了温室；更大的露天花园产生了，大量的建筑正面被绿色植物覆盖，周围都是和街面一般高的大型花园——至少近年来大量的项目效果图里都能看到上述情况，这使得效果图充满了吸引力。

在当代园林的复杂体系中有一个值得仔细探究之处：植物墙。在自然界的一些地方，植物没有土壤也能生长，基于这样的观察结果，设计师们设想了一个旋转 90° 的花园。布雷·马克斯率先开始试图建立园林与建筑之间的密切关系：他的出生地巴西的气候和丰富的植物种类激发了他的思考，他早期的探索在于观察凤梨科植物，当然，最主要的是观察里约热内卢附近的花岗岩中自然生长出来的岩生植物。布雷·马克斯为位于圣保罗的萨夫拉银行（1982～1983 年）进行了设计，在室内打造了漂亮的植物镶板，在建筑外部则运用植物做成柱子。设计师们纷纷仿效这一手法，建造了一大批植物墙。经过近几年的发展，它们已经在园林史上占有一席之地。总体来说，植物墙不属于自然之物，也不属于园林设计的外延，虽然它们的主要功能是装点门面，但它们通常位于造好的建筑空间内部。㉙ 2003 年，科林·戴沙姆建筑设计公司在位于东京市中心的表参道（有人称之为东京的香榭丽舍大街）建造了"绿绿的屏风"。该设计成功地将植物墙概念运用到临时门面中。建筑师安藤忠雄花了三年时间打造的混合结构隐藏在植物和巨大的显示屏之后，这一结构根据城市的尺度，将人工和自然的装饰混搭在一起。

始于 2005 年的"垂直花园"项目融合了花园和植物墙，由爱丁堡格罗斯-麦克斯风景园林设计公司和美国艺术家马克·戴恩联手开发。通往伦敦塔桥（图 14-68）的南向道路上有一座建于 19 世纪 90 年代的 6 层公寓大楼，该项目正是利用了它的山墙端。它的火灾逃生通道被改造为垂直三维体，上面种了许多植物——主要是为了吸引野生生物，尤其是蝴蝶——这样就形成了一个多层次的花园。

毋庸置疑，植物墙的创始人是法国植物学家帕德里克·布朗克，他在

14-66

14-67

图 14-66　安东尼奥·佩拉齐，"斯宾纳斯巴卡"，法国卢瓦尔河畔肖蒙花园节的临时花园，2003 年。
图 14-67　安东尼奥·佩拉齐，"森林之蓝"，国际花园节的临时花园，位于魁北克梅蒂斯的雷福德花园内，2003～2004 年。
图 14-68　格罗斯-麦克斯风景园林设计公司和美国艺术家马克·戴恩联合设计的垂直花园，位于伦敦塔桥路，2005 年。
图 14-69　帕德里克·布朗克和爱德华·弗朗索瓦，垂直植物雕塑 *Cheminée vegetale*（植物烟囱），位于巴黎的拉德芳斯，2004 年。

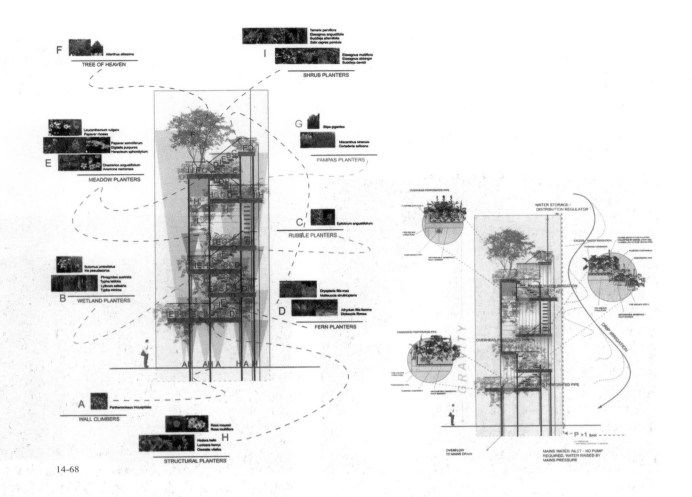

14-68

14-69

园林艺术中融入了绘画的情感和活跃式装饰。活跃式装饰的效果随着季节的变化而变化。布朗克根据植物的颜色进行搭配，形成让人惊艳的植物组合。这样的例子有：一个地下车库（和爱德华·弗朗索瓦合作设计，植物沿着巴黎德泰尔停车场的各层一直往下，像一根长长的绿色辫子）；一座植物纪念碑（还是和弗朗索瓦合作，在巴黎的拉德芳斯，是一个绿色的植物塔；图14-69）；巴黎潘兴豪华尔酒店庭院里的植物墙，室内设计师安德莉·普特曼曾为酒店重新装修；阿维尼翁德奥勒商业中心的绿色门面，看上去好像巨大的绿色"告示牌"；还有巴黎凯布朗利博物馆的正面，该博物馆的建筑设计师是让·努维尔（图14-70）。绿色的门面（8600平方英尺或800平方米）覆盖了整个博物馆，环绕着博物馆巨大的玻璃，这一植物覆盖的建筑为巴黎提供了一处超现实的场景。植物墙打造的是人为自然，自由奔放、引人注目，和附近那座精致的19世纪建筑形成了强烈的对比。博物馆的花园由吉勒·克莱蒙设计，占地较大，垂直花园与之互为补充、相互映衬。

当代园林，因其众多的形式和人为干预的幅度（图14-72、图14-73），仍然是一个可以大展身手的舞台，设计师们可以自由尝试各种设计和创新，根据不同的法则，有效结合动力和目标，从而"打造一种能够被人类掌控的自然，反之，人类也能感受到自然的节奏和韵律"。

14-70

14-71

图 14-70　让·努维尔和帕德里克·布朗克，巴黎凯布朗利博物馆的垂直花园，2004 年。

图 14-71　帕德里克·布朗克，法国阿维尼翁德奥勒商业中心的垂直花园，2005 年。

图 14-72　保罗·佩吉荣，罗马耶路撒冷圣十字大教堂里的僧侣蔬菜园，2004 年。该教堂在卡斯特伦斯圆形剧场的遗址上建成。

图 14-73　僧侣园入口。大门宏伟壮观，雅尼斯·库奈里斯设计。

14-72

14-73

注释

引言

① Maurizio Vitta，*Il paesaggio. Una storia fra nature e architectura*（Turin：Einaudi，2005），p. 22.

② Enzo Cocco，"Natura e giardino in Rousseau," in Paola Capone，Paola Lanzara，and Massimo Venturi Ferriolo，*Pensare il giardino*，Kepos Quaderni 2，pp. 53-56（Milan：Guerini，1992），p. 53.

③ Franco Zagari，*Questo é paesaggio — 48 definizioni*（Rome：Gruppo Mancosu，2005）（本文中的句子根据 David Stanton 的英译版翻成中文）。

④ Raffaele Milani，*The Art of the Landscape*（英译版），Corrado Federici 译（Montreal：McGill-Queens University Press，2009），p. 67.

⑤ 同上，第 45 页。

⑥ Arthur O. Lovejoy，*The Great Chain of Being*：*A Study of the History of an Idea*（Cambridge [Mass.]：Harvard University Press，1964），p. 16.

⑦ Joseph Rykwerk，"Il giardino del future fra estetica e tecnologia," *Rassegna*（8 October 1981）.

⑧ Pierluigi Nicolin，"New Landscapes：Themes and Configurations," in Pierluigi Nicolin and Francesco Repishti，*Dictionary of Today's Landscape Designers*，pp. 5-9（Milan：Skira，2003），p. 7.

⑨ Gilles Clément，http：//www.gillesclement.com/fichiers/_admin_13517_tierspaypublications_92045_manifeste_du_tiers_paysage.pdf，p. 4.

⑩ Anna Lambertini，"Arte dei giardini contemporanei per la qualità dei paesaggi urbani attraversati," *Ri-Vista-Ricerche per la progettazione del paesaggio* 3，no. 4（July-December 2005）（本文中的句子根据 David Stanton 的英译版翻成中文）。

⑪ Alan Weisman，*The World Without Us*（New York：St. Martin's Press，2007），p. 32.

⑫ "Val Bavone，The International Carlo Scarpa Prize for Gardens，seventeenth edition，2006"，http：//www.settoreweb.com/fondazione/eng/pagine.php?s=&pg=314，accessed 23 October 2009.

⑬ Virgilio Vercelloni，"Il laboratorio filosofico dell' Illuminismo Lombardo，"pp. 69-81 in Capone et al.，*Pensare il giardino*，p. 80.

第一章

① Lucien Febvre，*Annales* 12，p. 49.

② 杰里科的平面图出自 Michael Spens，*Gardens of the Mind*：*The Genius of Geoffrey Jellicoe*（Woodbridge [U.K.]：Antiques Collectors' Club，1992）。

第二章

① Francesco Fariello，Architettura dei Giardini（Rome：Edizioni dell' Ateneo，1967），p. 31.

② Giovanni Boccaccio，*The Decameron*（英译版），G. H. Mcwilliam 译，2nd ed.（Harmondsworth：Penguin. 1995），pp. 189-91.

③ 同上，第 231-233 页。

第九章

① Roland Barthes，Mythologies（英译版），Annette Lavers 译（New York，1972），p. 74.

第十章

① Mirella Levi D'Ancona，*The Garden of the Renaissance*：*Botanical Symbolism in Italian Painting*（Florence，1977）。

第十一章

① Milan，Archivio di Stato，Genio Civile，cart. 3158，fasc. 8（September 25，1803）（本文中的句子根据 David Stanton 的英译版翻成中文）。

第十二章

① Henry D. Thoreau, *Walden*; *Or*, *Life in the Woods*（1854; New York: Dover, 1995）, p. 117.

② Marisa Bulgheroni, introduction to *Walden*, *ovvero la vita nei boschi e il saggio La disobbedienza civile*, Ital. ed.（Milan: Arnoldo Mondadori, 1977）（本文中的句子根据 David Stanton 的英译版翻成中文）。

③ 同上（本文中的句子根据 David Stanton 的英译版翻成中文）。

④ Jon Krakauer 在书中讲述了麦坎德利斯的故事，后来 Sean Penn 在 2007 年将此故事拍成了电影。Jon Krakauer, *Into the Wild*（New York: Knopf, 1997）。

⑤ Lewis Mumford, *The Brown Decades*: *A Study of the Arts in America*, *1865-1895*（New York: Harcourt, Brace and Company, 1931）, p. 31.

⑥ Thomas Cole, "Essay on American Scenery"; first gpublished in the *American Monthly Magazine*, no. 1（January 1836）, pp. 1-12, reprinted in Thomas Cole, *The Collected Essays and Prose Sketches*, ed. Marshall Tymn（St. Paul, Minn.: John Colet Press, 1980）, p. 6.

⑦ Christian Zapatka, *The American Landscape*, ed. *Mirko Cardini*（Princeton Architecture Press, 1995）, pp. 16-17.

⑧ 1864 年，美国政府将约塞米蒂谷连同马里博萨乔木林并入加利福尼亚州，条件是必须将约塞米蒂谷开发为公园。1872 年，在地处怀俄明州和蒙大拿州的黄石地区建成了美国第一个国家公园；1880 年，由政府开发管理的阿肯色州温泉保护区划定了明确的界限，接着，加利福尼亚州的红杉树国家公园也划定了明确的界限。1916 年，美国国家公园由内政部直接监管，以满足市民的需要为目标；这样一来，自然就成为城市的补充部分，服务于广大居民。

⑨ Rayner Banham 将美国的沙漠视为与众不同之处、一个开创新社区的处女地、一个美学家和思想家的避难所，见 Rayner Banham, *Scenes in America Deserta*（Salt Lake City: Gibbs M. Smith, 1982）。

⑩ Giorgio Ciucci, "The City in Agrarian Ideology and Frank Lloyd Wright: Origins and Development of Broadacres," in Giorgio Ciucci, Francesco Dal Co, Mario Manieri-Elia, and Manfredo Tafuri, *The American City from the Civil War to the New Deal*（英译版）, B. Luigia La Penta 译, pp. 293-375（London and Cambridge, Mass.: Granada and MIT Press, 1979）, p. 301.

⑪ Joseph Smith, "An Explanation of the Plat of the City of Zion Sent to the Brethren in Zion, the 25th of June 1833," in Joseph Smith and B. H. Roberts（Introduction）, *History of the Church of Jesus Christ of Latter Day Saints*: *History of Joseph Smith the Prophet*, *Part One*（Whitefish, Mont.: Kessinger Publishing, 2004）, p. 358.

⑫ "Horticulture," in *Times and Seasons*（Nauvoo, Ill.）February 1, 1842.

⑬ *Nauvoo Neighbor*（Nauvoo, Ill.）, Many 3, 1843, p. 1.

⑭ John A. Widtsoe, *Discourses of Brigham Young:Second President of the Church of Jesus Christ of Latter Day Saints*（Salt Lake City: Deseret Books, 1925）, p. 465.

⑮ Francesco Dal Co, "From Parks to the Region: Progressive Ideology and the Reform of the American City," in Giorgio Ciucci, Francesco Dal Co, Mario Manieri-Elia, and Manfredo Tafuri, *The American City from the Civil War to the New Deal*（英译版）, B. Luigia La Penta 译, pp. 143-291（London and Cambridge, Mass.: Granada and MIT Press, 1979）, p. 154.

⑯ Andrea Mariani, "Il giardino Americano nella foresta dei sogni," introduction to Andrea Mariani（ed.）, *Riscritture dell'Eden*: *il giardino nell'immaginazione letteraria angloamericana*, vol. 1（Naples: Ligouri, 2003）（本文中的句子根据 David Stanton 的英译版翻成中文）。

⑰ Dal Co, "From Parks to ," p. 164.

⑱ 同上，第 149 页。

⑲ James S. Ackerman, *The Villa*: *Form and Ideology of Country Houses*, Bollingen Series XXXV, 34（Princeton: Princeton University Press, 1990）. 文中强调了蒙蒂塞洛的重要意

义，它的设计展现了一幅广阔的画卷，其风景和新古典主义的建筑风格反映了新的民主价值："蒙蒂塞洛完美地展示了一种有教养的生活方式。它处于原野之中，布局合理实用，建筑风格朴实，和当时盛行的矫揉造作的殖民式建筑完全不同，反映了通过建筑来表达新民主理想的愿望。蒙蒂塞洛解读了帕拉第奥和其他理论家的思想，肯定了经典设计的权威性，从法式建筑和英国书籍中选取了当时最新的观念，表达了这样一种愿望：让美国的设计具有世界性，并能成为经典传承下去"，第 200 页。"农业是杰斐逊社会和道德信念的基石。他认为新民主的力量来源于自由小农，农事使人精神焕发、诚实正直、自强自立。他打造蒙蒂塞洛不仅仅是为了避城市的喧嚣，更重要的是重申他的信念：劳动让人身心健康"，第 206 页。

⑳ Dal Co, "From Parks to the Region," p. 157.

㉑ Andrew Jackson Dowing, *A Treatise on the Theory and Practice of Landscape Gardening Adapted to the North America*；*With a View on the Improvement of Country residence*（New York：Wiley and Putman, 1841）.

㉒ Dal Co, "From Parks to the Region," p. 163-164.

㉓ Lewis Mumford, *The Brown Decades*, 2nd rev. ed.（New York：Dover, 1955）, p. 40.

㉔ Henry James, *The American Scene*（London：Chapman & Hall, 1907）, p. 176.

㉕ Frederick Law Olmsted, "The Concept of the 'Park Way' (1868)," in *The Papers of Frederick Law Olmstead：Supplementary Series：Writings on Public Parks, Parkways, and Parks Systems*, pp. 112-46（Baltimore：John Hopkins University Press, 1997）, p. 130.

㉖ Dal Co, "From Parks to the Region," p. 169.

㉗ 同上，第 165 页。

㉘ 1892 年，马里兰州巴尔的摩的罗兰帕克社区开始动工建设。亚特兰大东北部的德鲁伊山社区由弗雷德里克·奥姆斯特德于 1893 年设计，他的继子约翰·C·奥姆斯特德于 1903 年完成。

㉙ Paul K. Conkin, *Tomorrow a New World：The New Dea Community Program*（Ithaca：Cornell University Press, 1959）, p. 29.

㉚ Bill Alexander, *The Biltmore Nursery：A Botanical Legacy*（Charleston, S. C.：The History Press, 2007）, p. 50.

㉛ 20 世纪美国剧院形绿地的成功之处，见 Vincenzo Cazzato, "I treatri di Verzura del Novecento fra riscperta e revival,"

in Marcello Fagiolo, Maria Adriana Giusti, and Vincenzo Cazzato, *Lo Specchio del Paradiso. Giardino e Teatro dall'Antico al Novecento*（Milan：Silvana Editoriale, Cinisello Balsamo, 1997）.

㉜ Edith Wharton, *Italian Villas and Their Gardens*（New York：The Century Co., 1904）, p. 12.

㉝ Dal Co, "From Parks to the Region," p. 176.

㉞ Dan Kiley, "Step Lightly on This Earth," *Inland Architect* 2（March-April 1983）, p. 15.

㉟ Michela Pasquali, Mario Maffi, and Massimo Venturi Ferraiolo, *Loisaida：NYC Community Gardens*（英译版）, S. Laube, S. Maggi, and S. Piccolo 译（Milan：A+Mbookstore Edizioni, 2006）, p. 7.

㊱ 在美国，都市花园的建造于 19 世纪末开始普及，是一个重要的集体现象。在经济危机时期，社区花园为底层人民提供了大量的蔬菜。自主花园通常由地方或者国家公共机构资助和管理，它们利用城市和郊区的废弃用地，有的甚至位于破败之处，为失业人员提供工作机会，促进社会平等和地方经济的发展。

㊲ Pasquali et al., Loisaida, pp. 38-39.

㊳ Massimo Venturi Ferraiolo, "Vernacular Gardens," in Pasquali, Maffi, and Venturi Ferraiolo, *Loisaida：NYC Community Gardens*, p. 124.

第十三章

① 埃比尼泽·霍华德（1850～1928 年）于 1892 年在伦敦发表《明日：通往真正变革的和平之路》，1902 年再版时改名为《明日之花园城市》。他在文中明确指出自给自足式的理想城市必须做到"城乡联姻"。他详细说明了一个放射状城市布局，中心是一座大公园，周围是低密度住宅——每家都是带有花园的独门独户，这样的模式曾经在 19 世纪的美国社区试行。

② 见 Alessandra Ponte, "Arte civica o sociologia applicate? P. Geddes e T. H. Mawson：due progetti per Dunfermline," *Lotus International* 30（Milan：Electa, 1981）.

③ 花园式风格的出现源于大众对植物学和农业的兴趣。这一流派的园林设计强调单一品种的美感，为人们量身打造专门的住宅，让他们生活在赏心悦目、芬芳怡人的环境中。路登试图创建新型公共植物园，教化世人，也可以供人休闲、享受自然美景。见第九章。

④ Thomas H. Mawson，Civic Art. *Studies in Town Planning Parks*，*Boulevards and Open Spaces*，（London：B. T. Batsford，1911），pp. 314-315.

⑤ Patrick Geddes，*City Development*：*A Study of Parks*，*Gardens and Culture-Institutes. A Reporto to the Carnegie Dumfermline Trust*（Edinburgh：Geddes and Company，1904），p. 14.

⑥ 卡洛·金兹堡曾写道："尽管现实可能看上去一片混沌，但是总有一些特殊的地方——符号、线索等——让我们能够穿透混沌……时不时出现的（细微）线索反映的是更为普遍的现象：一个社会阶层、一位作家或者整个社会的世界观"，第 123-124 页。出自："Clues：Roots of an Evidential Paradigm，" in *Clues*，*Myths*，*and the Historical Method*（英译版），John and Anne C. Tedeschi 译（1979；Baltimore：Johns Hopkins University Press，1989）.

⑦ Ignasi de Solà-Morales，"The Beaux-Arts Garden，" in Monique Mosser and Georges Teyssot（eds.），*The Architecture of Western Gardens*（Cambridge，Mass.：MIT Press，1991），p. 401.

⑧ Jean-Claude Nicolas Forestier，*Grandes villes et systèmes de parcs*，ed. Bénédicte Leclerc and Salvador Tarragò I Cid（1908；Paris：Editions Norma，1997），p. 67.

⑨ Franco Panzini，*Per i piaceri del popolo. L'evoluzione del giardino pubblico in Europa dale origini al XX secolo*（Bologna：Zanichelli，1993），pp. 278-279（本文中的句子根据 David Stanton 的英译版翻成中文）。

⑩ 弗兰斯提埃 1913 年在摩洛哥工作；1923 年在阿根廷工作，从事布宜诺斯艾利斯的城市更新和扩建工作；1925 ～ 1930 年在古巴工作，为哈瓦那建设带有花园的道路系统；曾在巴塞罗那工作，在蒙锥克山上进行园林设计，迎接 1929 年的世博会。

⑪ Panzini，Per i piaceri del popolo，p. 281（本文中的句子根据 David Stanton 的英译版翻成中文）。

⑫ 奥地利城市规划师卡米洛·西特的著作 *Der Städtebau nach seinen Künstlerischen Grundsätzen*（《艺术原则下的城市规划》）于 1889 年在维也纳出版，提出一种适用于城市公园和花园的理性规划方法。他认为建设林荫大道和靠近马路的小型花园是不可取的，而应该建设和住宅有关联的绿地——比如院子里的私家小花园——它们将和开放性空间的大型公园相得益彰。1890 年，德国城市规划师约瑟夫·施图本的 *Der Städtebau*（《城市建设》）出版（达姆施塔特，1890），它是一本百科全书，不同于西特的实用性书籍。施

图本在书中介绍了城市规划的概念，其中一个标准是开放性空间，而城市公园不是花园公园、森林公园（5 ～ 200hm^2 的公共园林），就是步行公园。他强调每一个 20000 及以上人口的小城市都应该建有至少一座公园，而大城市则必须有完整的公园体系。他写道："公园不应该仅仅是自然中一块美丽的土地，也应该是人类思想和劳动的见证，因此他提议要结合自然和人工，利用自然生长的植物，适当加入几何线条……德国城市中的公园应尽量避免过多使用英式和法式园林：它们应该是精心美化过的园林，点缀着规则式的元素。它们无需隐藏人工的痕迹，为市民提供休闲娱乐的开放性空间……步行公园应该展现自然风景，让人们尽情领略山脉和峡谷之美，当然，不美之处还是需要隐藏的。花园公园和森林公园则不同，它们通常都是美化过的风景"（本文中的句子根据 David Stanton 的英译版翻成中文）。

⑬ Marco De Michelis，"The Red and the Green：Park and City in Weimar Germany，" *Lotus International* 30，pp. 104-17（Milan：Electa，1981），p. 105.

⑭ L. Lesser，Introduction to "Die Volksparks der Zukunft，" *Der Städtebau 9*（1902），quoted in Marco De Michelis，"The Green Revolution：Leberecht Migge and the Reform of the Garden in Modernist Germany，" in Mosser and Teyssot，*Architecture of the Western Garden*，p. 409.

⑮ 同上。

⑯ 见 Arnalda Venier，"Milk，Meadow，Water，Brick：The Story of the Hamburg Stadtparkt，" *Lotus International* 30（Milan：Electa，1981），pp. 98-103.

⑰ Marco De Michelis，"The Green Revolution，" p. 416.

⑱ Leberecht Migge [Spartakus im Grün]，"Das grüne Manifest" *Der Tat*（February 1919）（本文中的句子根据 David Stanton 的英译版翻成中文）。

⑲ Barbara Miller Lane，Architecture and Politics in Germany，1918-1945（Cambridge [Mass.]：Harvard University Press，1968），p. 139.

⑳ Carlo Cresti，Architettura e Fascismo，Vallecchi，Florence，1986（本文中的句子根据 David Stanton 的英译版翻成中文）。

㉑ 见 Fabrizio Brunetti，ch. 16，"La polemica di Strapaese，" in *Architetti e Fascismo*（Florence：Alinea，1998）.

㉒ 见 Renato Besena，ed.，*Metafisica Costruita. Le Città di Fondazione degli anni Trenta dall'Italia all'Oltremare*，exh. Cat.（Milan：Regione Lazio，Assessorato all cultura，2002）；Giuliani Gresleri，Pier Giorgio Massaretti，and

Stefano Cagnoni, eds., *Architecttura italiana d'oltremare 1870-1940*, exh. cat. (Bologna: Galleria d'Arte Moderna, 1993). 另见 Donata Pizzi, *Città Nuove. Innovazione e idealità nelle città di Fondazione*, exh. cat. (Milan: Skira, 2004); Donata Pizzi, *Dodecaneso, 1920-1940. Architetture italiane nelle isole dell'Egeo* (Cagliari: Sirai, 2003); Antonio Pennacchi, Fascio e Martello. Viaggio per le città del duce (Bari: Laterza, 2008).

㉓ 有关该竞赛的报道和配图发表在 *Architettura e Arti Decorative*, year 10, no. 9 (July 1931)。

㉔ 见 Massimo de Vico Fallani, "(1937-1943): Contributo alla storia dei parchi e giardini dell' E42," in *E42. Utopia e scenario del regime*, exh. cat., ed. Maurizio Calvesi, Enrico Guidoni, and Simonetta Lux, vol. 2, pp. 156-63 (Venice: Marsilio, 1987). 另见 Massimo de Vico Fallani, *Raffaele De Vico e i Giardini di Roma* (Florence: Sansoni, 1985).

㉕ Massimo de Vico Fallani, "(1937-1943): Contributo," p. 159 (本文中的句子根据 David Stanton 的英译版翻成中文)。

㉖ Birgit Wahmann, "The Jugendstil Garden in Germany and Austria," in Mosser and Teyssot, *Architecture of the Western Garden*, p. 455.

㉗ George Plumptre, "The Gardens of Geoffrey Jellicoe at Sutton Place, Surrey," in Mosser and Teyssot, *Architecture of the Western Garden*, p. 516; 另见 Marco Bay and Lorenzo Quadri, *Geoffrey Jellicoe dall'arte al giardino* (Milan: Il Verde, 1999).

㉘ Robert Mallet-Stevens 的作品, 请参看 Cristina Volpi, *Robert Mallett-Stevens*, 1886-1945 (Milan: Electa, 2005).

㉙ Richard Wesley, "Gabriel Guevrekian e il giardino cubista," in "La natura dei giardini," *Rassegna*, year 3, no. 8 (October 1931), pp. 17-24.

㉚ Robert Mallet-Stevens, "Le jardin modern et les arbres en ciment armé," *Le Bulletin de la vie artistique* 17 (September 1931) (本文中的句子根据 David Stanton 的英译版翻成中文)。

㉛ Vito Cappiello, "*Il* progetto moderno del giardino," in Giovanni Cerami, *Il giardino e la città. Il progetto del parco urbano in Europa*, pp. 147-189 (Bari: Laterza, 1996), p. 158 (本文中的句子根据 David Stanton 的英译版翻成中文)。

㉜ 博尔索迪不喜欢纽约城, 他住在离纽约 2 小时路程占地 7 英亩的一个小农庄里, 过着自给自足的生活, 干着农活, 自

己生产日用品和劳动用具。他根据自己的体验, 在纽约州的西沙芬创建了 "生活之校", 一个完全自给自足的村庄。村中的每一个家庭都种粮食, 自行解决温饱问题, 不过他们也会一起聚到工艺坊, 制造纺织品、木制品和金属制品。乔治·西武奇曾写道, 那是 "为了实现和谐的生活, 从而进行社会的重组, 使家庭再一次成为社会生活的中心, 以达到城市疏散主义的理想。这样的倡议……体现了美国的开拓精神, 唯一不同的是传统的圣经思想被爱默生的'自力更生'理念所取代。" 出处: Giorgio Ciucci, "The City in Agrarian Ideology and Frank Lloyd Wright: Origins and Development of Broadacre," in Giorgio Ciucci et al., *The American City from the Civil War to the New Deal* (英译版), Barbara Luigia La Penta 译, pp. 293-375 (London: Granada, 1980), p. 341.

㉝ Ciucci, "The City in Agrarian Ideology", p. 313.

㉞ Frank Lloyd Wright, *An Autobiography* (New York: Duell, Sloan and Pearce, 1943), pp. 168-169.

㉟ 同上, 第 310 页。

㊱ 广亩城以城市主干线为主要特征, 在鸟瞰图中, 我们沿着主干线深入郊区, 看见的场景极具儒勒·凡尔纳的风格, 里面有电动汽车和各种奇形怪状的交通工具比如飞碟状的直升机, 它们装点了乡村景致, 体现了交通方式的新发展。

㊲ 对勒·柯布西耶而言, "风景无处不在, 只要'你'不'盯着'它看? 若要突显乡村, 则必须严格限制并且标出其尺寸: 筑高围墙, 挡住地平线, 只在关键点凿几个口子", 出自 *Une Petite maison* (1923); 引自 Richard A. Etlin, *Frank Lloyd Wright and Le Corbusier: The Romantic Legacy* (Manchester [U.K.]: University Press, 1994), p. 71.

㊳ Paola Gregory, *La dimensione paesaggistica dell'architettura nel progetto contemporaneo. L'architettura come metafora del paesaggio* (Rome and Bari: Laterza, 1998) (本文中的句子根据 David Stanton 的英译版翻成中文)。

㊴ Le Corbusier, "The City of Tomorrow (1925)," in *the Blackwell City Reader*, ed. Gary Bridge and Sophie Watson (1925; Malden, Mass.: Blackwell, 2002), p. 29.

㊵ Le Corbusier, *The Radiant City* (英译版), Derek Coltman 译 (1933; New York: Orion Press, 1967), pp. 85-86.

㊶ Le Corbusier, *The Athens Charter* (英译版), Anthony Eardley 译 (New York: Grossman Publishers, 1973), p. 70.

第十四章

① Pierluigi Nicolin，"New Landscapes：Themes and Configurations，" in Pierluigi Nicolin and Francesco Repishti, Dictionary of Today's Landscape Designers，pp. 5-9（Milan：Skira，2003），p. 6.

② 有关艺术形式和自然环境关系的最新评论文章，见 Alessandro Rocca，*Natural Architecture*（New York：Princeton Architectural Press，2007）.

③ 在日本大阪，难波花园的峡谷和假山是一层一层露台，上面种着各种植物，由乔恩·捷得设计。难波花园位于市中心的难波火车站附近，由退休人员精心打理，每天他们还会照料市中心的小花园。层层的露台形成了绿色步行道，市民走在上面，觉得身心愉悦。

④ Nicolin，"New Landscapes，" p. 8.

⑤ Adriaan Geuze，"New Parks for New Cities，" *Lotus International* 88（February 1996），p. 55.

⑥ Louis Aragon，*Paris Peasant*（英译版），Simon Watson Taylor 译（1926；Boston：Exact Change，1994），p. 118.

⑦ 同上，第 119-120 页。

⑧ Francesco Repishti，"Beyond the Garden，" *Lotus International* 128，pp. 102-110（September 2006），p. 107.

⑨ Gilles Clément，Planetary Gardens：The Landscape Architecture of Gilles Clément（英译版），Alessandro Rocca 编译，transiting_s. piccolo（Basel，2007），p. 13.

⑩ Michel Desvigne and Christine Dalnoky，"Induced Transformations，" *Lotus International* 87，pp. 108-131（November 1995），p. 111.

⑪ 同上，第 111 页。

⑫ 有关高线故事、竞赛信息以及发展前景分析，见 *Reclaiming the High Line*（New York：Design Trust for Public Space，2002），http：//www.designtrust.org/pubs/01_Reclaiming_High_Line.pdf；有关"高线之友"的信息，见 http：//www.thehighline.org. 另见 Designing the High Line：Gansevoort St. to 30th St.（New York：Friends of the High Line，2008）.

⑬ Maurizio Vitta，*Il paesaggio. Una storia fra natura e architettura*（Turin：Einaudi，2005），p. 181（本文中的句子根据 David Stanton 的英译版翻成中文）.

⑭ Ippolito Pizzetti，"Uno spettacolo in Quattro atti. Progettare un giardino，" *Golem l'indispensabile* 9（September 2002）.

⑮ Anna Scaravella，*Geometrie e botanica. Il giardino contemporaneo di Anna Scaravella*（Milan：Mondadori Electa，2002）（本文中的句子根据 David Stanton 的英译版翻成中文）.

⑯ Repishti，"Beyond the Garden，" p. 108.

⑰ Peter Walker，"From the Park to the Garden，" *Lotus Internatioanl* 87，pp. 34-61（November 1995），p. 37.

⑱ 同上，第 42 页。

⑲ 同上，第 42 页。

⑳ Denise Cosgrove and Stepehn Daniels（eds.），*The Iconography of Landscape：Essays on the Symbolic Representation，Design and Use of Past Environments*（Cambridge [U. K.]：University Press，1988），p. 1.

㉑ Adriaan Geuze，"New Parks for New Cities，" p. 55.

㉒ 同上，第 55 页。

㉓ 同上，第 55 页。

㉔ Text by Martin Rein-Cano and Thilo Folherts（source：http：//www.archphoto.it/IMAGES/topotek/topotek. htm）.

㉕ 同上.

㉖ 参见 Aldo Aymonino，"More space，less volume：a story in movement，" in Aldo Aymonino and Valerio Palol Mosco，*Contemporary Public Spaces：Un-volumetric Architecture*，trans. C. H. Evans，L. Mejier，and L. Ray（Milan：Skira，2006）. 作者写道："就在不久前，人们只把风景当成一个地方性的背景，不可触摸，只是用来宽慰人心，从经济学角度来说，毫无可取之处，不过现在风景已被看成艺术品的集合。当代园林一方面传承了历史，另一方面代表了公众和私人的利益，在生产和审美方面引导人们的选择和改变，在表面技巧和用料上也是多种多样，毫不逊于城市建设，人们在园林中也获益匪浅，" p18.

㉗ 参见 n.21.

㉘ Alessandro Rocca，*Natural Architecture*，trans. Steve Piccolo（New York：Princeton Architectural Press，2007），2006，pp.9-10.

㉙ 有关植物墙的解释，请参看图文并茂的书籍. *Vertical Gardens：Bringing the City to Life*，由 Anna Lambertini 撰写书评，Jacques Leenhardt 撰写前言，Mario Ciampi 摄影（London：Thames & Hudson，2007）.

㉚ Italo Calvino，"I mille giardini，" in *Collezioni di sabbia*（Turin：Einaudi，1976）（Eng. trans. DS）.

照片致谢

Archivio fotografico Scala, Florence: 44 (14), 45 (15). Archivio Mulas, Milan: 229 (23). BAMS Photo Rodella: 77 (16), 96 (25, 26), 180 (12). Bildarchiv Monheim: 130 (9, 10), 131 (11), 132 (13), 177 (8). Martin Brettle, http://www.pbase.com/belvedere: 74 (12). Caroline Brown: 266 (49). ©Fernando Caruncho: 259 (29, 30). Mario Ciampi/Verba Volant: 273 (69), 274 (70, 71). Corbis: 190 (2). Corbis/©Ruggero Vanni: 75 (14). Il Dagherrotipo: 80 (1), 86 (10), 95 (23), 97 (27, 28), 182 (15, 16), 185 (20, 21), 186 (22), 187 (24, 25), 196 (11). Il Dagherrotipo/©Matteo Bazzi: 180 (13); /©Lucio Bracco: 142 (29), 188 (27), 189 (28); /©Andrea Getuli: 123 (41a, 41b); /©Giorgio Oddi: 32 (16), 71 (6), 108 (16), 175 (5); /©Marco Ravasini: 186 (23); /©Giovanni Rinaldi: 39 (5); ©Fulvio Santos: 84 (8). ©PhotoService Electa/Chemollo: 229 (22); /by permission of Archivio Scarzuola 228 (21). Excalibur: 104 (12). Excalibur/S. Toniolo: 118 (33, 34), 119 (35, 36), 129 (8). Dario Fusaro: 258 (26, 27). Andy Goldsworthy: 268 (53). Dan Kiley, Vermont: 208 (31, 32). Museo di Roma, Gabinetto Comunale delle Stampe: 57 (9). Antonio Perazzi: 272 (66, 67). Torben Petersen: 265 (46). Ryan Renaud: 275 (74, 75). Ellen Rosenbery: 18 (10). Paul Rocheleau, Richmond: 201 (18), 202 (21). Foto Saporetti: 178 (10). Anna Scaravella: 259 (28). Ken Smith: 265 (47). Stanley Smith: 210 (36), 211 (38). Angelo Stabin: 198 (13). Stacey Rain Strickler: 211 (37). Foto UNESCO: 246 (1). Matteo Vercelloni: 10 (4), 11 (5), 197 (12), 209 (33), 241 (47), 248 (3), 249 (5), 250 (6), 251 (8, 9), 252 (10), 254 (14, 15), 255 (16, 17, 18), 256 (20a, 20b, 20c, 21, 22), 263 (42), 264 (44, 45), 267 (51, 52), 270 (60, 61, 63), 271 (62, 64, 65). Brita von Schoenaich: 265 (48). Paul Warchol: 210 (34, 35), 261 (35).

此外还涉及以下书目：

M. Bay and L. Quadri, *Geoffrey Jellicoe dall'arte al giardino* (Milan: Il Verde Editoriale, 1999); D. G. Riccardo Carugati, *Giuliano Mauri* (Milan: Electa, 2003); Gilles Clément, *Nove giardini planetari* (Milan: 22publishing, 2008); M. Mosser and G. Teyssot, eds., *L'Architettura de giardini d'Occidente, dal Rinascimento al Novecento* (Milan: Electa, 1990 and 2005); A. Riggen Martínez, *Luis Barragán, 1902–1988* (Milan: Electa, 2004); A. Rocca, *Architettura Naturale* (Milan: 22publishing, 2006).